U0171813

AutoCAD 在水工环中的应用

方斌 周训 沈晔 编著

地震出版社

图书在版编目（CIP）数据

AutoCAD 在水工环中的应用 / 方斌等编著 .
— 北京：地震出版社 , 2021.5
ISBN 978-7-5028-5219-1

Ⅰ . ① A… Ⅱ . ①方… Ⅲ . ①水利工程—环境地质学—
工程制图— AutoCAD 软件 Ⅳ . ① P642-39

中国版本图书馆 CIP 数据核字 (2020) 第 220133 号

地震版 XM4682 / P（6009）

AutoCAD 在水工环中的应用

方 斌 周 训 沈 晔 编著
责任编辑：张 平
责任校对：凌 樱

出版发行：地震出版社
　　　　　北京市海淀区民族大学南路 9 号　　　邮编：100081
　　　　　发行部：68423031 68467993　　　传真：88421706
　　　　　总编办：68462709 68423029
　　　　　http://seismologicalpress.com
经销：全国各地新华书店
印刷：河北文盛印刷有限公司

版（印）次：2021 年 5 月第一版　2021 年 5 月第一次印刷
开本：787×1092　1/16
字数：435 千字
印张：17
书号：ISBN 978-7-5028-5219-1
定价：60.00 元

前　言

　　AutoCAD 是美国 Autodesk 公司的主打产品之一，主要应用于计算机辅助绘图与设计领域。自 1982 年首个版本发布以来，历经多次更新，产品功能不断得到加强。因为 AutoCAD 功能强大，操作简单，目前已成为建筑、机械、工程设计等领域内最普及的软件之一。使用 AutoCAD 优点在于绘图精准、快捷、标准化，此外 AutoCAD 容易上手，而且潜力无穷，这大概是很多人学习 AutoCAD 会上瘾的原因。从某种意义上来说，学习 AutoCAD 是一项很有价值的长期投资。

　　作为一本入门级的读物，本书基于 AutoCAD 2021 中文版系统介绍了 AutoCAD 绘图的基础知识。在内容组织上，本书没有一味采用循序渐进的原则，而是按照内容分类，便于读者查找相关内容。本书可以作为水工环相关专业的教学用书，也可以作为专业人员的参考书。

　　AutoCAD 本身是一个很复杂功能很强大的软件。对于初学者来说，如何能够在最短的时间内学有所成，学以致用？这是很多人非常关注的问题。本书按照 32 个学时左右的内容来设计，不能追求 AutoCAD 知识的全面系统覆盖，而是力求在有限的篇幅内，只用较少的时间将读者引入 AutoCAD 的殿堂。如此设计也许不够周全，但是减低了 AutoCAD 绘图的入门门槛，更加能够激发初学者的兴趣。

　　本书实例丰富，列举了大量水工环专业领域的图例。书中实例大多是作者工作中遇到的实际问题，且给出了绘图纲领与具体详细步骤。同样一个图形，AutoCAD 可能有非常多的画法，本文力求给出最为合理的且与学习过程匹配的解决方案。通过对本书实例的学习，初学者只需较少的时间就能有针对性地解决实际问题。除了水工环领域的一些典型绘图案例，也有些实例来自运动、生活等。学习 AutoCAD 的过程中除了学习其绘图技巧，更重要的是要体会浸透在 AutoCAD 中的设计精神。

如何运用本书？书中实例大多数给出了详细的命令行步骤，重要步骤备注有文字说明。为什么偏爱命令行，而不是工具栏等方式？主要原因有二，一是命令行较为全面，二是各版本之间命令行方式之间差异较小。基本的二维绘图命令在书中都有较为全面的说明，供读者参考。自前而后，实例由简单变复杂，自学者基本上可以从前往后依次练习。虽然本书侧重二维制图，但是在长期的教学实践过程中，作者发现不少同学还是希望入门三维制图。考虑到这部分学生需求，故在书中增加了三维制图的少量内容。

　　有关 AutoCAD 的学习书籍浩如烟海，希望此书能成为这书海中的一粟。

　　由于编者水平有限，错误在所难免，敬请广大读者及同行批评指正。

作　者

2020 年 8 月 28 日

目 录

第 1 章

AutoCAD 快速入门

1.1 启动 AutoCAD

启动 AutoCAD 程序的方法有多种，最常用的有以下 3 种。

（1）选择操作系统的"开始"菜单中的"AutoCAD"软件包，并选择"AutoCAD 程序"。

（2）鼠标双击 AutoCAD（通常在桌面上）的快捷方式图标。

（3）鼠标双击 AutoCAD 类型的文件。

AutoCAD 2021 启动后将打开"开始"选项卡，显示如图 1-1 所示的页面。"开始"选项卡默认在启动时显示，可以访问各种初始操作，包括访问图形样板文件、最近打开的图形和图纸集以及联机和了解选项。点击"了解"选项可进入软件学习界面，否则保留在创建图形界面。

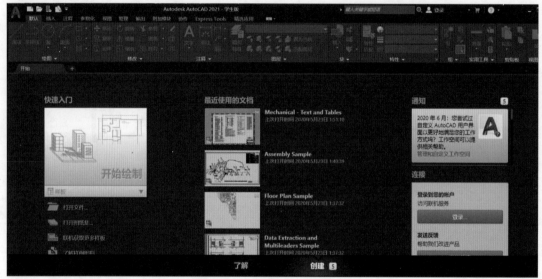

图 1-1 "启动"对话框

点击开始绘制，CAD 会基于默认模式创建新图形，点击打开文件或打开最近文档都会打开旧图形。

AutoCAD 提供了以下几种方法开始新图形：

（1）点击选项卡"+"按钮，AutoCAD 会基于默认模式创建新图形（图 1-2）。

图 1-2 "+"选项卡

（2）单击窗口顶部"启动新图形"。这将基于默认图形样板文件打开新图形（图 1-3）。如果未指定默认图形样板文件，将显示"选择样板"对话框，从中可以选择相应的图形样板文件。

图 1-3　"快速访问"工具栏"新建"按钮

（3）在开始选项卡上单击鼠标右键，然后选择"新建"以显示"选择样板"对话框（图1-4）。

图 1-4　开始选项卡上的快捷菜单

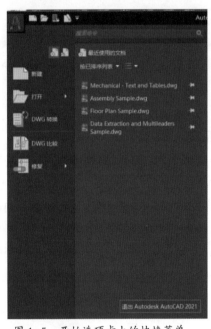

（4）依次单击"应用程序"菜单→"新建"→"图形"（图1-5）。

图 1-5　开始选项卡上的快捷菜单

新建图形命令执行后，会弹出"选择样板"对话框（图1-6）。

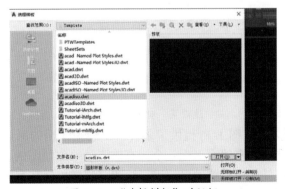

图 1-6　"选择样板"对话框

但是，当 STARTUP 系统变量必须设置为值 1 时，新建图形将显示"创建新图形"对话框（图 1-7）。"从草图开始"将使用英制或公制默认设置创建新图形。"使用样板"将使用所选图形样板中所定义的设置创建新图形。"使用向导"将使用"快速"向导或"高级"向导中指定的设置创建新图形（使用 NEW 命令时，对话框中的第一个选项"打开图形"不可用；OPEN 命令用来打开现有图形）。

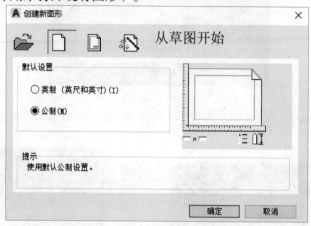

图 1-7　"创建新图形"对话框

"创建新图形"对话框给出了 4 种选择：打开一张旧图、使用向导、样板和缺省创建新图。

1.1.1　使用向导开始绘一张新图

AutoCAD 将通过"快速设置"向导或"高级设置"向导设置图形的一些参数。AutoCAD 根据所选择的向导进行图形设置，如设置图形界限、测量单位和角度方向等。

1．"快速设置"向导

"快速设置"对话框由两个选项页组成：单位和区域（图 1-8）。

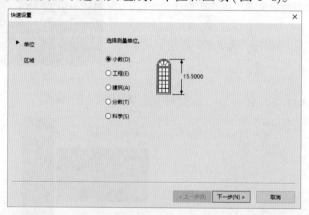

图 1-8　"快速设置"对话框中的"单位"选项页

（1）"单位"选项页（图 1-8）提供了多种可供绘图使用的测量单位。选择其中的一个测量单位后，在该选项的右侧会出现一个标有该测量单位的图例。选择小数制单位可以用英寸、英尺、毫米或任何所需要的单位进行绘图，这样可以按实际尺寸绘图以消除绘图过程中可能出现的比例错误。一旦图形绘制完成后，可以将该图形按照所需要的比例输出。

（2）"区域"选项页 (图 1–9) 可以设定绘图范围的宽度 (图形中从左到右的尺寸)和长度 (图形中从下到上的尺寸)。这相当于使用 LIMITS 命令。

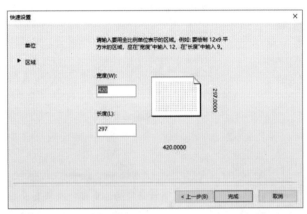

图 1–9　"快速设置"对话框的"区域"选项页

选择"完成"按钮将关闭"快速设置"对话框，AutoCAD 自动修正尺寸比例和文本高度。修正设置是在按全比例绘制对象的基础上进行的。另外，AutoCAD 还将修正线型比例和填充图案的比例。

2. "高级设置"向导

"高级设置"对话框（图 1–10）由 5 个选项页组成：单位、角度、角度测量、角度方向和区域。

注意： *任何在使用向导过程中设置的参数，都可以通过调用 UNITS 和 LIMITS 命令进行重新设置。*

（1）"单位"和"区域"选项页与"快速设置"向导中的"单位"和"区域"选项页完全相同。通常选择小数模式。在"高级设置"向导的"单位"选项页的"精度"栏中，可以设置小数制位数或分数中分母的精度。

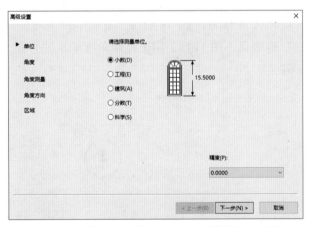

图 1–10　"高级设置"对话框的"单位"选项页

（2）"角度"选项页（图 1–11）用于设置角度的测量单位及其精度。"十进制度数"是角度测量单位中较为常用的一种格式。在"精度"栏中可以设置十进制度数及度、分、秒的位数或小数秒的精度。

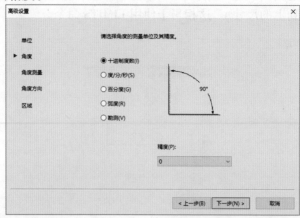

图 1-11　"高级设置"对话框的"角度"选项页

（3）"角度测量"选项页（图 1-12），可以确定角度测量的起始方向，即确定图形中指南针的 0°方向。在该选项页中，可以任意选择东、北、西、南单选钮中的一个，作为角度测量的起始 0°，或选择"其他"按钮，输入角度值作为测量的起始 0°方向。

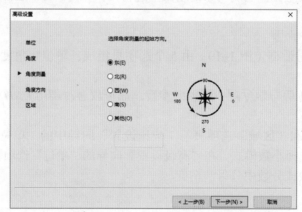

图 1-12　"高级设置"对话框的"角度测量"选项页

（4）"角度方向"选项页（图 1-13）用于控制角度测量的方向（即顺时针方向或逆时针方向）。

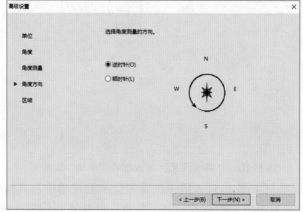

图 1-13　"高级设置"对话框的"角度方向"选项页

1.1.2 使用样板图开始绘一张新图

如图 1-14 所示，AutoCAD 列出系统所提供的样板图，将在选定的样板图（扩展名为 .dwt）的基础上开始绘一张新图。

在"使用样板"对话框的"选择样板"区右侧的预览窗口中，可以看到"选择样板"列表框中亮显的样板图。如果在保存样板图时添加了该样板图形的相关说明，那么，在"样板说明"栏中还将显示该样板图形的文字说明。

图 1-14 "启动"对话框的"使用样板"选项

1.1.3 使用"缺省设置"开始绘一张新图

在 AutoCAD 中，可以在"启动"对话框中选择"缺省设置"选项开始绘一张新图，如图 1-15 所示。AutoCAD 在"缺省设置"选项中提供了两种单位制：英制和公制。英制单位是将英尺和英寸作为绘制图形的基本单位，公制单位是将公制单位作为绘制图形的基本单位。

图 1-15 "创建新图形"对话框的"缺省设置"选项

1.2 AutoCAD 图形屏幕

AutoCAD 的图形屏幕（图 1-16）由以下几部分组成：应用程序菜单、"快速访问"工具栏、标题栏、功能区选项卡和面板、绘图窗口、状态栏、模型选项卡/布局选项卡以及命令窗口、Viewcube 和导航栏。

图 1-16　AutoCAD 图形屏幕

1.2.1　应用程序菜单

访问"应用程序"菜单中可以启动或发布文件。单击"应用程序"按钮，可以执行以下操作：

◆ 创建、打开或保存文件；
◆ 核查、修复和清除文件；
◆ 打印或发布文件；
◆ 访问"选项"对话框。

也可以通过双击"应用程序"按钮关闭应用程序。

1.2.2　"快速访问"工具栏

"快速访问"工具栏用来显示经常使用的工具。单击右侧下拉按钮并单击下拉菜单中的选项，可将常用工具添加到"快速访问"工具栏。

1.2.3　标题栏

AutoCAD 绘图窗口中的标题栏显示当前图形的名称。

1.2.4　功能区选项卡和面板

功能区提供一个简洁紧凑的选项板，其中包括创建或修改图形所需的所有工具。功能区由一系列选项卡组成，这些选项卡被组织到面板，其中包含很多工具栏中可用的工具和控件。一些功能区面板提供了对与该面板相关的对话框的访问。单击面板右下角处由箭头图标启动对话框，显示相关的对话框。

1.2.5　"开始"选项卡及"文件"选项卡

"开始"选项卡默认在启动时显示，用户可以轻松访问各种初始操作，包括访问图形样板文件、最近打开的图形和图纸集以及联机和了解选项。

"文件"选项卡列出当前程序打开的图形文件。

1.2.6 绘图窗口

在绘图窗口中可以观察绘图过程中创建的所有对象。在这个区域中，AutoCAD 通过光标指示当前工作点的位置，光标将在屏幕上随着鼠标的移动而移动。当 AutoCAD 提示选择一个点时，光标将变成十字交叉线形式。当要求选择屏幕上的对象时，光标将变成一个小的拾取靶。在不同的情况下，AutoCAD 将组合显示十字交叉线、虚线矩形框、矩形框以快速构造选择集。

绘图窗口左上角是视口控件，提供更改视图、视觉样式和其他设置的便捷方式，见图 1-17。例如可以通过其操作可以打开或关闭窗口右侧 Viewcube 及导航栏。

图 1-17 视口控件

1.2.7 状态栏

状态栏位于绘图屏幕的底部，状态栏显示光标位置、绘图工具以及会影响绘图环境的工具。状态栏提供对某些最常用的绘图工具的快速访问。状态栏可以切换设置（例如，夹点、捕捉、极轴追踪和对象捕捉）。也可以通过单击某些工具的下拉箭头，来访问状态栏的其他设置。

工作空间和功能区，工作空间是指功能区选项卡和面板、菜单、工具栏和选项板的集合，它可为用户提供一个自定义、面向任务的绘图环境。比如可以通过更改工作空间，更改到其他功能区。在状态栏中，单击"切换工作空间"，然后选择要使用的工作空间。例如，图 1-18 是 AutoCAD 中可用的初始工作空间。

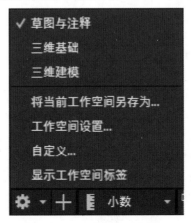

图 1-18 工作空间和功能区

1.2.8 模型选项卡 / 布局选项卡

AutoCAD 允许将图形从模型空间转换到图纸（即布局）空间。一般说来，在模型空间创建图形，在图纸空间创建打印布局。

1.2.9 命令窗口

命令窗口用于输入命令、显示 AutoCAD 命令提示及有关信息。命令窗口可以是浮动的。

命令窗口由两部分组成：单行窗口用于输入各种 AutoCAD 命令，并观察提示信息。单行窗口显示在屏幕的底部，它上面的命令历史区可以显示当前图形已执行过的命令。

默认情况下，AutoCAD 用 F2 键控制在命令窗口中显示展开的命令历史记录。

1.3 命令执行方式

在 AutoCAD 中，可以用多种方法输入一个命令，可以通过键盘、工具栏、下拉菜单栏、屏幕菜单、快捷菜单来完成。

1.3.1 键盘输入

可以从命令区输入以及用功能键输入命令。

在"命令："提示下，可以通过键盘输入命令名，并按下 Enter 键或空格键予以确认，AutoCAD 将开始命令操作。除了在执行 TEXT 和 MTEXT 命令时可以用空格键断开字符串中的单词、字母或数字外，在其他情况下，空格键与 Enter 键具有相同的功能。

如果在"命令："下要重复执行刚执行过的命令，可以直接按下 Enter 键或空格键，也可以单击鼠标的右键。单击右键后，在绘图屏幕上将显示一个快捷菜单，在这个快捷菜单上可以选择需要重复执行（上一个命令）的命令。另外，还可以用键盘的向上或向下的箭头显示以前输入过的命令，并选择要执行的命令。用向上的箭头可以在命令历史区显示上一个命令行，用向下的箭头可以在命令历史区显示下一个命令行。

AutoCAD 允许透明地使用一些命令。在使用其他命令时，如果要调用透明命令，则可以在命令行中输入该透明命令之前加一个单引号（'）即可。执行完透明命令后，AutoCAD 自动恢复原来执行的命令。也就是说，透明命令通常是一些可以改变图形设置或绘图工具的命令，如 GRID、SNAP 和 ZOOM 等命令。

AutoCAD 种常用功能键定义如下。

"F1"　　　帮助
"F2"　　　切换文本窗口的状态
"F3"　　　切换"对象捕捉"模式
"F5"　　　等轴测平面之间的切换，相当于 ISOPLANE 命令
"F6"　　　确定状态行上坐标显示方式，相当于 COORDS 命令
"F7"　　　栅格显示，相当于 GRID 命令
"F8"　　　正交功能的切换，相当于 ORTHO 命令
"F9"　　　栅格捕捉功能，相当于 SNAP 命令
"F10"　　　用于打开或关闭"极轴追踪"
"F11"　　　用于打开或关闭"对象捕捉追踪"

1.3.2　工具栏

工具栏由表示各个命令的图标组成。单击工具栏中的图标可以调用相应的命令，并根据对话框中的选项或命令行中的命令提示执行该命令。

1.3.3　菜单栏

用户可以从"快速访问"工具栏下拉列表中或通过使用 CUI 来启用菜单栏，显示下拉菜单来作为功能区的替代或者将其与功能区同时显示。

用户可以通过菜单访问命令和选项的更完整的列表。选择菜单栏中的一个菜单名，将出现一个下拉菜单命令组，然后选择所需要的命令。按下 Alt 键并输入菜单栏中的标有下划线的快捷键字母。例如，要调用 LINE 命令，首先按下 Alt 键，同时键入字母 D（也就是按下 Alt + D）打开"绘图"菜单，然后按下字母 L，即可调用 LINE 命令。

1.3.4　快捷菜单

按下鼠标右键后，在光标处将显示快捷菜单。

无论何时，只要输入一个命令，若不希望用默认选项响应提示，都可以调用快捷菜单，此时可通过鼠标选择需要的选项以响应命令的提示。

在命令窗口中的任何位置单击鼠标右键，可显示包含近期使用过的命令的快捷菜单。

在状态栏的任何位置处单击鼠标右键，将显示一个快捷菜单，它提供了绘图工具的开关选项，并可以修改它们的设置。

在绘图区左下角的"模型"选项卡或"布局"选项卡上单击鼠标右键，将显示一个包含打印、页面设置和各种布局选项的快捷菜单。

1.3.5　终止命令

可以用以下 3 种方法终止命令的执行：

（1）全部执行完命令，提示返回到"命令："提示状态。

（2）在全部执行完命令提示前，按下 Esc 键终止该命令继续执行。

（3）调用菜单中的其他命令，正在执行的命令都会被自动终止。

1.3.6　取消已执行的命令

可以用以下 3 种方法取消已执行的命令。

◆ 命令行：U 或 UNDO

◆ 命令行：OOPS

◆ 工具栏：⇦

1.3.7　恢复已撤销的命令

可以用以下 2 种方法恢复已撤销的命令。

◆ 命令行：在执行了 U 或 UNDO 命令后，紧接着使用 REDO 命令

◆ 工具栏：⇨

1.4　获得帮助

AutoCAD 提供了功能强大的联机帮助，包含命令参考，用户手册，教程等内容。相比

较任何第三方资料而言，其内容的准确性与权威性都非常高。学习 AutoCAD 首先要学会使用联机帮助。

调用 AutoCAD 的帮助文件方法如下。

◆ 命令行：？或 HELP

◆ 菜单：帮助→ AutoCAD 帮助

◆ 工具栏：⑦·

◆ 功能键："F1"

AutoCAD 将显示"帮助主题"对话框，如图 1-19 所示。

将光标悬停在工具提示上或当一个命令正在执行时按 F1 键，也可以调用 HELP 命令。这时 AutoCAD 将会显示上下文关联的帮助文件。

图 1-19　"AutoCAD 2021 帮助"对话框

1.5　AutoCAD 坐标系统

AutoCAD 提供了两种坐标系统：用户坐标系和世界坐标系。世界坐标系根据笛卡尔坐标系的习惯，沿 X 轴方向向右为正方向；沿 Y 轴方向向上为正方向；垂直于 XY 平面，沿 Z 轴方向从所视方向向外为正方向。世界坐标系简称 WCS，它固定存在于每一个图形之中，并且不可更改。相对于世界坐标系 WCS 而言，用户可以调用 UCS 命令去创建无限多的坐标系，这些坐标系通常称为用户坐标系（UCS）。

当 AutoCAD 提示指定点的位置时，可以使用以下几种输入点的方法，包括绝对直角坐标、相对直角坐标和相对极坐标。

1.5.1 绝对直角坐标

直角坐标的方法是建立在通过在二维平面上提供距两个相交的垂直坐标轴的距离来指定点的位置，或在三维空间上提供距 3 个相互垂直的坐标轴的距离来指定点的位置。每一个点的距离是沿着轴（水平方向）、轴（竖直方向）和 Z 轴（从纸面向外或向里）来测量的。轴之间的交点称为原点（X，Y，Z）=（0，0，0）。

利用绝对直角坐标可以指定与原点相关的点，用户可以指定一个参照点作为用户坐标系（UCS）的原点。在 AutoCAD 中，默认原点（0，0）位于图纸的左下角。可以通过输入点的 X 轴、Y 轴、Z 轴坐标来指定点的位置，坐标单位可以是小数制、分数制或用逗号分开的科学制。

1.5.2 相对直角坐标

用相对直角坐标设置的点与上一个指定的位置或点有关，与坐标系的原点无关，也就是将指定点作为上一个输入点的偏移。指定相对坐标时，@ 符号一定要放在输入值之前。如 @0，2。

1.5.3 相对极坐标

极坐标是指定点到固定点之间的距离和角度，通过指定距前一点的距离及指定从零角度、弧度或梯度开始测量的角度来确定极坐标值。在 AutoCAD 中，测量角度值的默认方向是逆时针方向。可以通过输入相对于前一点的距离和在 XY 平面上的角度来指定一点，距离与角度之间用尖括号 "<"（而不用逗号 "，"）分开，选择该符号，可以按住 Shift 键并同时按下位于键盘底部的 "，" 键。如果没有使用符号 @，将使指定点相对于原点定位。但是绝对极坐标在绘图中并不方便，不提倡使用。

提示：通过键盘输入坐标时，应保持英文半角输入状态。原因是全角字符和中文字符不被 CAD 坐标系统接受，忽略这个细节会导致输入失败。

1.6 LINE 命令

1.6.1 命令功能

通过调用 LINE 命令及选择正确的终点顺序，就可以绘制一系列的首尾相接的直线段。AutoCAD 用一系列的直线连接各指定点。LINE 命令是可以自动重复的命令之一。它可以将一条直线的终点作为下一条直线的起点，并连续地提示下一个直线的终点。为了终止连续的提示，必须执行一个空响应命令（按 Enter 键或单击右键从快捷菜单中选择 "确认"）。尽管这一系列的直线是使用同一个 LINE 命令绘制而成的，但每一条直线均为各自独立的对象。

1.6.2 激活命令

◆ 命令行：LINE

◆ 菜单：绘图→直线

◆ 面板："绘图" 面板

1.6.3 命令选项

LINE 命令有 3 种有效的选项：连续、闭合、放弃。

（1）连续选项。调用 LINE 命令，按 Enter 键响应"指定第一点"的提示后，AutoCAD 会自动地把上一个绘制的直线或圆弧的终点定义为直线的第一点。如果上一次绘制的是直线，那么上一条直线的终点将被认为是新的直线的起点。如果上一次绘制的是圆弧，那么圆弧的终点就决定了新直线的起点及方向，AutoCAD 提示需要直线长度。

（2）闭合选项。如果绘制一系列的线段以形成一个多边形，那么就可以使用"闭合"选项，使得直线的第一点与最后一点自动重合。当选择"闭合"选项时，AutoCAD 实际上执行了两步操作，第一步为闭合多边形，第二步为终止 LINE 命令（等同于空响应），并且返回到"命令："提示。

（3）放弃选项。在绘制一系列的首尾相接线段后，或许希望删除上一次绘制的线段并从前面线段的终点开始绘制下一条直线，通过使用"放弃"选项，可以不用退出 LINE 命令而达到此目的。一旦退出 LINE 命令，就不能再用"放弃"选项删除上一次绘制的线段。

1.7 OFFSET 命令

1.7.1 OFFSET 命令功能

OFFSET 命令用于相对于已存在的对象创建平行线、平行曲线或同心圆。可偏移的对象包括直线、圆弧、圆、椭圆和椭圆弧（形成椭圆形样条曲线）、二维多段线、构造线（参照线）和射线、样条曲线，不能偏移三维面和三维对象。如果选择了其他类型的对象，比如文字，屏幕将显示如下错误信息：无法偏移该对象。

1.7.2 激活命令

◆ 命令行：OFFSET
◆ 菜单：修改→偏移
◆ 面板："修改"面板 ⊏

1.7.3 命令选项

（1）指定偏移距离 可以输入值或使用鼠标指定偏移距离。
（2）通过（T）AutoCAD 将提示"指定通过点："，则新建的对象将通过该点。

1.8 TRIM 命令

1.8.1 命令功能

TRIM 命令用于可以在一个或多个对象定义的边上精确地修剪对象，并可以修剪到隐含交点。可被修剪的对象包括：直线、圆弧、椭圆弧、圆、二维和三维多段线、参照线、射线以及样条曲线，有效的修剪边界可以是：直线、圆弧、圆、椭圆、二维和三维多段线、浮动视口、参照线、射线、面域、样条曲线以及文字。

1.8.2 激活命令

◆ 命令行：TRIM
◆ 菜单：修改→修剪

◆ 面板："修改"面板

1.8.3 命令选项

有两种模式："快速"模式和"标准"模式。老的版本没有快速模式，也不可以删除不能修建的对象。

（1）"快速"模式。要修剪对象，请分别选择要修剪的对象，按住并拖动以开始徒手选择路径，或拾取两个空位置以指定交叉围栏。所有对象都自动用作剪切边。将删除无法修剪的选定对象。

（2）"标准"模式。要修剪对象，请先选择边界，然后按 Enter 键。选择要修剪的对象，如要将所有对象用作边界，请在首次出现"选择对象"提示时按 Enter 键。

注：TRIMEXTENDMODE 系统变量控制 TRIM 命令是默认为"快速"还是"标准"行为。

1.9　STYLE 命令

1.9.1　命令功能

STYLE命令用于创建新文字样式或修改已有的文字样式，而TEXT和MTEXT命令的"文字样式"选项只能用于从已有的文字样式中选择一种文字样式，用于控制字符与符号的显示方式，而不能用于调整字高、倾斜和旋转角度。

1.9.2　激活命令

◆ 命令行：STYLE

◆ 菜单：格式→文字样式

◆ "默认"选项卡→"注释"面板→"文字样式"：**A**

AutoCAD 显示"文字样式"对话框，如图 1-20 所示。

图 1-20　"文字样式"对话框

1.9.3 样式名

样式名选项卡用于显示文字样式名、添加新样式以及重命名和删除现有样式。列表中包括已定义的样式名并默认显示当前样式。要改变当前样式，可以从列表中选择另一个样式，或者选择"新建"来创建新样式。

样式名称可长达 255 个字符，包含字母、数字以及某些特殊字符，例如，美元符号（$）、下划线（_）和连字符（–）。

（1）新建。显示"新建文字样式"对话框，并为当前设置自动提供"样式 n"名称（其中 n 为所提供的样式的编号）。可以采用默认值或在该框中输入名称，然后选择"确定"使新样式名使用当前样式设置。

（2）重命名。显示"重命名文字样式"对话框。输入新名称并选择"确定"后，就重命名了方框中所列出的样式。也可以用 RENAME 来更改现有的文字样式名。任何使用旧样式名的文字对象，都将自动使用新名称。

（3）删除。删除文字样式。从列表中选择一个样式名将其置为当前，然后选择"删除"。

建议：样式名命名原则首选简单英文字母组合。

1.9.4 字体

（1）字体名。列出所有注册的 TrueType 字体和 AutoCAD Fonts 文件夹中 AutoCAD 编译的形（SHX）字体的字体族名。从列表中选择名称后，AutoCAD 将读出指定字体的文件。除非文件已经由另一个文字样式使用，否则将自动加载该文件的字符定义。可以定义使用同样字体的多个样式。

（2）字体样式。指定字体格式，比如斜体、粗体或者常规字体。选定"使用大字体"后，该选项变为"大字体"，用于选择大字体文件。只有在"字体名"中指定 SHX 文件，才能使用"大字体"。

建议：不要选择前缀带 @ 符号的字体。

（3）高度。根据输入的值设置文字高度。如果输入 0.0，每次用该样式输入文字时，AutoCAD 都将提示输入文字高度。输入大于 0.0 的高度则设置该样式的文字高度。

建议：一般情况不在样式里面定义字体高度。

1.9.5 效果

用于修改字体的特性，例如高度、宽度比例、倾斜角、颠倒、反向或垂直对齐。

（1）颠倒。颠倒显示字符。

（2）反向。反向显示字符。

（3）垂直。显示垂直对齐的字符。只有在选定字体支持双向时"垂直"才可用。TrueType 字体的垂直定位不可用。

（4）宽度比例。设置字符间距。输入小于 1.0 的值将横向压缩文字，效果就是字符为"瘦高"型。输入大于 1.0 的值则横向扩大文字，效果就是字符为"宽扁"型。

（5）倾斜角度。设置文字的倾斜角。输入一个 –85 和 85 之间的值将使文字倾斜。

1.9.6 预览

随着字体的改变和效果的修改动态显示文字样例，但是预览图像不反映文字高度。在字符预览图像下方的方框中输入字符，将改变样例文字。"预览"按钮根据对话框中所做的更改，更新字符预览图像中的样例文字。

1.9.7　应用

将对话框中所做的样式更改应用到图形中具有当前样式的文字。

1.9.8　关闭与取消

将更改应用到当前样式。只要对"样式名"中的任何一个选项作出更改，"取消"就会变为"关闭"。更改、重命名或删除当前样式以及创建新样式等操作立即生效，无法取消。

1.10　TEXT 命令

1.10.1　命令功能

TEXT 命令用于按当前的文字样式在图形中输入文字，并可根据需要修改当前文字的样式。

1.10.2　激活命令

◆ 命令行：TEXT
◆ 菜单：绘图→文字→单行文字

1.10.3　命令选项

（1）起点。指定文字对象的起点，并且在当前文字样式没有固定高度时显示"指定高度"提示。

（2）对正。该选项用于从 14 种可能方式（图 1-21）中选择一种文字对正方式输入选项。

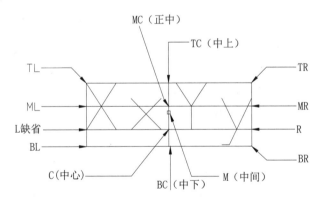

图 1-21　文字对正方式

"对齐"选项用于将文字绘制在基准线的两个端点之间。AutoCAD 自动计算字高和方向使文字刚好充满两基点之间。所有字符的大小与字高成比例，字高和字宽相等。

"调整"选项与"对齐"选项相似，不同的是使用"调整"选项书写文字时，AutoCAD 将使用当前的字高，而只调整字宽，拉伸或压缩文字使其刚好充满两基点之间。

（3）指定文字样式。创建的文字使用当前文字样式。输入？列出当前文字样式、关联的字体文件、文字高度及其他参数。

注意：*在"输入文字"提示下按 Enter 键才能结束 TEXT 命令。直到按下 Enter 键退*

出 TEXT 命令后，已输入的文字才会放置在正确的位置上。

项目练习 1-1：

绘制如图 1-22 所示的简单图框与图签。主要命令为：LIMITS，LINE，OFFSET，TRIM。

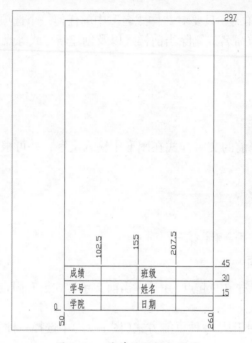

图 1-22　简单的图框与图签

绘图步骤如下。

（1）重新设置模型空间界限

命令：LIMITS

指定左下角点或 [开 (ON)/ 关 (OFF)] <0.0000,0.0000>：

指定右上角点 <420.0000,297.0000>：310,397

（2）绘制图框

命令：1 *// 绘制图框*

指定第一点：50,0 *// 绝对直角坐标*

指定下一点或 [放弃 (U)]：@210,0 *// 相对直角坐标*

指定下一点或 [放弃 (U)]：@297<90 *// 相对极坐标*

指定下一点或 [闭合 (C)/ 放弃 (U)]：@210<180 *// 相对极坐标*

指定下一点或 [闭合 (C)/ 放弃 (U)]：50<0 *// 绝对极坐标*

指定下一点或 [闭合 (C)/ 放弃 (U)]：

（3）绘制图签

命令：OFFSET

指定偏移距离或 [通过 (T)] <1.0000>：15 *// 设定图签行高*

选择要偏移的对象或 < 退出 >：*// 选择图框底边，向上偏移*

指定点以确定偏移所在一侧：

选择要偏移的对象或 < 退出 >：*// 选择上一偏移结果，向上偏移*

指定点以确定偏移所在一侧：

选择要偏移的对象或 < 退出 >：*// 选择上一偏移结果，向上偏移*

指定点以确定偏移所在一侧：

选择要偏移的对象或 < 退出 >：

命令：OFFSET

指定偏移距离或 [通过 (T)] <15.0000>：52.5　*// 设定图签列宽*

选择要偏移的对象或 < 退出 >：*// 选择图框左边，向右偏移*

指定点以确定偏移所在一侧：

选择要偏移的对象或 < 退出 >：*// 选择上一偏移结果，向右偏移*

指定点以确定偏移所在一侧：

选择要偏移的对象或 < 退出 >：*// 选择上一偏移结果，向右偏移*

指定点以确定偏移所在一侧：

选择要偏移的对象或 < 退出 >：

命令：TRIM *// 修剪图签*

当前设置：投影 = 视图，边 = 无

选择剪切边 ...

选择对象：找到 1 个　*// 选择图签顶边作为剪切边*

选择对象：

选择要修剪的对象，或按住 Shift 键选择要延伸的对象，或 [投影 (P)/ 边 (E)/ 放弃 (U)]：

选择要修剪的对象，或按住 Shift 键选择要延伸的对象，或 [投影 (P)/ 边 (E)/ 放弃 (U)]：

选择要修剪的对象，或按住 Shift 键选择要延伸的对象，或 [投影 (P)/ 边 (E)/ 放弃 (U)]：

选择要修剪的对象，或按住 Shift 键选择要延伸的对象，或 [投影 (P)/ 边 (E)/ 放弃 (U)]：

（4）添加文字

命令：STYLE *// 设定文字样式：FS，字体：仿宋 _GB2312*

命令：TEXT

当前文字样式：FS 当前文字高度：2.5000

指定文字的起点或 [对正 (J)/ 样式 (S)]：j

输入选项

[对齐 (A)/ 调整 (F)/ 中心 (C)/ 中间 (M)/ 右 (R)/ 左上 (TL)/ 中上 (TC)/ 右上 (TR)/ 左中 (ML)/ 正中 (MC)/ 右中 (MR)/ 左下 (BL)/ 中下 (BC)/ 右下 (BR)]：bl

指定文字的左下点：

指定高度 <2.5000>：8

指定文字的旋转角度 <0>：

输入文字：成绩

输入文字：学号

输入文字：学院

输入文字：

命令：TEXT

当前文字样式：FS 当前文字高度：8.0000

指定文字的起点或 [对正 (J)/ 样式 (S)]:

指定高度 <8.0000>:

指定文字的旋转角度 <0>:

输入文字：班级

输入文字：姓名

输入文字：日期

输入文字：

命令：

1.11 保存图形

使用 AutoCAD 绘图时，应定期保存绘制的图形，防止一些突然情况的发生，如电源被切断、错误编辑和一些其他故障。SAVETIME 系统变量设置自动保存图形时间间隔。另外也可以用 SAVE、SAVEAS 和 QSAVE 命令随时保存绘制的图形。

1.11.1 SAVEAS 命令

1. 命令功能

SAVEAS 命令可以保存一个未命名的图形文件或给当前的图形文件重新命名。SAVEAS 命令可将图形保存成不同的版本格式，包括 R12、R13、R14 和样板图。

2. 激活命令

◆ 命令行：SAVEAS

◆ 菜单：文件→另存为

◆ 工具栏："修改"工具栏

调用该命令时，AutoCAD 将显示"图形另存为"对话框，如图 1–23 所示。

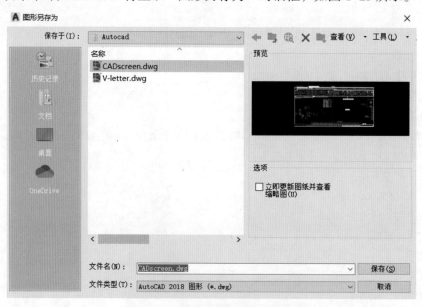

图 1–23 "图形另存为"对话框

1.11.2　SAVE 命令

1. 命令功能

SAVE 命令用于保存一个未命名的图形文件，如果一个图形文件已经被命名，那么该命令与 SAVEAS 命令相同。

2. 激活命令

◆ 命令行：SAVE

1.11.3　QSAVE 命令

1. 命令功能

QSAVE 命令用于将一个未命名的图形文件保存成一个命名的图形文件。如果该图形已经命名，AutoCAD 在保存图形时将不再提示输入文件名称。

2. 激活命令

◆ 命令行：QSAVE

◆ 菜单：文件→保存

◆ 工具栏：快速访问工具栏：

1.11.4　图形安全性

从 2016 版本开始，AutoCAD 已删除向图形文件添加密码的功能。

1.12　退出 AutoCAD

正常退出 AutoCAD 应用程序有以下几种方法。

◆ 命令行：EXIT 或 QUIT

◆ 菜单：文件→退出

◆ 快捷键："ALT+F4"

◆ 标题栏：单击标题栏最右端的"关闭按钮"。

如果图形文件已经被修改但没有被保存，那么 AutoCAD 将显示"将改动保存到文件名 .dwg？"对话框，提示在退出 AutoCAD 前保存或放弃对图形所做的修改。

思考题

1. 启动 AutoCAD，熟悉其界面与各部分功能。

2. 新建文件的方法有哪几种？

3. 打开 AutoCAD 安装目录下 Sample 子目录下的一个 Dwg 文件，然后仅关闭该文件，最后退出 AutoCAD。

4. AutoCAD 调用命令的方法有哪几种？

5. 叙述一下进入 AutoCAD 后显示的屏幕区域构成。

6. 绘图设置向导中的"Area"项是控制什么用的？

7. 什么输入方法使用（X，Y）格式输入坐标？什么输入方法使用 @ X＜Y 格式输入坐标？什么输入方法使用 @ X，Y 格式输入坐标？

8. 什么是透明命令？如何激活透明命令？

9. 中华人民共和国国旗制法对国旗图案有如下规定：

（一）旗面为红色，长方形，其长与高为三与二之比，旗面左上方缀黄色五角星五颗。一星较大，其外接圆直径为旗高十分之三，居左；四星较小，其外接圆直径为旗高十分之一，环拱于大星之右。

（二）五星之位置与画法如下。

甲、为便于确定五星之位置，先将旗面对分为四个相等的长方形，将左上方之长方形上下划为十等分，左右划为十五等分。

乙、大五角星的中心点，在该长方形上五下五、左五右十之处。其画法为：以此点为圆心，以三等分为半径作一圆。在此圆周上，定出五个等距离的点，其一点须位于圆之正上方。然后将此五点中各相隔的两点相联，使各成一直线。此五直线所构成之外轮廓线，即为所需之大五角星。五角星之一个角尖正向上方。

丙、四颗小五角星的中心点，第一点在该长方形上二下八、左十右五之处，第二点在上四下六、左十二右三之处，第三点在上七下三、左十二右三之处，第四点在上九下一、左十右五之处。其画法为：以以上四点为圆心，各以一等分为半径，分别作四个圆。在每个圆上各定出五个等距离的点，其中均须各有一点位于大五角星中心点与以上四个圆心的各连接线上。然后用构成大五角星的同样方法，构成小五角星。此四颗小五角星均各有一个角尖正对大五角星的中心点。

参见图 1-24。

假设国旗旗面左下角为坐标系原点，基于法律条文，计算面积为 300*200 单位的中国国旗五角星中心位置绝对直角坐标，以及相对于旗面左边中点的相对直角坐标。

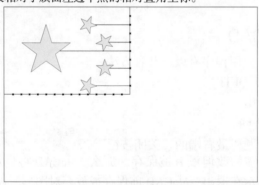

图 1-24 中华人民共和国国旗图案五角星位置参照图

10. 灵活采用不同坐标系统绘制如图 1-25 所示的场地平面图。

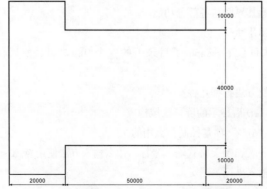

图 1-25 某建筑物地下结构外墙线轮廓图

第 2 章
辅助绘图

2.1 显示控制

在 AutoCAD 中可以用多种方式观察一个图形。通过以不同方式的观察视图，AutoCAD 可以显著地提高绘图的速度。

2.1.1 ZOOM 命令

1. 功能

ZOOM 命令可以放大或缩小观察的区域，但对象的实际尺寸保持不变，类似于照相机的变焦镜头。

2. 调用方法

◆ 命令行：ZOOM

◆ 菜单：视图→缩放

◆ 视图面板→"导航"功能区→

◆ "导航"工具栏：

3. 各选项含义

（1）"实时缩放"（默认选项）。该选项用于利用鼠标在合适的范围内交互缩放。一旦调用"实时缩放"选项，光标将会变为带有"±"符号的放大镜。要放大图形，按住鼠标的拾取按钮并向窗口顶部竖直地移动光标。要缩小图形，按住鼠标的拾取按钮并向窗口底部竖直地移动光标。如要中断实时缩放操作，松开鼠标的拾取按钮。如果要退出"实时缩放"选项，按 Enter 键、Esc 键或者单击右键从快捷菜单中选择"退出"选项。

（2）"窗口缩放"。在显示 ZOOM 命令选项时，指定屏幕上的两个点表示矩形窗口的两个对角点，可放大矩形窗口中的视图，并填满绘图区域。

（3）"比例缩放"。该选项用于以指定的比例因子缩放显示。

输入值并后跟 x，指定相对于当前视图的比例。

输入值并后跟 xp，指定相对于图纸空间单位的比例。例如，输入 .5xp，以图纸空间单位的二分之一显示模型空间。

比例因数，当以数字形式输入时（该数字只能为数字值而不能为测量单位），比例因数将应用于绘图界限所包含的区域。例如，如果输入比例值 3，每一个对象显示的大小是执行全部缩放命令后对象大小的 3 倍。比例因数为 1 显示整个图形（全视图），由创建的图形界限确定。如果输入小于 1 的值，AutoCAD 将缩小整个图形。

分别对应于 2 倍和 0.5 倍的比例缩放。

（4）"全部缩放"。该选项用于在当前视口中缩放显示整个图形。在平面视图中，AutoCAD 按图形界限或当前图形范围缩放，即哪个范围大按哪个范围缩放，即使绘制的图形超出了图形界限也能显示在当前视口中。

（5）"中心缩放"（或圆心缩放）。该选项用于缩放显示由中心点和缩放比例或高度所定义的窗口。高度值较小时增大缩放比例，高度值较大时减小缩放比例。

除了可以输入中心点的坐标值外，还可以通过在视图窗口上指定一点作为中心点，高度也可以根据当前视图高度来指定，即在指定的放大值后面加"x"。用"3x"响应"输入比例或高度＜当前值＞："的提示，将使得新的视图高度为当前视图高度的 3 倍。

（6）"动态缩放"。该选项提供了移动图形视图的快速而简捷的方法。使用动态缩放，可以看到整个图形，然后通过操纵光标点选择下一视图的位置及尺寸。当前显示的视图用蓝色或紫色虚框表示，并出现与当前显示尺寸相同的新视图框。新视图框的位置由鼠标的移动来控制，尺寸由拾取按钮与光标移动组合控制。当新视图框的中心出现 X 标记时，视图框将随着光标的移动在图形中移动。按下鼠标的拾取按钮之后，X 标记将消失而在视图框的右边出现箭头。现在新视图框处于缩放模式中。当箭头位于框内时，向左移动光标减小视图框的尺寸；向右移动光标增大视图框的尺寸。选择所需的尺寸后，再次按拾取按钮将平移视图框，按 Enter 键将显示由新视图框的位置及尺寸所定义的视图，按 Esc 键取消动态缩放并返回到当前视图。

（7）"范围缩放"。该选项用于观察屏幕上的整个图形。与"全部缩放"选项不同的是，"范围缩放"选项只使用图形范围，而不使用图形界限。

（8）"上一个"。该选项用于显示上一次显示过的视图，可恢复此前的 10 个视图。

2.1.2 PAN 命令

PAN 命令可以移动视图的位置，类似于移动窗口滚动条。

1. 通过拖动进行平移

调用方法：

◆ 菜单：视图→平移→实时

◆ "导航"工具栏→平移：

◆ 视图面板→"导航"功能区→平移：

◆ 命令行：PAN

绘图窗口出现手形光标时，移动鼠标的同时按住鼠标按钮可以拖动视图。如果使用滚轮鼠标，可以在按住滚轮按钮的同时移动鼠标。

2. 通过指定点进行平移

调用方法：

◆ 菜单：视图→平移→定点

◆ 命令行：–PAN

AutoCAD 将计算两点之间的距离和方向并相应地平移图形。此时，可以输入一对坐标值，以指明图形在屏幕上的相对位置的改变。如果用 Enter 键（空响应）响应"指定第二点"的提示，则所给出的坐标值表示图形相对于原点的位移。如果指定了第二点坐标而不用空响应，那么 AutoCAD 将计算从第一点到第二点的位移。

3. 向左、向右、向上或向下平移

从"视图"下拉菜单中选择"平移"选项，从其子菜单中选择"左""右""上""下""中"5个选项之一，可使 AutoCAD 相应地向左、向右、向上、向下平移视图。

2.1.3 用智能鼠标控制图形的显示

在 AutoCAD 中，可以用智能鼠标（双按钮鼠标）的滑轮控制图形的显示。使用滑轮可以随时缩放和平移图形。向前转动滑轮，可以放大图形；向后转动滑轮可以缩小图形。当双击滑轮按钮时，AutoCAD 将显示视图窗口的图形范围。按下滑轮按钮并拖动鼠标，将实时平移图形。在默认情况下，缩放因子设置为 10%，每次转动滑轮都将按 10% 的增量改变缩放级别。系统变量 ZOOMFACTOR 控制滑轮转动的（无论向前还是向后）增量变化，其数值越大，增量变化就越小。其初始值为 60，有效值为 3 到 100 之间的整数。

2.1.4 REDRAW 命令

1. 功能

REDRAW 命令用于刷新屏幕显示。无论何时，只要看到图形中有标识指定点的点标记或临时标记，都可以调用此命令刷新屏幕显示。此时，可以使用 REDRAW 命令删除屏幕上的标记点。

2. 调用方法

◆ 命令行：REDRAW

◆ 菜单：视图→重画

2.1.5 REGEN 命令

1. 功能

REGEN 命令用于重生成屏幕上的图形数据。REGEN 命令不仅刷新显示，而且更新图形数据库中所有图形对象的屏幕坐标。调用 REGEN 命令重新生成图形的时间要比 REDRAW 命令所用时间要长。

2. 调用方法

◆ 命令行：REGEN

◆ 菜单：视图→重生成

2.2 设置多重视口

多重视口将绘图屏幕划分成多个矩形，可以用几个不同的图形区域代替单一的图形屏幕。可以观察图形的不同组成部分，并保留菜单区和命令提示区。每一个视口保持当前图形的显示而与其他视口的显示无关。可以同步显示一个视口中的整个图形和另一个视口中放大的细节图形，如图 2-1。

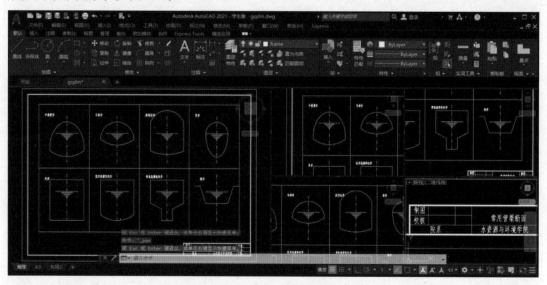

图 2-1　多个视口与"鸟瞰视图"窗口

在一段时间内，只能在一个视口下工作，该视口被认为是当前视口。通过鼠标，将光标移动到视口内，然后单击拾取按钮，则该视口就被设置为当前视口。一些显示控制命令如 ZOOM 和 PAN，及绘图工具如栅格、捕捉、正交和 UCS 图标模式在每一视口中都可以单独设置。

视口命令调用方法如下。

◆ 命令行：VPORTS

◆ 菜单：视图→视口

◆ 视图选项卡→模型视口工具栏

模型空间视口（在"模型"布局上）和布局视口（在命名（图纸空间）布局上）可用选项会有所不同。

AutoCAD 将显示"视口"对话框，如图 2-2 所示。

从"标准视口"列表中选择所需的视口配置，AutoCAD 在预览窗口中显示相应的视口配置。如果需要，可将所选择的视口配置命名并保存在"新名称"文本框中。从"应用于"下拉菜单中选择"显示"选项，并且从"设置"下拉菜单中选择"2D"选项用于二维视口设置，选择"3D"选项用于三维视口设置。选择"确定"按钮将创建所选择的视口配置。如果需要创建其他的而不是标准的视口配置，则可以细分所选定的视口。首先选择需要细分的视口，然后调用"视口"对话框，选择所需的视口配置，再从"应用于"下拉菜单中选择"当前视口"选项。

"命名视口"选项卡列出了所有被保存的视口配置。可在任何时候恢复一个被保存的视口配置。

另外，还可以用 VPORTS 命令的命令提示创建平铺视口。调用方法如下。

◆ 命令行：–VPORTS

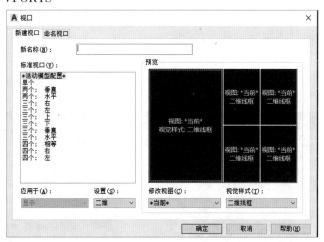

图 2-2　"视口"对话框

提示：*通常情况下，在命令行中输入命令前加连字符"–"，AutoCAD 则用命令提示来响应，而不是对话框。*

（1）"保存"选项。该选项用于使用指定的名称保存当前的视口配置。视口配置包括当前视口的数目和位置及其相关设置。可以保存图形中任何数目视口配置，并可随时调用。

（2）"恢复"选项。该选项用于显示已保存的视口配置。

（3）"删除"选项。该选项用于删除已命名的视口配置。

（4）"合并"选项。该选项用于将两个相邻的视口合并为一个较大的视口。此视口继承原主视口的视图的配置。

（5）"单一"选项。该选项用于将当前视口作为唯一视口。

（6）"？"选项。该选项用于显示活动视口的标识码和屏幕位置。

（7）"2"/"3"/"4"选项。该选项分别用于将当前视口拆分为两个、三个、四个视口。

（8）切换选项。在多个视口的上一个视口配置和带有单个视口的配置之间进行切换。如果没有上一个视口配置，则"切换"选项将使用 4 个视口作为默认值。

（9）模式选项。确定对视口数量的后续更改将仅应用于当前视口，还是应用于整个显示区域。

2.3　图层管理

AutoCAD 可以将图形对象分门别类放置在不同的图层中。每个图层就好像一层透明纸，各层相互重叠组成整个图形。应用图层不仅可以将复杂的图形分解，而且还可以在图形中创建辅助线。图形中每一个图层都有相关的名称、颜色、线宽和线型。但是，在一张图形中，所有的图层均使用同一个图形界限、坐标系和缩放比例因子。

图层特性管理器主要功能有：将图层置为当前图层，添加新图层，删除图层和重命名图层。可以指定图层特性、打开和关闭图层、全局地或按视口冻结和解冻图层、锁定和解锁图层、设置图层的打印样式以及打开和关闭图层打印。可以过滤在"图层特性管理器"中显示的图层名，可以保存和恢复图层状态及特性设置。

"图层特性管理器"调用方法如下。

◆ 默认选项卡→"图层"工具栏：

◆ "格式"菜单：图层

◆ 命令行：LAYER

AutoCAD 将显示"图层特性管理器"对话框，如图 2-3 所示。

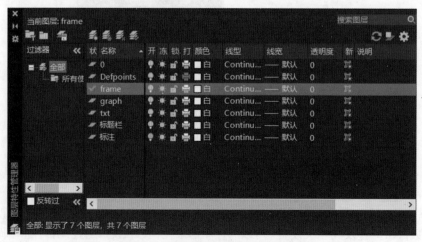

图 2-3　"图层特性管理器"对话框

2.3.1 创建新图层

选择"新建"后，列表将显示名为"图层 1"的图层。如输入新的层名后，紧接着输入一个"，"号，就可再输入下一个新层名。这种方法可以快速创建多个图层。

创建新图层时，新图层将继承图层列表中当前选定图层的特性（颜色、开/关状态等）。要使用默认设置创建图层，则不要选择列表中的任何一个图层，或在创建新图层前先选择一个具有默认设置的图层。

图层的名称最多可由 255 个字符组成。这些字符可以是字母、数字和特殊符号：美元 ($)，连字符 (–)，下划线 (_) 和空格。但是，图层名称不能含有通配符（如 * 和 ?），并且名称不能重复。选择图层名然后单击左键可以修改图层名。

2.3.2 设置图层特性

选定图层，单击对应选项，可以设定名称、可见性、颜色、线型、线宽、打印样式名等图层特性。

2.3.3 设置为当前图层

有以下几种方式可以将图层设定为当前图层：

（1）在"图层特性管理器"对话框的图层列表中，选择该图层名称，然后选择位于对话框左上端的"当前"按钮 。

（2）在"图层特性管理器"对话框中，双击图层名称，使其成为当前层。

（3）在"图层"工具栏的中图层下拉列表框中选择所需图层。AutoCAD 只在层列表中显示当前图层的名称。

（4）单击"图层"工具栏按钮 ，然后根据提示选择适当的对象即可。

2.3.4 删除图层

有以下几种方式可以删除图层：

◆ 在"图层特性管理器"对话框中，选中图层，单击"删除"按钮

◆ 在"图层特性管理器"对话框中，选中图层，按"Delete"键

◆ "文件菜单"→图形实用工具→清理

◆ 命令行：PURG

注意：参照图层包括图层 0 及 DEFPOINTS、包含对象（包括块定义中的对象）的图层、当前图层和依赖外部参照的图层。参照图层不能被删除。

2.3.5 管理图层状态

单击图层状态管理器 ，显示图层状态管理器，见图 2-4，从中可以保存、恢复和管理图层设置集（即，图层状态集）。也可以从指定文件导入图层状态到当前图形。

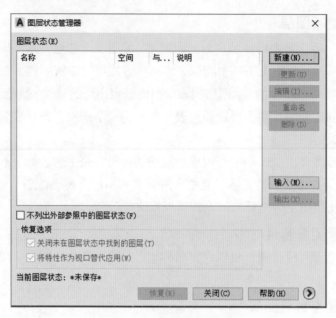

图 2-4　图层状态管理器

2.4　修改对象特性

显示和更改对象的当前特性方式有以下几种：

（1）打开"特性"选项板，然后查看和更改对象所有特性的设置。

（2）查看和更改"图层"工具栏上的"图层"控件以及"特性"工具栏上的"颜色""线型""线宽"和"打印样式"控件中的设置。

AutoCAD 将列出选定对象或对象集的特性的当前设置。可以更改任何可以通过指定新值进行更改的特性。

2.4.1　"特性"选项板

"特性"选项板调用方法如下。

◆ 默认选项卡→"特性"工具面板

◆ "修改"菜单：特性

◆ 快捷菜单：选择要查看或修改其特性的对象，在绘图区域单击右键，然后选择"特性"。或者，可以在大多数对象上双击以显示"特性"选项板。

◆ 命令行：PROPERTIES / DDCHPROP / DDMODIFY

AutoCAD 将显示"特性"选项板，如图 2-5 所示。

（1）对象类型。显示选定对象的类型。选择多个对象时，"特择集中所有对象的公共特性。如果尚未选择对象，"特性"选项板只显示当前图层的基本特性、图层附着的打印样式表的名称、查看特性以及关于 UCS 的信息。

图 2-5　"特性"选项板

（2）快速选择。显示"快速选择"对话框。使用"快速选择"创建基于过滤条件的选择集。

（3）选择对象。使用任意选择方法选择所需对象。"特性"选项板将显示选定对象的共有特性。然后可以在"特性"选项板中修改选定对象的特性，或输入编辑命令对选定对象做其他修改。

（4）切换 PICKADD 系统变量的值。打开(1)或关闭(0) 系统变量 PICKADD。PICKADD 打开时，每个选定对象都将添加到当前选择集中。PICKADD 关闭时，选定对象将替换当前的选择集。

在标题栏上单击右键时，将显示下列快捷菜单选项。

（1）移动。显示用于移动选项板的四头箭头光标。选项板并不是固定的。

（2）大小。显示四头箭头光标，用于拖动选项板的边或角使其变大或变小。

（3）关闭。关闭"特性"选项板。

（4）允许固定。在图形边上的固定区域拖动"特性"选项板时，控制是否固定此选项板。

（5）自动隐藏。导致当光标移动到浮动选项板上时，该选项板将展开；当光标离开该选项板时，它将滚动关闭。清除该选项时，选项板将始终打开。

（6）透明度。显示"透明度"对话框。

2.4.2 设置对象颜色

1. 功能

COLOR 命令用于为绘制的对象指定颜色，使其与图层颜色区分开。

2. 调用方法

◆ 命令行：COLOR

◆ 菜单：格式→颜色

◆ 工具栏：在"对象特性"工具栏中（图 2-6）选择颜色下拉列表框

图 2-6 "对象特性"工具栏

AutoCAD 将显示"选择颜色"对话框（图 2-7）。

颜色可以被输入成标准名（红、绿、青、黄、紫、蓝、白或黑）或者是数字编号（1 到 255 之间）。或者可以选择"随层"或"随块"。默认值是"随层"。

若提供的是标准名或数字编号，它将成为当前的颜色。所有新创建的对象都被绘制成这种颜色，而不管哪一个图层是当

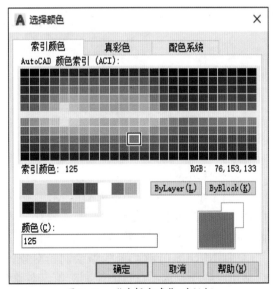

图 2-7 "选择颜色"对话框

前层，直到再将颜色设为"随层"或"随块"。"随层"使对象与所在的图层的颜色相同。"随块"使对象被绘制成白色直到被包括在块定义中。若插入的块包括用"随块"选项绘制的对象，对象会继承 COLOR 命令的当前设置。可以使用 PROPERTIES 命令来更改已有对象的颜色。

2.4.3 设置对象线型

1. 功能

LINETYPE 命可以用"短划／点／间隔"的组合绘制线型。也可用于从线型库中加载定义或创建自定义线型。自定义线型允许线型中存在"不成直线"的对象，如圆、波浪线和块等。个别线型名称和定义存储于一个或多个后缀为 .LIN 的文件中。

2. 调用方法

◆ 命令行：LINETYPE

◆ 菜单：格式→线型

◆ 工具栏：在"对象特性"工具栏中 (图 2-6) 选择线型下拉列表框。

AutoCAD 将显示"线型管理器"对话框，如图 2-8 所示。

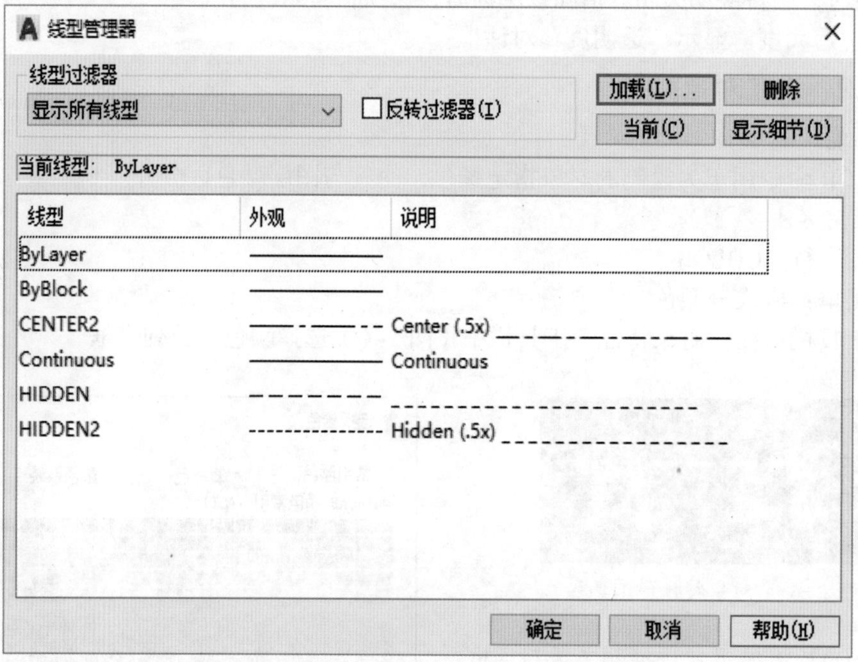

图 2-8 "线型管理器"对话框

3. 各选项含义

（1）线型过滤器。AutoCAD 列出了所有对于当前图形有效的线型，默认的设置是"随层"。若要改变当前线型的设置，则从"线型列表"中选择适当的线型，然后按下"当前"按钮。"随层"意味着所绘制的对象采用它所在图层的线型。"随块"意味着将使用"CONTINUOUS (连续)"线型绘制新对象，直到将它们编组成一个块为止。若插入的块包括用"随块"选项设置的绘制对象，对象会继承块的线型。

（2）加载。若要在图形中加载确定的线型，选择"加载"按钮。AutoCAD 将显示的"加载或重载线型"对话框，如图2-9所示。

若需要从其他的文件中加载线型，在"加载或重载线型"对话框中选择"文件"按钮。AutoCAD将显示"选择线型"对话框。从中选择适当的线型文件并按"确定"按钮。

AutoCAD将在"加载或重载线型"对话框中依次列出所选的线型文件里的有效线型。再从"可用线型"列表中选择合适的线型，并按下"确定"按钮。

（3）删除。若要在图形中删除一个当前加载的线型，首先从"线型管理器"对话框的"线型列表"中选择线型，然后选择"删除"按钮。只能删除当前图形中没有被引用的线型。"随层""随块""连续"线型不能被删除。删除过程同使用PURGE命令除去图形中没有使用的命名线型是一样的。

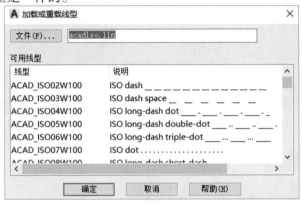

图2-9 "加载或重载线型"对话框

（4）显示细节。若要显示指定线型的额外信息，首先从"线型管理器"对话框的"线型列表"中选择线型，然后按下"显示细节"按钮。AutoCAD将显示列有附加设置的扩展对话框，如图2-10所示。

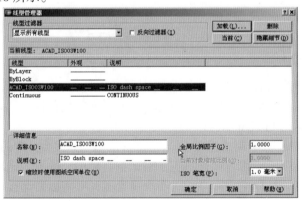

图2-10 扩展的"线型管理器"对话框

对话框中各选项含义如下。

"名称"和"说明"是可以编辑的，各自显示所选线型的名称和说明。

"全局比例因子"文本框显示当前LTSCALE因子的设置。

"当前对象缩放比例"文本框显示当前CELTSCALE因子的设置。如果需要的话，可以改变系统变量LTSCALE和CELTSCALE的值。

"ISO 笔宽"文本框把线型比例设置为标准 ISO 值列表中的一个。

最终的比例是全局比例因子与该对象比例因子的乘积。若"缩放时使用图纸空间单位"复选框设为"开"，则按相同的比例在图纸空间和模型空间显示线型。

修改完相应的设置后，单击"确定"按钮保存修改结果并关闭"线型管理器"对话框。

2.4.4 设置对象线宽

1. 功能

LINEWEIGHT 命令用于指定所绘制对象的线宽，将它同图层指定的线宽分开。

2. 调用方法

◆ 命令行：LINEWEIGHT

◆ 菜单：格式→线宽

AutoCAD 将显示"线宽设置"对话框，如图 2-11 所示。

3. 各项含义

（1）线宽。AutoCAD 在对话框的底部显示当前的线宽。从"线宽"列表框中选择一个有效的线宽可改变当前的线宽。默认的线宽是"随层"。除非重新将线宽设置为"随层"、"随块"或"缺省"，否则所有新建的对象都被绘制为当前的线宽，而不考虑目前所在的图层。

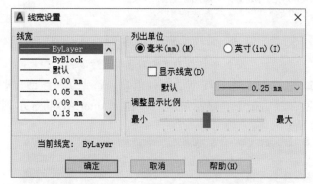

图 2-11 "线宽设置"对话框

"随层"意味着所绘制的对象采用它所在图层的线宽。"随块"意味着将使用"缺省"线宽绘制新对象，直到将它们编组成一个块为止。若插入的块包括用"随块"选项设置的绘制对象，对象会继承用 LINEWEIGHT 命令设置的线宽。

"缺省"选项使对象被绘制成默认值，此默认值由系统变量 LWDEFAULT 设置，默认设置为 0.01 in 或 0.25 mm。也可以通过位于对话框右侧的"缺省"选项菜单来设置默认的线宽。线宽值为 0 时，在模型空间显示为 1 个像素宽，并将以打印设备允许的最细宽度打印。

（2）列出单位。指定了线宽是以毫米显示还是以英寸显示。也可以使用系统变量 LWUNITS 设置"列出单位"。

（3）显示线宽。控制线宽是否在当前图形中显示。如果选中此复选框，线宽将在模型空间和图纸空间中显示。线宽以多个像素表示时，AutoCAD 进行重生成的时间将会增加。如果它被设置为"关"，则 AutoCAD 性能提高。当设置为"开"后，图形性能下降。

（4）调整显示比例。控制"模型"选项卡中线宽的显示比例。在"模型"选项卡中，线宽是以像素为单位进行显示的。像素宽度的显示与在现实中打印所用的单位数值成比例。如果使用高分辨率的显示器，则可以调整线宽的显示比例，从而更好地显示不同的线宽宽度。"线宽"列表列出了当前线宽显示比例。具有线宽的对象以超过一个像素的宽度显示时，可能会增加 AutoCAD 的重生成时间。如果在"模型"选项卡中工作时，想优化 AutoCAD 的性能，则把线宽的显示比例设成最小或完全关闭线宽显示。

2.4.5　线型、线宽的应用

线型、线宽的采用大大丰富了图形的内容。应用不同的线型、线宽设置，可以很容易将不同的对象区分开来。在环境工程设计中，就常常采用不同的线型、线宽值来区分不同的管道系统（图 2-12）。

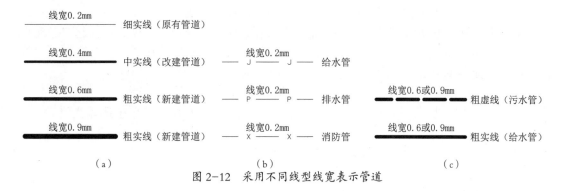

图 2-12　采用不同线型线宽表示管道

图 2-12（b）中的文字标识符可由文本写入，也可以由线型定义。自定义线型可由线型文件（扩展名为 .lin 的二进制文本文件），图 2-12（b）中线型定义来自 mycadline.lin 文件，文本内容如下，

```
;; AutoCAD Linetype Definition file
;; Version 1.0
;; Copyright 2005 by Mr Fang Bin.
;; Complex linetypes
*WATER_SUPPLY,water supply pipe ---- J ---- J ---- J ----
A,.5,-.2,[" J ",STANDARD,S=.1,R=0.0,X=-0.1,Y=-.05],-.2
*DEWATER,Dewater pipe---- P ---- P ---- P ----
A,.5,-.2,[" P ",STANDARD,S=.1,R=0.0,X=-0.1,Y=-.05],-.2
*FIRE WATER_SUPPLY,fire water pipe ---- X ---- X ---- X ----
A,.5,-.2,[" X ",STANDARD,S=.1,R=0.0,X=-0.1,Y=-.05],-.2
```

说明：；；后面为定义的注释说明部分；在线型定义文件中用两行文字定义一种线型。第一行包括线型名和可选说明，以 * 开头；第二行是定义实际线型图案的代码，第二行必须以字母 A（对齐）开头，其后是一列图案描述符，用于定义提笔长度（空移）、落笔长度（划线）和点。文字字符来自指定给 STANDARD 文字样式的文字字体，缩放比例为 0.1、正立旋转角度为 0 度、X 偏移为 –0.1、Y 偏移为 –0.05。

2.5 图形设置辅助工具

栅格、捕捉、正交、极轴追踪和对象捕捉是绘图的辅助工具。每一个辅助工具都可以在需要的时候打开，在不需要的时候关闭。适当地使用这些工具，可以快速和精确地实现计算机辅助设计绘图。

2.5.1 SNAP 命令

SNAP 命令在图形区域内提供了不可见的参考栅格。当 SNAP 命令设置为"开"时，通过捕捉特性，可将光标锁定在距光标最近的捕捉栅格点上。通过使用 SNAP 命令可以快速地指定点，以便精确地设置点的位置。当使用键盘输入点的绝对坐标、相对坐标或者关闭了捕捉模式，AutoCAD 将忽略捕捉间距的设置。

AutoCAD 中有几种方法可以用于打开和关闭"捕捉"模式。

◆ 在屏幕底部的状态栏中，按下"捕捉"按钮，将打开"捕捉"模式；弹起"捕捉"按钮，将关闭"捕捉"模式。要修改"捕捉"设置，只需把光标放在"捕捉"按钮上并单击右键从快捷菜单中选择"设置"选项即可修改"捕捉"的设置

◆ 按下功能键 F9，即可在关闭和打开"捕捉"模式之间进行切换

◆ 将光标置于状态栏中的"捕捉"按钮上并单击右键，从快捷菜单中选择选项

◆ 命令行：SNAP

◆ 工具菜单→草（绘）图设置

◆ 命令行：Dsettings

调用"草图设置"对话框，然后选择"捕捉和栅格"选项卡，如图 2-13 所示。从该对话框中选择"捕捉和栅格"选项卡。各项含义如下。

（1）启用捕捉。打开或关闭捕捉模式。也可以通过单击状态栏上的"捕捉模式"，按 F9 键，或使用 SNAPMODE 系统变量，来打开或关闭捕捉模式。

（2）捕捉间距。控制捕捉位置的不可见矩形栅格，以限制光标仅在指定的 X 和 Y 间隔内移动。

捕捉 X 轴间距 指定 X 方向的捕捉间距。间距值必须为正实数。

捕捉 Y 轴间距 指定 Y 方向的捕捉间距。间距值必须为正实数。

X 和 Y 间距相等。为捕捉间距和栅格间距强制使用同一 X 和 Y 间距值。捕捉间距可以与栅格间距不同。

（3）极轴间距。控制 PolarSnap™（PolarSnap）增量距离。

极轴距离。选定"捕捉类型和样式"下的"PolarSnap"时，设定捕捉增量距离。如果该值为 0，则 PolarSnap 距离采用"捕捉 X 轴间距"的值。"极轴距离"设置与极坐标追踪和 / 或对象捕捉追踪结合使用。如果两个追踪功能都未启用，则"极轴距离"设置无效。

（4）捕捉类型。设定捕捉样式和捕捉类型。

栅格捕捉。设定栅格捕捉类型。如果指定点，光标将沿垂直或水平栅格点进行捕捉。

矩形捕捉。将捕捉样式设定为标准"矩形"捕捉模式。当捕捉类型设定为"栅格"并且打开"捕捉"模式时，光标将捕捉矩形捕捉栅格。

等轴测捕捉。将捕捉样式设定为"等轴测"捕捉模式。当捕捉类型设定为"栅格"并且打开"捕捉"模式时，光标将捕捉等轴测捕捉栅格。

PolarSnap。将捕捉类型设定为"PolarSnap"。如果启用了"捕捉"模式并在极轴追踪

打开的情况下指定点，光标将沿在"极轴追踪"选项卡上相对于极轴追踪起点设置的极轴对齐角度进行捕捉。

（5）启用栅格。打开或关闭栅格。也可以通过单击状态栏上的"栅格"，按 F7 键，或使用 GRIDMODE 系统变量，来打开或关闭栅格模式。

（6）栅格样式。在二维上下文中设定栅格样式。也可以使用 GRIDSTYLE 系统变量设定栅格样式。

二维模型空间。将二维模型空间的栅格样式设定为点栅格。

块编辑器。将块编辑器的栅格样式设定为点栅格。

图纸 / 布局。将图纸和布局的栅格样式设定为点栅格。

（7）栅格间距。控制栅格的显示，有助于直观显示距离。

栅格 X 间距。指定 X 方向上的栅格间距。如果该值为 0，则栅格采用"捕捉 X 轴间距"的数值集。

栅格 Y 间距。指定 Y 方向上的栅格间距。如果该值为 0，则栅格采用"捕捉 Y 轴间距"的数值集。

每条主线的栅格数。指定主栅格线相对于次栅格线的频率。

（8）栅格行为。控制栅格线的外观。在以下情况下显示栅格线而不显示栅格点：GRIDSTYLE 设置为 0（零）。

自适应栅格。缩小时，限制栅格密度。允许以小于栅格间距的间距再拆分：放大时，生成更多间距更小的栅格线。主栅格线的频率确定这些栅格线的频率。（GRIDDISPLAY 和 GRIDMAJOR 系统变量）

显示超出界线的栅格。显示超出 LIMITS 命令指定区域的栅格。

跟随动态 UCS。更改栅格平面以跟随动态 UCS 的 XY 平面。

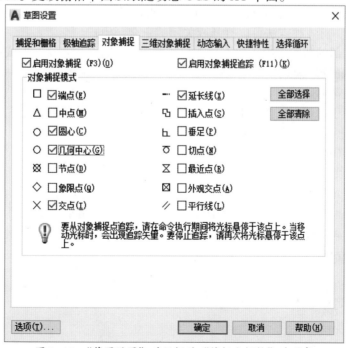

图 2-13　"草图设置"对话框的"捕捉和栅格"选项卡

2.5.2　GRID 命令

GRID 命令用于按指定的行和列间距显示的点的可见的阵列。AutoCAD 中的栅格的作用与坐标纸相似。可以打开或关闭栅格显示，并能改变点的间距。在世界坐标系中，栅格将填充由图形界限确定的区域。

在 AutoCAD 中，可以通过 5 种方法打开和关闭栅格。

◆ 在屏幕底部的状态栏中，按下"栅格"按钮，将打开"栅格"模式；弹起"栅格"按钮，将关闭"栅格"模式。要修改"栅格"设置，只需把光标放在"栅格"按钮上并单击右键从快捷菜单中选择"设置"选项即可修改"栅格"的设置

◆ 按功能键 F7，即可在关闭和打开"栅格"模式之间进行切换

◆ 将光标置于"栅格"按钮上并单击右键，从快捷菜单中选择"开"选项，可打开"栅格"模式，或选择"关"选项，关闭"栅格"模式

◆ 命令行：GRID

◆ 选择"草图设置"，然后选择"捕捉和栅格"选项卡

如图 2-13 所示各项含义如下

（1）启用栅格。打开或关闭栅格点。也可以通过单击状态栏上的"栅格"，或按 F7 键，或者使用系统变量 GRIDMODE 来打开或关闭栅格点模式。

（2）栅格。控制点栅格的显示，有助于将距离形象化。点栅格的界限由 LIMITS 命令控制。

栅格 X 间距。指定 X 方向的点间距。如果该值为 0，则栅格采用"捕捉 X 间距"的值。

栅格 Y 间距。指定 Y 方向的点间距。如果该值为 0，则栅格采用"捕捉 Y 间距"的值。

2.5.3　正交命令

ORTHO 命令用于使绘制的直线平行于 X 轴或 Y 轴。

AutoCAD 中，有 4 种方法可以打开或关闭"正交"模式。

◆ 在屏幕底部的状态栏中，按下"正交"按钮，将打开"正交"模式；弹起"正交"按钮，将关闭"正交"模式

◆ 按下功能键 F8

◆ 将光标置于"正交"按钮上并单击右键，从快捷菜单中选择"开"选项，打开"正交"模式，或选择"关"选项，关闭"正交"模式

◆ 命令行：ORTHO

在激活"正交"模式时，可以只在水平或垂直方向上绘制直线，并指定点的位置，而不用考虑屏幕上光标的位置。绘图的方向由当前光标在 X 向的距离值与 Y 向的距离值相比来确定的，如果 X 向距离大于 Y 向距离，AutoCAD 将绘制水平线；相反地，如果 Y 向距离大于 X 向距离，那么只能绘制竖直的线。"正交"模式并不影响从键盘上输入点。

2.5.4　对象捕捉

1. 功能

对象捕捉（简称 OSNAP）用于在绘图时指定已绘制对象的几何特征点，在对象上的精确位置指定捕捉点。

2. 调用方法

调用"对象捕捉"模式方法如下。

◆ 状态栏 "对象捕捉"工具栏下拉框

◆ "工具"菜单：草图设置

◆ 快捷菜单：在绘图区域中单击右键同时按 SHIFT 键，然后选择"对象捕捉设置"

◆ 命令行：OSNAP

AutoCAD 将显示"草图设置"对话框的"对象捕捉"选项卡，如图 2-14 所示。

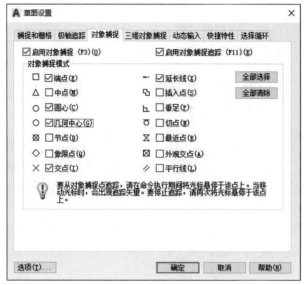

图 2-14 从"对象捕捉"工具栏上调用"对象捕捉设置"命令

3. 选项说明

（1）启用对象捕捉。控制所有指定的对象捕捉处于打开状态还是关闭状态。

（2）启用对象捕捉追踪。使用对象捕捉追踪，在命令中指定点时，光标可以沿基于当前对象捕捉模式的对齐路径进行追踪。

（3）对象捕捉模式。列出可以在执行对象捕捉时打开的对象捕捉模式。

端点：捕捉到几何对象的最近端点或角点。

中点：捕捉到几何对象的中点。

中心点：捕捉到圆弧、圆、椭圆或椭圆弧的中心点。

几何中心：捕捉到任意闭合多段线和样条曲线的质心。

节点：捕捉到点对象、标注定义点或标注文字原点。

象限：捕捉到圆弧、圆、椭圆或椭圆弧的象限点。

交点：捕捉到几何对象的交点。

延伸：当光标经过对象的端点时，显示临时延长线或圆弧，以便用户在延长线或圆弧上指定点。

插入点：捕捉到对象（如属性、块或文字）的插入点。

垂足：捕捉到垂直于选定几何对象的点。

切点：捕捉到圆弧、圆、椭圆、椭圆弧、多段线圆弧或样条曲线的切点。

最近点：捕捉到对象（如圆弧、圆、椭圆、椭圆弧、直线、点、多段线、射线、样条曲线或构造线）的最近点。

外观交点：捕捉在三维空间中不相交但在当前视图中看起来可能相交的两个对象的视觉交点。"延伸外观交点"捕捉到对象的假想交点，如果这两个对象沿它们的自然方向延伸，这些对象看起来是相交的。"外观交点"和"延伸外观交点"不能和三维实体的边或角点一起使用。

平行：可以通过悬停光标来约束新直线段、多段线线段、射线或构造线以使其与标识的现有线性对象平行。指定线性对象的第一点后，请指定平行对象捕捉。与在其他对象捕捉模式中不同，用户可以将光标和悬停移至其他线性对象，直到获得角度。然后，将光标移回正在创建的对象。如果对象的路径与上一个线性对象平行，则会显示对齐路径，用户可将其用于创建平行对象。

（4）全部选择。打开所有对象捕捉模式。

（5）全部清除。关闭所有对象捕捉模式。

4. 对象捕捉标记和对象捕捉工具栏提示

在"草图设置"对话框的"对象捕捉"选项卡中，选择"选项"按钮，AutoCAD 将显示"选项"对话框的"草图"选项卡，在此对话框的"自动捕捉设置"选项区中可设置对象捕捉的"标记"及"显示对象捕捉工具栏提示"，它们以复选框的形式出现，如图 2-15 所示。

在"自动捕捉设置"选项区中：当"标记"复选框设置为"开"时，AutoCAD 显示对象捕捉标记；当"标记"复选框设置为"关"时，AutoCAD 不显示对象捕捉标记。当光标移到捕捉点上时，对象捕捉标记将显示出几何图形。

当"磁吸"复选框设置为"开"时，打开"磁吸"；当"磁吸"复选框设置为"关"时，关闭"磁吸"。磁吸用于将十字光标的位置自动锁定到最近的捕捉点上。

当"显示自动捕捉工具栏提示"复选框设置为"开"时，显示工具栏提示；当"显示自动捕捉工具栏提示"复选框设置为"关"时，将不显示工具栏提示。工具栏提示是一个文字标志，用来叙述捕捉到的对象的模式。

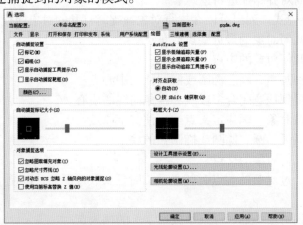

图 2-15 "选项"对话框中的"草图"选项卡

当"显示自动捕捉靶框"复选框设置为"开"时，显示自动捕捉靶框；当"显示自动捕捉靶框"复选框设置为"关"时，不显示自动捕捉靶框。当 AutoCAD 提示选择一个对象捕捉时，在十字光标中将出现一个方框，这就是靶框。

要设置"标记""磁吸""显示自动捕捉工具栏提示"或"显示自动捕捉靶框"的开与关，只需把光标放在复选框上并按下鼠标的拾取按钮。从"自动捕捉标记颜色"下拉列表中，可以选择标记的颜色。

要修改自动捕捉标记的大小，在"自动捕捉标记大小"栏中，将光标放在控制自动捕捉标记大小的滑动条上，按住鼠标的拾取按钮，将滑动条向右移动标记变大，向左移动标记变小。预览窗口显示了当前自动捕捉标记的大小。

要修改靶框的大小，在"靶框大小"栏中，将光标放在控制靶框大小的滑动条上，按住鼠标的拾取按钮，将滑动条向右移动靶框变大，向左移动靶框变小。预览窗口显示了当前靶框的大小。

修改了自动捕捉的设置后，选择"确定"按钮关闭"选项"对话框返回到"草图设置"对话框，再次选择"确定"按钮关闭"草图设置"对话框。

2.5.5　极轴追踪与对象捕捉追踪

1. 功能

极轴追踪特性用于绘制直线并在与设置的"增量角"成整倍数的方向上指定点的位置。指定的极轴角既可以相对于当前的坐标系测量，也可以从选定对象开始测量。另外，还可以增加最多 10 个附加的增量角，以供从一个基准方向确定直线的方向和位移量使用。对象捕捉追踪特性用于沿指定的方向从对象上的一个几何特征点开始追踪光标，既可以使用正交方式，也可以使用预置的极轴角方式。

2. 设置极轴追踪

在 AutoCAD 中，有 4 种方法可以打开和关闭极轴追踪。

◆ 在屏幕底部的状态栏中，把光标放在"极轴"按钮上并单击右键从快捷菜单中选择"设置"选项即可修改"极轴"的设置

◆ "工具"菜单：草图设置

◆ 命令行：Dsettings /（DDRMODES）

◆ 调用"草图设置"对话框，从"草图设置"对话框中选择"极轴追踪"选项卡

"草图设置"对话框"极轴追踪"选项卡如图 2-16 所示。通过"草图设置"对话框"极轴追踪"选项卡可以设置"极轴追踪"模式，各项含义如下。

（1）启用极轴追踪。打开或关闭极轴追踪。也可以按 F10 键或使用 AUTOSNAP 系统变量来打开或关闭极轴追踪。

（2）极轴角设置。设置极轴追踪使用的角度。

增量角。设置用来显示极轴追踪对齐路径的极轴角增量。可以输入任何角度或从列表中选择常用角度。

附加角。对极轴追踪使用列表中的任何一种附加角度。"附加角"复选框也受POLARMODE 系统变量控制。注意，附加角度是绝对的，而非增量的。

（3）新建。最多可以添加 10 个附加极轴追踪对齐角度。

（4）删除。删除选定的附加角度。

（5）对象捕捉追踪设置。设置对象捕捉追踪选项。

仅正交追踪。当对象捕捉追踪打开时，仅显示已获得的对象捕捉点的正交(水平／垂直)

对象捕捉追踪路径。

用所有极轴角设置追踪。如果对象捕捉追踪打开，则当指定点时，允许光标沿已获得的对象捕捉点的任何极轴角追踪路径进行追踪。

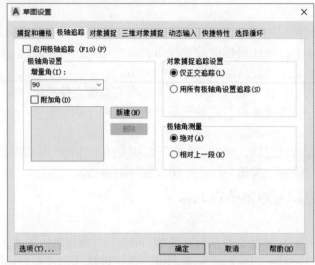

图 2-16　"草图设置"对话框"极轴追踪"选项卡

（6）极轴角测量。设置测量极轴追踪对齐角度的基准。

绝对。根据当前用户坐标系 (UCS) 确定极轴追踪角度。

相对上一段。根据上一个绘制线段确定极轴追踪角度。

3. 对象捕捉追踪

在 AutoCAD 中，通过使用"对象捕捉追踪"可以使对象的某些特征点成为追踪的基准点，并得到所需的特征点的特殊形式，如端点、中点或圆心。要使用对象捕捉追踪，必须打开一个或多个对象捕捉。

例如，从一个直线的端点开始绘制长度为 15 个单位，角度为 16° 的线段。那么在"草图设置"对话框的"对象捕捉"选项卡中选择"启用对象捕捉追踪 (F11)"复选框以打开"对象捕捉追踪"模式。另外，还要确保将极轴追踪角和极轴追踪距离分别设置为 16° 和 5，然后使用"对象捕捉"选项中的"端点"模式。首先捕捉直线的端点，然后再移动光标得到第二点 (追踪端点)。

思考题

1. 图层管理器在绘制复杂图形时具有哪些方法及其优点？

2. 什么键可执行以下操作：网格显示、正交模式、捕捉模式？

3. 在 Grid(栅格) 和 Snap(捕捉) 都打开时，能绘制斜线吗？

4. 给图层命名有哪些限制？

5. 已装其他非连续线型，执行绘图命令后，画出的却是连续线，可能的原因是什么？

6. REDRAW 命令与 REGEN 命令比较而言，哪一个执行时间在理论上要长一些，为什么？

7. 列出三种关闭对象捕捉的方法。

8. 说明 ZOOM ALL 和 EXTENTS 的区别。

第 3 章

绘制图形

3.1 POINT 命令

3.1.1 命令功能

POINT 命令用于在图形上绘制点。可以通过坐标值或鼠标输入点，也可以用对象捕捉工具中的"节点"模式捕捉这些点。它们也可以作为绘图的参照点，全部图形绘制完成后，应删去这些点或冻结这些点所在的图层。

3.1.2 激活命令

◆ "绘图"菜单：点 / 多点
◆ "绘图"工具栏：▪
◆ 命令行：POINT

3.1.3 点的样式与大小

◆ 命令行：PDMODE

系统变量 PDMODE 的默认值是零，表示点样式是一个点，值 1 指定不显示任何图形。如果改变了系统变量 PDMODE 的值，AutoCAD 自动重新生成图形，所有点的样式（包括以前绘制的点）都将变为由系统变量 PDMODE 新设定的值所代表的点样式，见图 3-1。

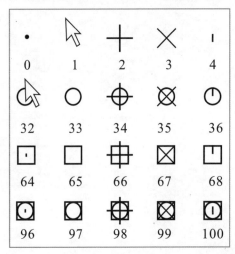

图 3-1 PDMODE 值及其对应点的样式图

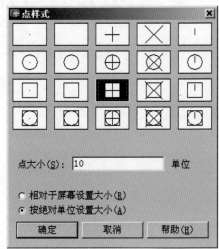

图 3-2 "点样式"对话框

◆ 命令行：PDSIZE

PDSIZE 控制点图形的大小（PDMODE 系统变量为 0 和 1 时除外）。0 以绘图区域高度的 5% 创建点对象，>0 指定点大小的绝对值，<0 指定点对象相对于视口尺寸的百分比。

◆ 命令行：DDPTYPE
◆ "格式"菜单：点样式

AutoCAD 显示"点样式"对话框如图 3-2。

在"点样式"对话框中可以修改点的样式和大小。

在系统变量 BLIPMODE 设置为"开"的状态（默认状态）下，如果绘制点，屏幕上将显示一个标记（+）。执行 REDRAW 命令后，屏幕出现一个点（.）。

项目练习 3-1：

有三组达西试验数据见表 3-1，绘制其曲线图（不必绘制坐标值与刻度、箭头），见图 3-3。

表 3-1　达西试验数据

值 组别	1		2		3	
	流速 V/(cm/s)	水力梯度 I	流速 V/(cm/s)	水力梯度 I	流速 V/(cm/s)	水力梯度 I
1	0.06	0.36	0.09	0.53	0.12	0.7
2	0.56	0.47	0.86	0.68	0.73	0.57
3	0.66	0.03	1.10	0.048	1.27	0.055

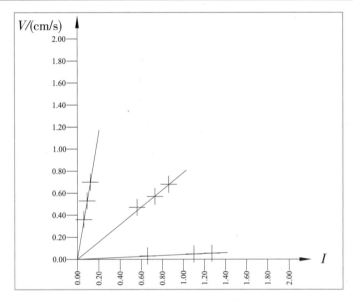

图 3-3　达西试验 V-I 曲线图

（1）重新设置模型空间界限

命令：limits

指定左下角点或 [开 (ON)/ 关 (OFF)] <0.0000,0.0000>：

指定右上角点 <420.0000,297.0000>：620,497

（2）新建图层

命令：'_layer // 图层坐标、曲线、点，设定"坐标"为当前图层

（3）绘制坐标轴

命令：l

LINE 指定第一点：210,210

指定下一点或 [放弃 (U)]：@0,220

指定下一点或 [放弃 (U)]：

命令：

LINE 指定第一点：210,210

指定下一点或 [放弃 (U)]：@220,0

指定下一点或 [放弃 (U)]：

（4）绘制点

命令：layer // 设定"点"为当前图层

命令：pdmode // *设定点样式*

输入 PDMODE 的新值 <0>：2

命令：_point // *绘制点*

当前点模式：PDMODE=2 PDSIZE=0.0000

指定点：6,36 // *X、Y 坐标均放大 100 倍*

9,53

12,70

56,47

86,68

73,57

66,3

110,4.8

127,5.5

指定点：* 取消 * // *空格、回车键都不能退出多点命令，必须按 Esc 键。*

（5）绘制曲线

以原点为起点，用 Line 命令拟合以上三条直线。

3.2 XLINE 命令

3.2.1 命令功能

XLINE 命令用于通过给定的点绘制两端无限长的参照线。

3.2.2 激活命令

◆ 命令行：XLINE

◆ "绘图"菜单：构造线

◆ "绘图"工具栏：

3.2.3 命令选项

（1）"点"。使用两个通过点指定无限长线的位置。

（2）"水平"。绘制通过给定点且平行于 UCS 的 X 轴的参照线。

（3）"垂直"。绘制通过给定点且平行于 UCS 的 Y 轴的参照线。

（4）"角度"。绘制给定角度的参照线。

（5）"二等分"。绘制通过给定点且平分由第二点、给定点和第三点所形成的夹角的参照线，其中给定点为夹角的顶点。

（6）"偏移"。绘制与选定的对象平行且偏移指定的距离的参照线，其中"通过"选项用于创建从一条直线偏移并通过指定点的参照线。

3.3 RAY 命令

3.3.1 命令功能

RAY 命令用于从给定点开始绘制一端无限长的射线。

3.3.2 激活命令

◆ 命令行：RAY

◆ "绘图"菜单：射线

3.3.3 命令选项

（1）指定起点：指定点（1）。

（2）指定通过点：指定射线要通过的点（2）。

AutoCAD 绘制一条从指定点开始，通过第二点且可以单向无限延伸的射线。AutoCAD 继续提示绘制通过其他点的射线。不输入任何值而按下 Enter 键将结束射线命令。

项目练习 3-2：绘制螺钉

有螺钉平面、剖面尺寸如图 3-4，应用所学完成所示图形。

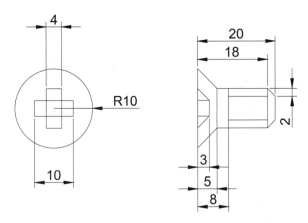

图 3-4 螺钉平面及剖面图

绘图步骤如下。

（1）平面图

绘制园

命令：_circle

指定圆的圆心或 [三点 (3P)/ 两点 (2P)/ 切点、切点、半径 (T)]：

指定圆的半径或 [直径 (D)]：10

绘制矩形

命令：_rectang

指定第一个角点或 [倒角 (C)/ 标高 (E)/ 圆角 (F)/ 厚度 (T)/ 宽度 (W)]：from

基点：cen

于 < 偏移 >：@-5,-2

指定另一个角点或 [面积 (A)/ 尺寸 (D)/ 旋转 (R)]：@10,4

命令：_rectang

指定第一个角点或 [倒角 (C)/ 标高 (E)/ 圆角 (F)/ 厚度 (T)/ 宽度 (W)]：from

基点：< 偏移 >：@–2,–5

指定另一个角点或 [面积 (A)/ 尺寸 (D)/ 旋转 (R)]：@4,10

（2）绘制剖面图

绘制 6 条水平参考线

命令：_xline

指定点或 [水平 (H)/ 垂直 (V)/ 角度 (A)/ 二等分 (B)/ 偏移 (O)]：h

指定通过点：

指定通过点：

指定通过点：

指定通过点：

指定通过点：

指定通过点：

指定通过点：

绘制纵向直线

命令：_xline

指定点或 [水平 (H)/ 垂直 (V)/ 角度 (A)/ 二等分 (B)/ 偏移 (O)]：v

指定通过点：from // 捕捉螺钉平面图圆心

基点：< 偏移 >：@30,0 // 向右偏移个绘图单位

指定通过点：* 取消 *

命令：_offset

当前设置：删除源 = 否 图层 = 源 OFFSETGAPTYPE=0

指定偏移距离或 [通过 (T)/ 删除 (E)/ 图层 (L)] < 通过 >：3

选择要偏移的对象，或 [退出 (E)/ 放弃 (U)] < 退出 >：

指定要偏移的那一侧上的点，或 [退出 (E)/ 多个 (M)/ 放弃 (U)] < 退出 >：

选择要偏移的对象，或 [退出 (E)/ 放弃 (U)] < 退出 >：

命令：

OFFSET

当前设置：删除源 = 否 图层 = 源 OFFSETGAPTYPE=0

指定偏移距离或 [通过 (T)/ 删除 (E)/ 图层 (L)] <3.0000>：5

选择要偏移的对象，或 [退出 (E)/ 放弃 (U)] < 退出 >：

指定要偏移的那一侧上的点，或 [退出 (E)/ 多个 (M)/ 放弃 (U)] < 退出 >：

选择要偏移的对象，或 [退出 (E)/ 放弃 (U)] < 退出 >：

命令：

OFFSET

当前设置：删除源 = 否 图层 = 源 OFFSETGAPTYPE=0

指定偏移距离或 [通过 (T)/ 删除 (E)/ 图层 (L)] <5.0000>：8

选择要偏移的对象，或 [退出 (E)/ 放弃 (U)] < 退出 >：

指定要偏移的那一侧上的点，或 [退出 (E)/ 多个 (M)/ 放弃 (U)] < 退出 >：

选择要偏移的对象，或 [退出 (E)/ 放弃 (U)] < 退出 >：

命令：

OFFSET

当前设置：删除源 = 否　图层 = 源　OFFSETGAPTYPE=0

指定偏移距离或 [通过 (T)/ 删除 (E)/ 图层 (L)] <8.0000>：　18

选择要偏移的对象，或 [退出 (E)/ 放弃 (U)] < 退出 >：

指定要偏移的那一侧上的点，或 [退出 (E)/ 多个 (M)/ 放弃 (U)] < 退出 >：

选择要偏移的对象，或 [退出 (E)/ 放弃 (U)] < 退出 >：

命令：

OFFSET

当前设置：删除源 = 否　图层 = 源　OFFSETGAPTYPE=0

指定偏移距离或 [通过 (T)/ 删除 (E)/ 图层 (L)] <18.0000>：　20

选择要偏移的对象，或 [退出 (E)/ 放弃 (U)] < 退出 >：

指定要偏移的那一侧上的点，或 [退出 (E)/ 多个 (M)/ 放弃 (U)] < 退出 >：

选择要偏移的对象，或 [退出 (E)/ 放弃 (U)] < 退出 >：

以上步骤完成后图形如图 3-5（a）所示。

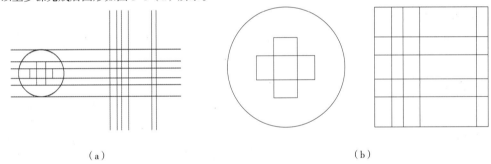

（a）　　　　　　　　　　　　　　　　　　　（b）

图 3-5　螺钉绘制过程中间图形

（a）垂直和水平构造线；（b）构造线修剪完毕

修剪图形

修剪构造线

命令：_trim

当前设置：投影 =UCS，边 = 无

选择剪切边 ...

选择对象或 < 全部选择 >：指定对角点：找到 12 个 // 窗交选中全部构造线

选择对象：

选择要修剪的对象，或按住 Shift 键选择要延伸的对象，或

[栏选 (F)/ 窗交 (C)/ 投影 (P)/ 边 (E)/ 删除 (R)/ 放弃 (U)]：指定对角点：指定对角点：

选择要修剪的对象，或按住 Shift 键选择要延伸的对象，或

[栏选 (F)/ 窗交 (C)/ 投影 (P)/ 边 (E)/ 删除 (R)/ 放弃 (U)]：指定对角点：指定对角点：

选择要修剪的对象，或按住 Shift 键选择要延伸的对象，或

[栏选 (F)/ 窗交 (C)/ 投影 (P)/ 边 (E)/ 删除 (R)/ 放弃 (U)]：指定对角点：指定对角点：

选择要修剪的对象，或按住 Shift 键选择要延伸的对象，或

[栏选 (F)/ 窗交 (C)/ 投影 (P)/ 边 (E)/ 删除 (R)/ 放弃 (U)]：指定对角点：指定对角点：

选择要修剪的对象，或按住 Shift 键选择要延伸的对象，或

[栏选 (F)/ 窗交 (C)/ 投影 (P)/ 边 (E)/ 删除 (R)/ 放弃 (U)]：

构造线修剪完毕如图 3-5（b）所示。

添加两条横线

OFFSET

当前设置：删除源 = 否 图层 = 源 OFFSETGAPTYPE=0

指定偏移距离或 [通过 (T)/ 删除 (E)/ 图层 (L)] <20.0000>：2

选择要偏移的对象，或 [退出 (E)/ 放弃 (U)] < 退出 >：

指定要偏移的那一侧上的点，或 [退出 (E)/ 多个 (M)/ 放弃 (U)] < 退出 >：

选择要偏移的对象，或 [退出 (E)/ 放弃 (U)] < 退出 >：

指定要偏移的那一侧上的点，或 [退出 (E)/ 多个 (M)/ 放弃 (U)] < 退出 >：

选择要偏移的对象，或 [退出 (E)/ 放弃 (U)] < 退出 >：

以上步骤执行完毕，效果参见图 3-6（a）。

绘制 6 条斜线

LINE

指定第一个点：

指定下一点或 [放弃 (U)]：

指定下一点或 [放弃 (U)]：

命令：

LINE

指定第一个点：

指定下一点或 [放弃 (U)]：

指定下一点或 [放弃 (U)]：

命令：

LINE

指定第一个点：

指定下一点或 [放弃 (U)]：

指定下一点或 [放弃 (U)]：

命令：

LINE

指定第一个点：

指定下一点或 [放弃 (U)]：

指定下一点或 [放弃 (U)]：

以上步骤执行完毕，效果参见图 3-6（b）。

删除最外层横线

命令：_.erase 找到 1 个

命令：

命令：_.erase 找到 1 个

命令：_trim

当前设置：投影 =UCS，边 = 无

选择剪切边 ...

选择对象或 < 全部选择 >：指定对角点：找到 18 个 // 选定剖面图全部线段。

选择对象：

选择要修剪的对象，或按住 Shift 键选择要延伸的对象，或

过程略 // 修剪多余的线段，处理顺序是自外而内，由左及右。

以上步骤执行完毕，效果参见图 3-6（c）。

命令：_erase // 删除剩下的 4 条多余线段。

选择对象：找到 1 个

选择对象：找到 1 个，总计 2 个

选择对象：找到 1 个，总计 3 个

选择对象：找到 1 个，总计 4 个

选择对象：

绘图完毕，效果参见图 3-6（d）。

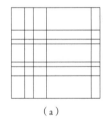 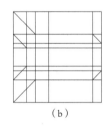 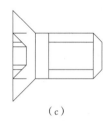 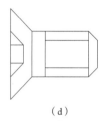

（a）　　　　　　　　　（b）　　　　　　　　　（c）　　　　　　　　　（d）

图 3-6　螺钉绘制最后几个步骤

3.4　PLINE 命令

3.4.1　命令功能

PLINE 命令用于绘制二维多段线。多段线中的 "多段" 指的是单个对象中包含多条直线或圆弧。它是通过调用 PLINE 命令并选择一系列的点而绘制的。在这一点上，PLINE 命令与 LINE 命令相似。在执行修改命令时，多段线是作为一个对象处理的，并且多段线的端点均绘制在二维平面上。PLINE 命令还可以绘制不同宽度、线型、宽度渐变和填充的圆。另外，还可以计算二维多段线的周长和面积。

3.4.2　激活命令

◆ 命令行：PLINE

◆ "绘图" 菜单：多段线

◆ "绘图"工具栏：

3.4.3 命令选项

（1）"下一点"或"闭合"和"放弃"。这些选项与 LINE 命令的对应功能相同。

（2）"宽度"。在选择了起点后，输入 w 或者单击右键从快捷菜单中选择"宽度"选项，可以指定要绘制的对象的起始宽度和终止宽度。

可以直接输入宽度值或者通过屏幕定点方式确定宽度。如果起点与终点宽度不一致，则可以绘制一条变宽的锥形线或箭头。若不再改变宽度，终止宽度将成为以后各段线的宽度。

（3）"半宽"。"半宽"选项与"宽度"选项提示相似。

（4）"圆弧"。用于绘制多段弧。

（5）"长度"。用于以前一线段相同的角度并按指定长度绘制直线段，如果前一线段是圆弧，AutoCAD 将绘制与该弧线段相切的新线段。

项目练习 3-3

用多段线命令绘制边长 100 的等边三角形，然后向内偏移（距离为 10）二次，如图 3-7。

绘图步骤如下。

命令：pl //pl 为 PLINE 命令的别名

PLINE

指定起点：100,210

当前线宽为 0.0000

指定下一个点或 [圆弧 (A)/ 半宽 (H)/ 长度 (L)/ 放弃 (U)/ 宽度 (W)]：@100<0

指定下一点或 [圆弧 (A)/ 闭合 (C)/ 半宽 (H)/ 长度 (L)/ 放弃 (U)/ 宽度 (W)]：@100<120

指定下一点或 [圆弧 (A)/ 闭合 (C)/ 半宽 (H)/ 长度 (L)/ 放弃 (U)/ 宽度 (W)]：c

命令：

命令：OFFSET

指定偏移距离或 [通过 (T)]<10.0000>：

选择要偏移的对象或 < 退出 >：

指定点以确定偏移所在一侧：

选择要偏移的对象或 < 退出 >：

指定点以确定偏移所在一侧：

项目练习 3-4

绘制图 3-8 的横坐标轴。

绘图步骤如下。

命令：pl

PLINE

指定起点：210,210

当前线宽为 0.0000

指定下一个点或 [圆弧 (A)/ 半宽 (H)/ 长度 (L)/ 放弃 (U)/ 宽度 (W)]：@210,0

指定下一点或 [圆弧 (A)/ 闭合 (C)/ 半宽 (H)/ 长度 (L)/ 放弃 (U)/ 宽度 (W)]：w

指定起点宽度 <0.0000>：3

指定端点宽度 <3.0000>：0

指定下一点或 [圆弧 (A)/ 闭合 (C)/ 半宽 (H)/ 长度 (L)/ 放弃 (U)/ 宽度 (W)]：@10,0

指定下一点或 [圆弧 (A)/ 闭合 (C)/ 半宽 (H)/ 长度 (L)/ 放弃 (U)/ 宽度 (W)]：

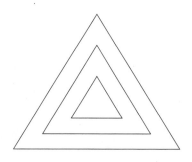

图 3-7　由多段线绘制的等边三角形　　　　3-8　由多段线绘制的坐标轴

项目练习 3-5

地下水主要化学成分可以用多边形表示 (Stiff 图)，其优点是便于快速比较不同水样化学成分之间的差别。现有 5 个地下水样的水化学分析数据 (表 3-2)，绘制其 Stiff 图 (图 3-9)。

表 3-2　水样主要化学成分表 (mEq/L)

采样点	Na+K	Ca	Mg	Cl	HCO$_3$	SO$_4$
He3	12.6	28.1	21.9	6.8	4.2	50.5
He4	63.1	14.6	61.6	27.9	18.7	94.7
He5	32	23.8	25.4	20.3	6.4	43.1
He2	5.8	3.6	3.6	5.9	5.9	7
He1	6.3	4.5	7.6	3.7	3.6	10.8

作图步骤如下。

（1）绘制图框

命令：pl

PLINE

指定起点：

当前线宽为 0.00

指定下一个点或 [圆弧 (A)/ 半宽 (H)/ 长度 (L)/ 放弃 (U)/ 宽度 (W)]：@220,0

指定下一点或 [圆弧 (A)/ 闭合 (C)/ 半宽 (H)/ 长度 (L)/ 放弃 (U)/ 宽度 (W)]：@140<90

指定下一点或 [圆弧 (A)/ 闭合 (C)/ 半宽 (H)/ 长度 (L)/ 放弃 (U)/ 宽度 (W)]：@220<180

指定下一点或 [圆弧 (A)/ 闭合 (C)/ 半宽 (H)/ 长度 (L)/ 放弃 (U)/ 宽度 (W)]：c

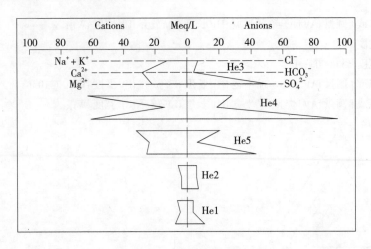

图 3-9　水样化学成分 Stiff 图

（2）绘制坐标轴、刻度、文字

命令：l // 绘制横轴。

LINE 指定第一点：from

基点：< 偏移 >：@10,-20 // 基点捕捉图框左上角点。

指定下一点或 [放弃 (U)]：@200<0

指定下一点或 [放弃 (U)]：

命令：l // 绘制刻度

LINE 指定第一点：

指定下一点或 [放弃 (U)]：@0,-3

指定下一点或 [放弃 (U)]：

命令：text // 添加刻度值

当前文字样式：Standard　当前文字高度：3.00

指定文字的起点或 [对正 (J)/ 样式 (S)]：j

输入选项

[对齐 (A)/ 调整 (F)/ 中心 (C)/ 中间 (M)/ 右 (R)/ 左上 (TL)/ 中上 (TC)/ 右上 (TR)/ 左中 (ML)/ 正中 (MC)/ 右中 (MR)/ 左下 (BL)/ 中下 (BC)/ 右下 (BR)]：bc

指定文字的中下点：from

基点：< 偏移 >：@2<90

指定高度 <3.00>：

指定文字的旋转角度 <0>：

输入文字：100

输入文字：

命令：_array // 阵列命令，参见 4.13。

选择对象：指定对角点：找到 2 个 // 选择文字及刻度。

选择对象：//1 行 11 列，列间距 20。

命令：_ddedit // 文本编辑命令，参见 7.3。

选择注释对象或 [放弃 (U)]：// 文本依次修改为 80，60，40，20，0，20，40，60，80。

选择注释对象或 [放弃 (U)]:

选择注释对象或 [放弃 (U)]:

选择注释对象或 [放弃 (U)]:

选择注释对象或 [放弃 (U)]:

选择注释对象或 [放弃 (U)]:

选择注释对象或 [放弃 (U)]:

选择注释对象或 [放弃 (U)]:

选择注释对象或 [放弃 (U)]:

选择注释对象或 [放弃 (U)]:

选择注释对象或 [放弃 (U)]:

（3）新建用户坐标系

命令：ucs 原点为刻度零点。

当前 UCS 名称：* 没有名称 *

输入选项

[新建 (N)/ 移动 (M)/ 正交 (G)/ 上一个 (P)/ 恢复 (R)/ 保存 (S)/ 删除 (D)/ 应用 (A)/?/ 世界 (W)]

< 世界 >：n

指定新 UCS 的原点或 [Z 轴 (ZA)/ 三点 （3） / 对象 (OB)/ 面 (F)/ 视图 (V)/X/Y/Z] <0,0,0>：

（4）绘制多边形

PLINE *// 绘制 He3 多边形。*

指定起点：0,–7

当前线宽为 0.00

指定下一个点或 [圆弧 (A)/ 半宽 (H)/ 长度 (L)/ 放弃 (U)/ 宽度 (W)]：–12.6,–7

指定下一点或 [圆弧 (A)/ 闭合 (C)/ 半宽 (H)/ 长度 (L)/ 放弃 (U)/ 宽度 (W)]：–28.1,–14

指定下一点或 [圆弧 (A)/ 闭合 (C)/ 半宽 (H)/ 长度 (L)/ 放弃 (U)/ 宽度 (W)]：–21.9,–21

指定下一点或 [圆弧 (A)/ 闭合 (C)/ 半宽 (H)/ 长度 (L)/ 放弃 (U)/ 宽度 (W)]：50.5,–21

指定下一点或 [圆弧 (A)/ 闭合 (C)/ 半宽 (H)/ 长度 (L)/ 放弃 (U)/ 宽度 (W)]：4.2,–14

指定下一点或 [圆弧 (A)/ 闭合 (C)/ 半宽 (H)/ 长度 (L)/ 放弃 (U)/ 宽度 (W)]：6.8,–7

指定下一点或 [圆弧 (A)/ 闭合 (C)/ 半宽 (H)/ 长度 (L)/ 放弃 (U)/ 宽度 (W)]：c

命令：pl *// 绘制 He4 多边形。*

PLINE

指定起点：0,–28

当前线宽为 0.00

指定下一个点或 [圆弧 (A)/ 半宽 (H)/ 长度 (L)/ 放弃 (U)/ 宽度 (W)]：–63.1,–28

指定下一点或 [圆弧 (A)/ 闭合 (C)/ 半宽 (H)/ 长度 (L)/ 放弃 (U)/ 宽度 (W)]：–14.6,–35

指定下一点或 [圆弧 (A)/ 闭合 (C)/ 半宽 (H)/ 长度 (L)/ 放弃 (U)/ 宽度 (W)]：–61.6,–42

指定下一点或 [圆弧 (A)/ 闭合 (C)/ 半宽 (H)/ 长度 (L)/ 放弃 (U)/ 宽度 (W)]：94.7,–42

指定下一点或 [圆弧 (A)/ 闭合 (C)/ 半宽 (H)/ 长度 (L)/ 放弃 (U)/ 宽度 (W)]：18.7,–35

指定下一点或 [圆弧 (A)/ 闭合 (C)/ 半宽 (H)/ 长度 (L)/ 放弃 (U)/ 宽度 (W)]：27.9,–28

指定下一点或 [圆弧 (A)/ 闭合 (C)/ 半宽 (H)/ 长度 (L)/ 放弃 (U)/ 宽度 (W)]：c

命令：pl *// 绘制 He5 多边形。*

PLINE

指定起点：-32,-49

当前线宽为 0.00

指定下一个点或 [圆弧 (A)/ 半宽 (H)/ 长度 (L)/ 放弃 (U)/ 宽度 (W)]：-23.8,-56

指定下一点或 [圆弧 (A)/ 闭合 (C)/ 半宽 (H)/ 长度 (L)/ 放弃 (U)/ 宽度 (W)]：-25.4,-63

指定下一点或 [圆弧 (A)/ 闭合 (C)/ 半宽 (H)/ 长度 (L)/ 放弃 (U)/ 宽度 (W)]：43.1,-63

指定下一点或 [圆弧 (A)/ 闭合 (C)/ 半宽 (H)/ 长度 (L)/ 放弃 (U)/ 宽度 (W)]：6.4,-56

指定下一点或 [圆弧 (A)/ 闭合 (C)/ 半宽 (H)/ 长度 (L)/ 放弃 (U)/ 宽度 (W)]：20.26,-49

指定下一点或 [圆弧 (A)/ 闭合 (C)/ 半宽 (H)/ 长度 (L)/ 放弃 (U)/ 宽度 (W)]：c

命令：pl *// 绘制 He2 多边形。*

PLINE

指定起点：-5.8,-70

当前线宽为 0.00

指定下一个点或 [圆弧 (A)/ 半宽 (H)/ 长度 (L)/ 放弃 (U)/ 宽度 (W)]：-3.6,-77

指定下一点或 [圆弧 (A)/ 闭合 (C)/ 半宽 (H)/ 长度 (L)/ 放弃 (U)/ 宽度 (W)]：-3.6,-84

指定下一点或 [圆弧 (A)/ 闭合 (C)/ 半宽 (H)/ 长度 (L)/ 放弃 (U)/ 宽度 (W)]：7,-84

指定下一点或 [圆弧 (A)/ 闭合 (C)/ 半宽 (H)/ 长度 (L)/ 放弃 (U)/ 宽度 (W)]：5.9,-77

指定下一点或 [圆弧 (A)/ 闭合 (C)/ 半宽 (H)/ 长度 (L)/ 放弃 (U)/ 宽度 (W)]：5.9,-70

指定下一点或 [圆弧 (A)/ 闭合 (C)/ 半宽 (H)/ 长度 (L)/ 放弃 (U)/ 宽度 (W)]：c

命令：pl *// 绘制 He1 多边形。*

PLINE

指定起点：-6.3,-91

当前线宽为 0.00

指定下一个点或 [圆弧 (A)/ 半宽 (H)/ 长度 (L)/ 放弃 (U)/ 宽度 (W)]：-4.5,-98

指定下一点或 [圆弧 (A)/ 闭合 (C)/ 半宽 (H)/ 长度 (L)/ 放弃 (U)/ 宽度 (W)]：-7.6,-105

指定下一点或 [圆弧 (A)/ 闭合 (C)/ 半宽 (H)/ 长度 (L)/ 放弃 (U)/ 宽度 (W)]：10.8,-105

指定下一点或 [圆弧 (A)/ 闭合 (C)/ 半宽 (H)/ 长度 (L)/ 放弃 (U)/ 宽度 (W)]：3.6,-98

指定下一点或 [圆弧 (A)/ 闭合 (C)/ 半宽 (H)/ 长度 (L)/ 放弃 (U)/ 宽度 (W)]：3.7,-91

指定下一点或 [圆弧 (A)/ 闭合 (C)/ 半宽 (H)/ 长度 (L)/ 放弃 (U)/ 宽度 (W)]：c

（5）修饰图形

命令：l *// 绘制多边形顶点指示线。*

LINE 指定第一点：-60,-7

指定下一点或 [放弃 (U)]：@120,0

指定下一点或 [放弃 (U)]：

命令：_properties *// 设定指示线线型为 ACAD_ISO02W100，线型比例 0.5。*

命令：_offset *// 偏移出另外两条线。*

指定偏移距离或 [通过 (T)] <2.00>：7

选择要偏移的对象或 < 退出 >：

指定点以确定偏移所在一侧：

选择要偏移的对象或 < 退出 >：

指定点以确定偏移所在一侧：

选择要偏移的对象或＜退出＞：

命令：1 // 绘制纵轴。

LINE 指定第一点：0,-5

指定下一点或 [放弃 (U)]: 0,-23

指定下一点或 [放弃 (U)]:

命令：array // 5 行 1 列，行间距 21。

选择对象：找到 1 个

选择对象：

添加其他文字，参见 7.1。

3.5　SPLINE 命令

3.5.1　命令功能

SPLINE 命令用于创建不规则的变半径的光滑曲线。可绘制汽车设计绘制轮廓线，地形线等。

3.5.2　激活命令

◆ 命令行：SPLINE
◆ "绘图"菜单：样条曲线
◆ "绘图"工具栏： ∿

3.5.3　命令选项

（1）"第一个点"。默认选项，用于指定样条曲线的起点及要闭合的点。

（2）"指定下一点""闭合"。这些选项与 PLINE 命令的对应功能相似。

（3）"起点切向"。如果指定了一点，该点到起点的方向为起点的切线方向。如果按 Enter 键响应此提示，那么从起点到第二点的方向为起点的切线方向。

（4）"端点切向"。如果指定了一点，该点到端点的方向为端点的切线方向。如果按 Enter 键响应此提示，那么从端点到上一点的方向为端点的切线方向。

（5）"拟合公差"。用于修改当前样条曲线的拟合公差。如果公差设置为 0，那么样条曲线将穿过拟合点，如果输入公差大于 0，将允许样条曲线在指定的公差范围内从拟合点附近通过。

（6）"对象 (O)"。将二维或三维的二次或三次样条拟合多段线转换成等价的样条曲线，并根据系统变量 DELOBJ(0 保留对象，1 删除对象) 的设置删除多段线。

项目练习 3-6

现有 3 个水样 He1、He4、He3，主要离子浓度见表 3-3。绘制离子含量曲线图来展示不同水样的主要化学成分的含量变化 (图 3-10)。

表 3-3　He1、He4、He3 主要离子浓度及数据整理成果表

离子成分	序号	离子含量 /(mg/L)			数据点对		
		He1	He4	He3	He1	He4	He3
K	1	12.1	60.1	21.1	10,0.121	10,0.601	10,0.211
Na	2	145	1517	293.3	20,1.45	20,15.17	20,2.933
Ca	3	89.8	292.6	561.1	30,0.898	30,2.926	30,5.611
Mg	4	93.3	802.1	276.4	40,0.933	40,8.021	40,2.764
Cl	5	132.6	990.6	240.4	50,1.326	50,9.906	50,2.404
SO$_4$	6	529.3	4640	2474	60,5.293	60,46.4	60,24.74
HCO$_3$	7	222.1	1142	258.7	70,2.221	70,11.42	70,2.587

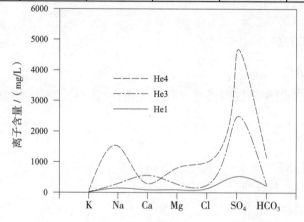

图 3-10　He1、He4、He3 水样主要离子含量对比图

作图步骤如下。

（1）准备工作

由表 3-3 可以看出，离子含量最大值 4640 mg/L，最小值 12.1 mg/L，共有 7 种离子。设计横轴刻度间隔为 10 个绘图单位，总长度为 80。纵轴最大刻度为 6000，总长度为 60。基于以上考虑，将原始数据处理成 AutoCAD 可以识别的数据点对。具体方法如下。

① 将坐标数据导入 excel 程序，如图 3-11 中的 B-F 列。同时有必要在公式中调整坐标值与绘图比例。根据设计思路，纵轴数据缩小 100 倍，横轴数据放大 10 倍。在 H-I 列输入公式，如单元格 H2 中输入公式 "= \$C2*10 & "," & D2/100"，即可获取数据点对。其他数据点对通过鼠标拖拉单元格 H2 右下角黑十字光标扩充填充序列即可得到。

▼		=	=\$C2*10&","&D2/100						
B	C		D	E	F	G	H	I	J
			He1	He4	He3		He1	He4	He3
K	1		12.1	60.1	21.1		10, 0.121	10, 0.601	10, 0.211
Na	2		145	1517	293.3		20, 1.45	20, 15.17	20, 2.933
Ca	3		89.8	292.6	561.1		30, 0.898	30, 2.926	30, 5.611
Mg	4		93.3	802.1	276.4		40, 0.933	40, 8.021	40, 2.764
Cl	5		132.6	990.6	240.4		50, 1.326	50, 9.906	50, 2.404
SO4	6		529.3	4640	2474		60, 5.293	60, 46.4	60, 24.74
HCO3	7		222.1	1142	258.7		70, 2.221	70, 11.42	70, 2.587

图 3-11　Excel 应用公式处理数据点对实例

② 当 AutoCAD 命令需要多点时，都可以从剪贴板拷贝点对数据。

提示： *只有半角 "," 才能作为坐标分隔符，如果输入全角 "，"，AutoCAD 将不能正确接受坐标值。曲线较为复杂时可以设置不同的图层。其他数据表现图，比如对数，半对数曲线均可以如法炮制，不一一举例。*

（2）绘图

① 绘制图框：

命令：_rectang *// 矩形命令，参见 3.11。*

指定第一个角点或 [倒角 (C)/ 标高 (E)/ 圆角 (F)/ 厚度 (T)/ 宽度 (W)]： *// 指定屏幕左下角点。*

指定另一个角点或 [尺寸 (D)]：@80,60

② 设定矩形左下角点为坐标原点：

当前 UCS 名称：* 没有名称 *

输入选项

[新建 (N)/ 移动 (M)/ 正交 (G)/ 上一个 (P)/ 恢复 (R)/ 保存 (S)/ 删除 (D)/ 应用 (A)/?/ 世界 (W)]

< 世界 >：n

指定新 UCS 的原点或 [Z 轴 (ZA)/ 三点（3）/ 对象 (OB)/ 面 (F)/ 视图 (V)/X/Y/Z] <0,0,0>：

③ 绘制曲线：

在 excel 程序中，将 H2–H8 单元格数据复制到剪贴板。

命令：'_layer *// 新建图层 He1，并设定为当前图层。*

命令：spl

SPLINE

指定第一个点或 [对象 (O)]：10,0.121 *// 在命令行粘贴剪贴板数据。*

指定下一点：20,1.45

指定下一点或 [闭合 (C)/ 拟合公差 (F)] < 起点切向 >：30,0.898

指定下一点或 [闭合 (C)/ 拟合公差 (F)] < 起点切向 >：40,0.933

指定下一点或 [闭合 (C)/ 拟合公差 (F)] < 起点切向 >：50,1.326

指定下一点或 [闭合 (C)/ 拟合公差 (F)] < 起点切向 >：60,5.293

指定下一点或 [闭合 (C)/ 拟合公差 (F)] < 起点切向 >：70,2.221

指定下一点或 [闭合 (C)/ 拟合公差 (F)] < 起点切向 >： *// 回车*

指定起点切向： *// 回车*

指定端点切向： *// 回车*

命令：'_layer *// 新建图层 He3，并设定为当前图层。*

// 线型设为 CENTER，比例 0.1。

命令：spl

SPLINE

指定第一个点或 [对象 (O)]：10,0.601

指定下一点：20,15.17

指定下一点或 [闭合 (C)/ 拟合公差 (F)] < 起点切向 >：30,2.926

指定下一点或 [闭合 (C)/ 拟合公差 (F)] < 起点切向 >：40,8.021

指定下一点或 [闭合 (C)/ 拟合公差 (F)] < 起点切向 >：50,9.906

指定下一点或 [闭合 (C)/ 拟合公差 (F)] < 起点切向 >：60,46.4

指定下一点或 [闭合 (C)/ 拟合公差 (F)] < 起点切向 >：70,11.42

指定下一点或 [闭合 (C)/ 拟合公差 (F)] < 起点切向 >：

指定起点切向：

指定端点切向：

命令：'_layer // 新建图层 He4，并设定为当前图层。

// 线型设为 ACAD_ISO02W100，比例 0.2。

命令：spl

SPLINE

指定第一个点或 [对象 (O)]：10,0.211

指定下一点：20,2.933

指定下一点或 [闭合 (C)/ 拟合公差 (F)] < 起点切向 >：30,5.611

指定下一点或 [闭合 (C)/ 拟合公差 (F)] < 起点切向 >：40,2.764

指定下一点或 [闭合 (C)/ 拟合公差 (F)] < 起点切向 >：50,2.404

指定下一点或 [闭合 (C)/ 拟合公差 (F)] < 起点切向 >：60,24.74

指定下一点或 [闭合 (C)/ 拟合公差 (F)] < 起点切向 >：70,2.587

指定下一点或 [闭合 (C)/ 拟合公差 (F)] < 起点切向 >：

指定起点切向：

指定端点切向：

④ 添加图例，文字，坐标刻度。

具体步骤略。

此外，Line、Pline 命令也可以接受从剪贴板拷贝的数据点对，画出对应的折线而不是光滑曲线 (图 3–12)。

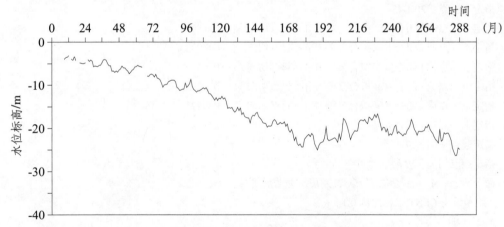

图 3–12　水位观测井 1981–2004 年地下水位动态曲线

3.6　MLINE 命令

3.6.1　命令功能

　　MLINE 命令用于绘制多重平行线。简称多线，包含 1 至 16 条平行线，每一条平行线称为一个元素。多线中的元素特性都是由当前的多线样式确定的。

3.6.2 激活命令

◆ 命令行：MLINE
◆ "绘图"菜单：多线

3.6.3 命令选项

（1）"起点"。该选项（默认的选项）用于指定绘制多线的起点，并将它作为原点。

（2）"下一点"或"闭合"和"放弃"。这些选项与 PLINE 命令的对应选项功能相同。

（3）"对正"。该选项用于确定如何在指定点之间绘制多线。

上：在光标下方绘制多线，因此在指定点处将会出现具有最大正偏移值的直线。其他所有的多线元素将在指定点到终点连线的右侧。

无：将光标作为原点绘制多线，MLSTYLE 命令中"元素特性"的偏移零点将在指定点处。

下：在光标上方绘制多线，因此在指定点处将出现具有最大负偏移值的直线。其他所有的多线元素将在指定点到终点连线的左侧。

（4）"比例"。设置当前绘制的多线元素的偏移量，等于多线样式定义中建立的偏移量乘以比例因子。在绘制多线时，如果将比例值赋予负值，那么负值将使偏移线的次序翻转（即原来的正值变为负值，负值变为正值）。比例值可以是小数或分数。当比例值为 0 时，多线将变为单线。

（5）"样式"。从可用的样式列表中选择要绘制的多线的样式。

3.7 MLSTYLE 命令

3.7.1 命令功能

MLSTYLE 命令用于创建一个新的多线样式或编辑已存在的多线样式。多线样式控制元素的数量以及每一个元素的特性。另外，可在多线样式中指定背景颜色及每一条多线的封口方式。

3.7.2 激活命令

◆ 命令行：MLSTYLE
◆ "格式"菜单：多线样式

AutoCAD 将显示 "多线样式"对话框，如图 3-13。

图 3-13 "多线样式"对话框

3.7.3 对话框中各项含义

（1）"当前"。用于从已加载的可用的多线样式中选择一个多线样式。要使选定的样式成为当前的样式，首先从列表中选择相应的多线样式，单击"确定"按钮，并关闭对话框。

（2）"名称"。该文本框用于为新创建的多线样式指定名称，或重命名已存在的多线样式。

要创建一个新的多线样式，首先定义"元素特性"与"多线特性"，并在"名称"文本框中输入新创建的多线样式的名称，单击"保存"按钮将显示"保存多线样式"对话框。

默认状态下，AutoCAD 将多线样式的定义保存在 ACAD.MLN 库文件中。可以将该定义保存在另一个扩展名 .MLN 文件中。单击"保存"按钮保存多线样式库文件。要使新创建的多线样式成为当前的样式，选择"添加"按钮，AutoCAD 将把新创建的多线样式的名称添加到"当前"列表框中，并使该样式成为当前的样式。

（3）"说明"。该文本框用于添加不超过 255 个字符的说明文字，包括空格。

（4）"加载"。该按钮用于从多线样式库文件中加载多线样式到当前图形。要将多线样式加载到当前图形中，选择"加载"按钮，AutoCAD 将显示"加载多线样式"对话框，如图 3-14。从列表中选择任一种可用的多线样式。如果要从另一个不同的库文件中加载多线样式，则选择"文件"按钮，AutoCAD 将列出多线样式库文件。选择一个库文件，AutoCAD 将列出其中的多线样式，选择了多线样式后，单击"确定"按钮将关闭对话框。

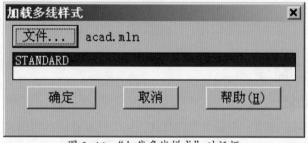

图 3-14 "加载多线样式"对话框

（5）"添加"。如前所述，"添加"按钮将新创建的多线样式名添加到"当前"列表框中。

（6）"元素特性"。选择该按钮将显示"元素特性"对话框，如图 3-15。

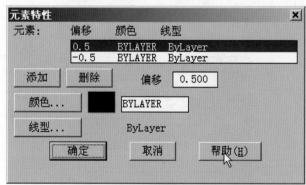

图 3-15 "元素特性"对话框

"元素"列表框：显示当前多线样式中每一条直线元素相对于多线原点的偏移量、颜色和线型。

"添加"和"删除"：按钮用于向多线样式中添加新的直线元素或删除已有的直线元素。

"颜色"：设置多线样式中直线元素(从"元素"列表框中选择)的颜色。单击将显示"选择颜色"对话框。

"线型"：设置多线样式中直线元素(从"元素"列表框中选择)的线型。单击将显示"选择线型"对话框。

（7）"多线特性"。选择该按钮将显示"多线特性"对话框，如图3-16所示（图3-17（a）是基础图）。

"显示连接"：用于控制每条多线线段顶点处连接的显示，如图3-17（b）所示。

"封口"：有四个子选项，用于控制多线起点和端点的封口。

"直线"：控制在多线的每一端创建一条直线，如图3-17（c）所示。

"外弧"：控制在多线的最外端元素之间创建一段圆弧，如图3-17（d）所示。

"内弧"：控制在每对内部元素之间创建一段圆弧，如图3-17（e）所示。如果有奇数个元素，则位于正中间的直线不被连接。如果有偶数个元素，则从每一边开始成对地连接相同编号的直线。例如，从上边第二个元素与从下边数第二个元素连接，第三个元素与第三个元素连接，依此类推。

"角度"：文本框用于指定端点封口的角度，如图3-17（f）（45°）所示。

"填充"：控制多线的背景填充。选择"颜色"按钮将显示"选择颜色"对话框以设置填充背景的颜色，如图3-17（g）所示。

一旦设置了多线样式的"元素特性"与"多线特性"，分别在"名称"和"说明"文本框中输入名称和说明文字，选择"保存"按钮将保存新创建的多线样式至文件。

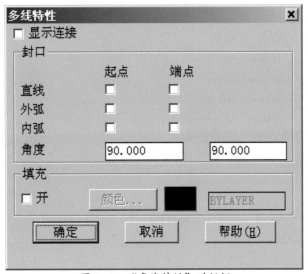

图3-16 "多线特性"对话框

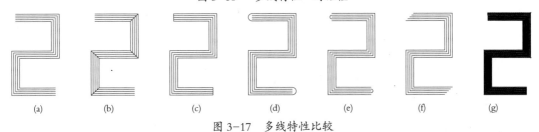

图3-17 多线特性比较

项目练习 3-7

有图 3-18 所示的 2 种水管，应用多平行线命令绘制其图形。

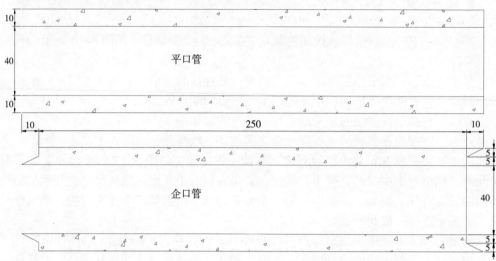

图 3-18　平口管和企口管

作图步骤如下。

（1）设定多线样式

命令：mlstyle

名称：PIPE

元素特性：

偏移	颜色	线型
3	bylayer	bylayer
2	bylayer	bylayer
–2	bylayer	bylayer
–3	bylayer	bylayer

多线特性：起点、端点直线封口；角度 90。

（2）绘制多线

命令：ml

MLINE

当前设置：对正 = 上，比例 = 20.00，样式 = PIPE

指定起点或 [对正 (J)/ 比例 (S)/ 样式 (ST)]：j

输入对正类型 [上 (T)/ 无 (Z)/ 下 (B)] ＜上 ＞：z

当前设置：对正 = 无，比例 = 20.00，样式 = PIPE

指定起点或 [对正 (J)/ 比例 (S)/ 样式 (ST)]：s

输入多线比例 ＜20.00＞：10

当前设置：对正 = 无，比例 = 10.00，样式 = PIPE

当前设置：对正 = 无，比例 = 10.00，样式 = PIPE

指定起点或 [对正 (J)/ 比例 (S)/ 样式 (ST)]：　＜捕捉 开 ＞ ＜对象捕捉 关 ＞

指定下一点：@270,0

指定下一点或 [放弃 (U)]:

命令：copy // *复制下一条多线。*

选择对象：找到 1 个

选择对象：

指定基点或位移，或者 [重复 (M)]：指定位移的第二点或 < 用第一点作位移 >：@80<–90

（3）完成细节

命令：_explode 找到 2 个 // *参见 4.17，炸开两条多线。*

命令：offset // *绘制水平参考线。*

指定偏移距离或 [通过 (T)] < 通过 >：5

选择要偏移的对象或 < 退出 >：

指定点以确定偏移所在一侧：

选择要偏移的对象或 < 退出 >：

指定点以确定偏移所在一侧：

选择要偏移的对象或 < 退出 >：

命令：offset // *绘制垂直参考线。*

指定偏移距离或 [通过 (T)] <5.0000>：10

选择要偏移的对象或 < 退出 >：

指定点以确定偏移所在一侧：

选择要偏移的对象或 < 退出 >：

指定点以确定偏移所在一侧：

选择要偏移的对象或 < 退出 >：

命令：l // *绘制管口斜线。*

LINE 指定第一点：

指定下一点或 [放弃 (U)]:

指定下一点或 [放弃 (U)]:

命令：

LINE 指定第一点：

指定下一点或 [放弃 (U)]:

指定下一点或 [放弃 (U)]:

命令：

LINE 指定第一点：

指定下一点或 [放弃 (U)]:

指定下一点或 [放弃 (U)]:

命令：

LINE 指定第一点：

指定下一点或 [放弃 (U)]:

指定下一点或 [放弃 (U)]:

命令：_.erase 找到 2 个 // *删除两条参考线。*

命令：trim // *适当修剪企口管线段。*

当前设置：投影 =UCS，边 = 无

选择剪切边 ...

选择对象：指定对角点：找到 12 个 *// 选择全部企口管线段作为修剪边。*

选择对象：

选择要修剪的对象，或按住 Shift 键选择要延伸的对象，或 [投影 (P)/ 边 (E)/ 放弃 (U)]：

选择要修剪的对象，或按住 Shift 键选择要延伸的对象，或 [投影 (P)/ 边 (E)/ 放弃 (U)]：

选择要修剪的对象，或按住 Shift 键选择要延伸的对象，或 [投影 (P)/ 边 (E)/ 放弃 (U)]：

选择要修剪的对象，或按住 Shift 键选择要延伸的对象，或 [投影 (P)/ 边 (E)/ 放弃 (U)]：

选择要修剪的对象，或按住 Shift 键选择要延伸的对象，或 [投影 (P)/ 边 (E)/ 放弃 (U)]：

选择要修剪的对象，或按住 Shift 键选择要延伸的对象，或 [投影 (P)/ 边 (E)/ 放弃 (U)]：

选择要修剪的对象，或按住 Shift 键选择要延伸的对象，或 [投影 (P)/ 边 (E)/ 放弃 (U)]：

选择要修剪的对象，或按住 Shift 键选择要延伸的对象，或 [投影 (P)/ 边 (E)/ 放弃 (U)]：

选择要修剪的对象，或按住 Shift 键选择要延伸的对象，或 [投影 (P)/ 边 (E)/ 放弃 (U)]：

选择要修剪的对象，或按住 Shift 键选择要延伸的对象，或 [投影 (P)/ 边 (E)/ 放弃 (U)]：

选择要修剪的对象，或按住 Shift 键选择要延伸的对象，或 [投影 (P)/ 边 (E)/ 放弃 (U)]：

选择要修剪的对象，或按住 Shift 键选择要延伸的对象，或 [投影 (P)/ 边 (E)/ 放弃 (U)]：

（4）填充剖面

命令：bhatch *// 图案填充命令，参见第 6 章。*

// 图案名　其他预定义 AR-CONC，角度 0，比例 0.1。

项目练习 3-8：绘制氧化沟平面图之一

某石化工厂的污水处理厂氧化沟平面尺寸如图 3-19，用多线命令绘制其平面图。

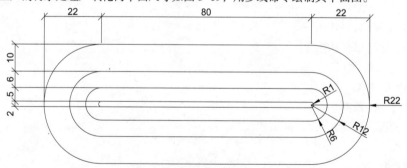

图 3-19　某大型石化工厂污水处理厂氧化沟平面图

命令：_mlstyle *// 参见图 3-20*

名称：YHG

元素特性：

偏移	颜色	线型
22	bylayer	bylayer
12	bylayer	bylayer
6	bylayer	bylayer
1	bylayer	bylayer
−1	bylayer	bylayer

–6	bylayer	bylayer
–12	bylayer	bylayer
–22	bylayer	bylayer

多线特性：起点、端点均添加外弧和内弧；封口 角度 90。

图 3-20　新建氧化沟多线样式对话框

命令：ML

MLINE

当前设置：对正 = 上，比例 = 20.00，样式 = STANDARD

指定起点或 [对正 (J)/ 比例 (S)/ 样式 (ST)]：st

输入多线样式名或 [?]：yhg

当前设置：对正 = 上，比例 = 20.00，样式 = YHG

指定起点或 [对正 (J)/ 比例 (S)/ 样式 (ST)]：s

输入多线比例 <20.00>：1

当前设置：对正 = 上，比例 = 1.00，样式 = YHG

指定起点或 [对正 (J)/ 比例 (S)/ 样式 (ST)]：

指定下一点：@80,0

指定下一点或 [放弃 (U)]：

3.8　ARC 命令

3.8.1　令功能

ARC 命令用于绘制圆弧。

3.8.2　激活命令

◆ 命令行：ARC

◆ "绘图" 菜单：圆弧

◆ "绘图" 工具栏：

3.8.3 命令选项

（1）"三点"。"三点" 用指定圆弧上的三点的方法绘制圆弧。第一点为圆弧的起点，第二点指定了圆弧上的一点，而第三点为圆弧的终点。

（2）"起点、圆心、端点"。沿着起点至端点的逆时针方向绘制圆弧。起点与圆心之间的距离确定了圆弧的半径。因此，在响应"指定圆弧的端点"提示时，只需在同一径向线任意位置上指定一点。

（3）"起点、圆心、角度"。与"起点、圆心、端点"选项绘制圆弧的方法相似，但是该选项将圆弧的端点放置在指定角度的径向线上。该角度以圆心到起点的连线作为参照线，如果指定一个正的角度，那么 AutoCAD 将按逆时针方向绘制圆弧；如果指定一个负的角度，那么，AutoCAD 将按顺时针方向绘制圆弧。

注意：如果在响应"指定包含角"提示下，直接选取位于圆心下面的一点，AutoCAD 会读取直线的角度（从 0° 到 270°）作为所画圆弧的角度。AutoCAD 读取它从圆心所创建直线与 0° 方向（默认坐标系为东）之间的夹角，并不测量从圆心到所创建点之间直线与中心点到起点之间直线所夹的角度。

（4）"起点、圆心、长度"。用指定的弦长作为从起点到端点的直线距离。规定圆弧为从起点开始沿逆时针方向的圆弧。如果指定的弦长是正数，AutoCAD 将绘制小圆弧；如果指定的弦长是负数，AutoCAD 将绘制大圆弧。

（5）"起点、端点、角度"。与"起点、圆心、角度"选项绘制圆弧的方法相似，并将端点放置在指定角度的径向线上。该角度以圆心到起点的连线作为参照线，如果指定一个正的角度，那么 AutoCAD 将按逆时针方向绘制圆弧；如果指定一个负的角度，那么，AutoCAD 将按顺时针方向绘制圆弧。

（6）"起点、端点、方向"。用指定的方向由所选择的起点开始在所选择的点之间绘制圆弧。圆弧的方向可以通过键盘键入也可以用鼠标在屏幕上指定。如果在屏幕上指定圆弧的方向，AutoCAD 将使用从起点到所指定的点之间的角度作为起始方向。

（7）"起点、端点、半径"。在指定了圆弧的两个端点后，用指定的圆弧半径绘制圆弧。与使用"起点、圆心、长度"选项相似，AutoCAD 可能绘制四种圆弧：任意方向的大圆弧和任意方向的小圆弧。因此，用该选项绘制的所有圆弧均为从起点开始沿逆时针方向绘制的圆弧。如果指定的圆弧半径为正值，AutoCAD 将绘制小圆弧；如果指定的圆弧半径为负值，AutoCAD 将绘制大圆弧。

（8）"圆心、起点、端点"。与"起点、圆心、端点"选项相似，只是该选项中开始点是圆弧的圆心而不是圆弧的起点。

（9）"圆心、起点、角度"。与"起点、圆心、角度"选项相似，只是该选项中开始点是圆弧的圆心而不是圆弧的起点。

（10）"圆心、起点、长度"。与"起点、圆心、长度"选项相似，只是该选项中开始点是圆弧的圆心而不是圆弧的起点。

（11）"继续"。在响应 ARC 命令的第一个提示时，可以通过按 Enter 键自动使用上一个命令的起点、端点或起始方向绘制圆弧。在按下 Enter 键后，唯一需要输入的是选取或指定想绘制的圆弧端点。AutoCAD 使用前一条直线或圆弧的终点（当前绘制的）作为新圆弧的起点。然后 AutoCAD 使用上一次所绘制对象的终点方向作为圆弧的起始方向。

项目练习 3-9

绘制如图 3-21 所示雨伞。

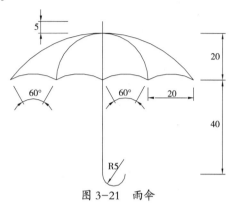

图 3-21 雨伞

作图步骤如下。

（1）绘制伞柱及把手

命令：pl

PLINE

指定起点：

当前线宽为 0.0000

指定下一个点或 [圆弧 (A)/ 半宽 (H)/ 长度 (L)/ 放弃 (U)/ 宽度 (W)]：@0,-5

指定下一点或 [圆弧 (A)/ 闭合 (C)/ 半宽 (H)/ 长度 (L)/ 放弃 (U)/ 宽度 (W)]：@0,-20

指定下一点或 [圆弧 (A)/ 闭合 (C)/ 半宽 (H)/ 长度 (L)/ 放弃 (U)/ 宽度 (W)]：@0,-40

指定下一点或 [圆弧 (A)/ 闭合 (C)/ 半宽 (H)/ 长度 (L)/ 放弃 (U)/ 宽度 (W)]：a

指定圆弧的端点或

[角度 (A)/ 圆心 (CE)/ 闭合 (CL)/ 方向 (D)/ 半宽 (H)/ 直线 (L)/ 半径 (R)/ 第二个点 (S)/ 放弃 (U)/ 宽度 (W)]：r

指定圆弧的半径：5

指定圆弧的端点或 [角度 (A)]：a

指定包含角：180

指定圆弧的弦方向 <270>：0

指定圆弧的端点或

[角度 (A)/ 圆心 (CE)/ 闭合 (CL)/ 方向 (D)/ 半宽 (H)/ 直线 (L)/ 半径 (R)/ 第二个点 (S)/ 放弃 (U)/ 宽度 (W)]：

（2）绘制伞衣裙边

命令：arc

指定圆弧的起点或 [圆心 (C)]： // 捕捉距伞尖 25 单位处为起点。

指定圆弧的第二个点或 [圆心 (C)/ 端点 (E)]：e

指定圆弧的端点：@20,0

指定圆弧的圆心或 [角度 (A)/ 方向 (D)/ 半径 (R)]：a

指定包含角：-60

命令：arc

指定圆弧的起点或 [圆心 (C)]：// 捕捉上一段圆弧端点为起点。

指定圆弧的第二个点或 [圆心 (C)/ 端点 (E)]：e

指定圆弧的端点：@20,0

指定圆弧的圆心或 [角度 (A)/ 方向 (D)/ 半径 (R)]：a

指定包含角：–60

命令：arc

指定圆弧的起点或 [圆心 (C)]：// 捕捉距伞尖 25 单位处为起点。

指定圆弧的第二个点或 [圆心 (C)/ 端点 (E)]：e

指定圆弧的端点：@–20,0

指定圆弧的圆心或 [角度 (A)/ 方向 (D)/ 半径 (R)]：a

指定包含角：60

命令：arc

指定圆弧的起点或 [圆心 (C)]：// 捕捉上一段圆弧端点为起点。

指定圆弧的第二个点或 [圆心 (C)/ 端点 (E)]：e

指定圆弧的端点：@–20,0

指定圆弧的圆心或 [角度 (A)/ 方向 (D)/ 半径 (R)]：a

指定包含角：60

（3）绘制伞架

命令：arc 指定圆弧的起点或 [圆心 (C)]：// 采用"三点"法绘制伞架。

指定圆弧的第二个点或 [圆心 (C)/ 端点 (E)]：

指定圆弧的端点：

命令：

ARC 指定圆弧的起点或 [圆心 (C)]：

指定圆弧的第二个点或 [圆心 (C)/ 端点 (E)]：

指定圆弧的端点：

项目练习3-10：绘制氧化沟平面图之二

用所学 Pline、offset 命令绘制图 3–19。

绘图思路：①用 pline 命令绘制由直线和半圆弧组成的闭合多段线；②用 offset 命令偏移另外的多段线。

详细绘图步骤如下：

命令：PL

PLINE

指定起点：

当前线宽为 0.0000

指定下一个点或 [圆弧 (A)/ 半宽 (H)/ 长度 (L)/ 放弃 (U)/ 宽度 (W)]：@80,0

指定下一点或 [圆弧 (A)/ 闭合 (C)/ 半宽 (H)/ 长度 (L)/ 放弃 (U)/ 宽度 (W)]：a

指定圆弧的端点 (按住 Ctrl 键以切换方向) 或

[角度 (A)/ 圆心 (CE)/ 闭合 (CL)/ 方向 (D)/ 半宽 (H)/ 直线 (L)/ 半径 (R)/ 第二个点 (S)/ 放弃 (U)/ 宽度 (W)]:
@44<90

指定圆弧的端点 (按住 Ctrl 键以切换方向) 或

[角度 (A)/ 圆心 (CE)/ 闭合 (CL)/ 方向 (D)/ 半宽 (H)/ 直线 (L)/ 半径 (R)/ 第二个点 (S)/ 放弃 (U)/ 宽度 (W)]: l

指定下一点或 [圆弧 (A)/ 闭合 (C)/ 半宽 (H)/ 长度 (L)/ 放弃 (U)/ 宽度 (W)]: @-80,0

指定下一点或 [圆弧 (A)/ 闭合 (C)/ 半宽 (H)/ 长度 (L)/ 放弃 (U)/ 宽度 (W)]: a

指定圆弧的端点 (按住 Ctrl 键以切换方向) 或

[角度 (A)/ 圆心 (CE)/ 闭合 (CL)/ 方向 (D)/ 半宽 (H)/ 直线 (L)/ 半径 (R)/ 第二个点 (S)/ 放弃 (U)/ 宽度 (W)]: cl

命令：_offset

当前设置：删除源 = 否 图层 = 源 OFFSETGAPTYPE=0

指定偏移距离或 [通过 (T)/ 删除 (E)/ 图层 (L)] < 通过 >： 10

选择要偏移的对象，或 [退出 (E)/ 放弃 (U)] < 退出 >:

指定要偏移的那一侧上的点，或 [退出 (E)/ 多个 (M)/ 放弃 (U)] < 退出 >:

选择要偏移的对象，或 [退出 (E)/ 放弃 (U)] < 退出 >:

；；按空格键重复执行上一个命令，

命令：OFFSET

当前设置：删除源 = 否 图层 = 源 OFFSETGAPTYPE=0

指定偏移距离或 [通过 (T)/ 删除 (E)/ 图层 (L)] <10.0000>： 6

选择要偏移的对象，或 [退出 (E)/ 放弃 (U)] < 退出 >:

指定要偏移的那一侧上的点，或 [退出 (E)/ 多个 (M)/ 放弃 (U)] < 退出 >:

选择要偏移的对象，或 [退出 (E)/ 放弃 (U)] < 退出 >:

；；按空格键重复执行上一个命令，

命令：OFFSET

当前设置：删除源 = 否 图层 = 源 OFFSETGAPTYPE=0

指定偏移距离或 [通过 (T)/ 删除 (E)/ 图层 (L)] <6.0000>： 5

选择要偏移的对象，或 [退出 (E)/ 放弃 (U)] < 退出 >:

指定要偏移的那一侧上的点，或 [退出 (E)/ 多个 (M)/ 放弃 (U)] < 退出 >:

选择要偏移的对象，或 [退出 (E)/ 放弃 (U)] < 退出 >:

3.9 CIRCLE 命令

3.9.1 命令功能

CIRCLE 命令用于绘制圆。

3.9.2 激活命令

◆ 命令行：CIRCLE

◆ "绘图"菜单：圆

◆ "绘图"工具栏：

3.9.3 命令选项

（1）"圆心、半径"。指定圆心和半径的方法绘制图。

（2）"圆心、直径"选项。用指定圆心和直径的方法绘制圆。

（3）"三点"。用指定圆上的三点的方法绘制圆。

（4）"两点"。用指定的两点作为圆的直径的方法绘制圆。

（5）"相切、相切、半径(T T R)"。用指定的半径绘制圆，该圆与两个对象(可以是直线、圆弧，也可以是圆)相切。指定对象上的切点时，指定点的位置并不十分重要，因为它并不一定就是所要求的切点。但是不管怎样，对于拥有多个切点的两个对象，在绘制它们的相切圆时，AutoCAD 将距离指定点最近的切点作为所要求的切点，并以该切点绘制圆。

提示： *使用绘制圆的任意一个选项，其指定的半径/直径值都将会作为下一次调用CIRCLE命令时的默认设定值，直到重新设定半径/直径值。*

项目练习3-11：绘制立交桥平面图

有立交桥如图3-22所示，依据图示尺寸准确绘制其平面图。

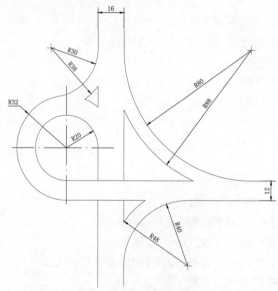

图 3-22　某立交桥平面图

绘图思路：①用 Mline 命令绘制垂直相交的两条干路；②用 Circle 命令"相切相切半径"选项绘制 R40、R80、R20 三个圆；③用 offset 命令偏移对应另外的 3 个圆；④用 Circle 命令"相切相切半径"选项绘制 R30 的圆；⑤用 offset 命令偏移上一步对应的 R38 的圆；⑥用 Trim 命令修剪掉多余图形。

详细绘图步骤如下：

命令：MLSTYLE

名称：Road

元素特性：偏移　　　颜色　　　线型

　　　　　　2　　bylayer　bylayer

　　　　　　–2　　bylayer　bylayer

命令：ML

MLINE

当前设置：对正 = 上，比例 = 1.00，样式 = STANDARD

指定起点或 [对正 (J)/ 比例 (S)/ 样式 (ST)]：j

输入对正类型 [上 (T)/ 无 (Z)/ 下 (B)] < 上 >：z

当前设置：对正 = 无，比例 = 1.00，样式 = STANDARD

指定起点或 [对正 (J)/ 比例 (S)/ 样式 (ST)]：s

输入多线比例 <1.00>：4

当前设置：对正 = 无，比例 = 4.00，样式 = STANDARD

指定起点或 [对正 (J)/ 比例 (S)/ 样式 (ST)]：st

输入多线样式名或 [?]：road

当前设置：对正 = 无，比例 = 4.00，样式 = ROAD

指定起点或 [对正 (J)/ 比例 (S)/ 样式 (ST)]：

指定下一点：@200<270

指定下一点或 [放弃 (U)]：

命令：ML

MLINE

当前设置：对正 = 无，比例 = 4.00，样式 = ROAD

指定起点或 [对正 (J)/ 比例 (S)/ 样式 (ST)]：s

输入多线比例 <4.00>：3

当前设置：对正 = 无，比例 = 3.00，样式 = ROAD

指定起点或 [对正 (J)/ 比例 (S)/ 样式 (ST)]：from // 基点对象捕捉上一个多线左侧中点。

基点：< 偏移 >：@100<–180 // 应用了点偏移技巧

指定下一点：@250,0

指定下一点或 [放弃 (U)]：

命令：_explode

选择对象：指定对角点：找到 2 个

选择对象：

命令：C

CIRCLE

指定圆的圆心或 [三点 (3P)/ 两点 (2P)/ 切点、切点、半径 (T)]：t

指定对象与圆的第一个切点：

指定对象与圆的第二个切点：

指定圆的半径 <40.0000>：40

命令：CIRCLE

指定圆的圆心或 [三点 (3P)/ 两点 (2P)/ 切点、切点、半径 (T)]：t

指定对象与圆的第一个切点：

指定对象与圆的第二个切点：

指定圆的半径 <40.0000>：80

命令：CIRCLE

指定圆的圆心或 [三点 (3P)/ 两点 (2P)/ 切点、切点、半径 (T)]：t

指定对象与圆的第一个切点：

指定对象与圆的第二个切点：

指定圆的半径 <80.0000>：20

命令：_offset

当前设置：删除源 = 否 图层 = 源 OFFSETGAPTYPE=0

指定偏移距离或 [通过 (T)/ 删除 (E)/ 图层 (L)] < 通过 >：8

选择要偏移的对象，或 [退出 (E)/ 放弃 (U)] < 退出 >：

指定要偏移的那一侧上的点，或 [退出 (E)/ 多个 (M)/ 放弃 (U)] < 退出 >：

选择要偏移的对象，或 [退出 (E)/ 放弃 (U)] < 退出 >：

指定要偏移的那一侧上的点，或 [退出 (E)/ 多个 (M)/ 放弃 (U)] < 退出 >：

选择要偏移的对象，或 [退出 (E)/ 放弃 (U)] < 退出 >：

命令：OFFSET

当前设置：删除源 = 否 图层 = 源 OFFSETGAPTYPE=0

指定偏移距离或 [通过 (T)/ 删除 (E)/ 图层 (L)] <8.0000>：12

选择要偏移的对象，或 [退出 (E)/ 放弃 (U)] < 退出 >：

指定要偏移的那一侧上的点，或 [退出 (E)/ 多个 (M)/ 放弃 (U)] < 退出 >：

选择要偏移的对象，或 [退出 (E)/ 放弃 (U)] < 退出 >：

以上步骤执行完毕，绘制图形如图 3-23 所示。

图 3-23　某立交桥平面图绘制过程中的图形

命令：_trim

当前设置：投影 =UCS，边 = 无

选择剪切边 ...

选择对象或 < 全部选择 >：指定对角点：找到 12 个 *// 选中全部图形作为剪切边。*

选择对象： 略 *// 可以结合 "U" 选项撤销错误的选择。*

3.10   RECTANGLE 命令

3.10.1   命令功能

用于绘制一个矩形。

3.10.2   激活命令

◆ 命令行：RECTANGLE

◆ "绘图"菜单：矩形

◆ "绘图"工具栏：

3.10.3   命令选项

（1）"倒角"。用于设置所绘制矩形的倒角距离。参见第 4 章 CHAMFER 命令

（2）"标高"。用于设置所绘制三维矩形的标高。

（3）"圆角"。用于设置所绘制矩形的圆角直径。参见第 4 章 FILLET 命令

（4）"厚度"。用于设置所绘制矩形的厚度。

（5）"面积"。使用面积与长度或宽度创建矩形。如果"倒角"或"圆角"选项被激活，则区域将包括倒角或圆角在矩形角点上产生的效果。

（6）"旋转"。按指定的旋转角度创建矩形。

（7）"宽度"。为要绘制的矩形指定多段线的宽度。

3.11   POLYGON 命令

3.11.1   命令功能

用于绘制二维正多边形。AutoCAD 用零宽度且无切线信息的多段线绘制正多边形。可根据需要用 PEDIT 命令修改多段线，如修改正多边形的宽度。

3.11.2   激活命令

◆ 命令行：POLYGON

◆ "绘图"菜单：正多边形

◆ "默认"选项卡→"绘图"→面板"正多边形" （可能需要点击矩形右下角下拉框）

3.11.3   命令选项

（1）输入边的数目。AutoCAD 可支持的正多边形边数为 3~1024。AutoCAD 存储这个值作为下一次执行该命令的默认值。

（2）定义了正多边形的中心点后，AutoCAD 提供两个选项：内接于圆和外切于圆。

"内接于圆"：绘制一个内接于假想圆的正多边形，该假想圆的直径与正多边形对角顶点的距离相等 (仅对偶数边的正多边形)。在提示输入半径时，若直接输入半径值，AutoCAD 将沿当前捕捉角度的方向绘制正多边形的底边；若用鼠标或输入具体的坐标值以确定半径，AutoCAD 将根据输入点的坐标确定正多边形底边的方向和大小。

"外切于圆"：绘制一个外切于假想圆的正多边形，该假想圆的直径与正多边形对边的距离相等 (仅对偶数边的正多边形)。在提示输入半径时，若直接输入半径值，AutoCAD 将沿当前捕捉角度的方向绘制正多边形的底边；若用鼠标或输入具体的坐标值以确定半径，AutoCAD 将根据输入点的坐标确定正多边形底边的方向和大小。

（3）"边"。通过指定第一条边的两个端点绘制正多边形。

项目练习 3-12：

应用 POLYGON 命令绘制圆 (半径 10) 的内接、外切正五边形，并绘制五角星 (图 3-24)。

（1）绘制圆

命令：c CIRCLE 指定圆的圆心或 [三点 (3P)/ 两点 (2P)/ 相切、相切、半径 (T)]:

指定圆的半径或 [直径 (D)]: 10

命令：_copy 找到 1 个 // 拷贝命令，参见 4.6。

指定基点或位移，或者 [重复 (M)]: 指定位移的第二点或 < 用第一点作位移 >: @30,0

（2）绘制正五边形

命令： POLYGON 输入边的数目 <5>:

指定正多边形的中心点或 [边 (E)]: // 捕捉圆心为多边形中点

输入选项 [内接于圆 (I)/ 外切于圆 (C)] <I>:

指定圆的半径: 10

命令： POLYGON 输入边的数目 <5>:

指定正多边形的中心点或 [边 (E)]: // 捕捉圆心为多边形中点

输入选项 [内接于圆 (I)/ 外切于圆 (C)] <I>: c

指定圆的半径: 10

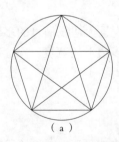
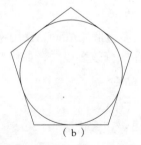

（a）　　　　　　　　　　（b）

图 3-24　POLYGON 命令用法实例

（a）内接于圆（I）；（b）外切于圆（C）

（3）连接多边形顶点

命令: l

LINE 指定第一点:

指定下一点或 [放弃 (U)]:

指定下一点或 [放弃 (U)]：

指定下一点或 [闭合 (C)/ 放弃 (U)]：

指定下一点或 [闭合 (C)/ 放弃 (U)]：

指定下一点或 [闭合 (C)/ 放弃 (U)]：

指定下一点或 [闭合 (C)/ 放弃 (U)]：

3.12 DONUT 命令

3.12.1 命令功能

用于按指定的内圆和外圆直径绘制实心圆和实心圆环。是否显示填充取决于系统变量 FILLMODE 的设置，0 不填充对象，1 填充对象 。

3.12.2 激活命令

- ◆ 命令行：DONUT
- ◆ "绘图"菜单：圆环
- ◆ "默认"选项卡→"绘图"面板→"圆环" ◎

3.12.3 命令选项

DONUT 命令需要指定圆环的内径，外径，中心点。

除了通过键盘直接输入直径值外，还可以在屏幕上指定两个点，AutoCAD 将测量这两点的距离以确定实心圆环的内圆或外圆直径。可以通过输入坐标值或用鼠标指定一点确定圆心点。

当内径为 0 值时，DONUT 命令绘制实心圆。

提示：系统变量 FILLMODE 的"开"（1）和"关"(0) 影响 PLINE、TRACE、DONUT 和 SOLID 命令绘制的图形的显示状态。

3.13 ELLIPSE 命令

3.13.1 命令功能

用于绘制椭圆和椭圆弧。

3.13.2 激活命令

- ◆ 命令行：ELLIPSE
- ◆ "绘图"菜单：椭圆
- ◆ "绘图"工具栏：⬭，⬭

3.13.3 命令选项

（1）轴的端点。绘制椭圆通过指定轴端点绘制椭圆。

"另一条半轴长度"：使用从第一条轴的中点到第二条轴的端点的距离定义第二条轴。

"旋转"：通过绕第一条轴旋转圆来创建椭圆。输入一个有效范围为 0 至 89.4° 的角度值绕椭圆中心点移动十字光标并单击。输入值越大，椭圆的离心率就越大，椭圆就更加扁平。输入 0 将绘制圆。

（2）中心点。用于已知椭圆中心和轴端点绘制椭圆。

"另一条半轴长度"："旋转"选项含义同（1）中相应选项。

（3）圆弧。用于绘制椭圆弧。定义椭圆的命令选项同（1）、（2）。

"起始角"和"终止角"或者"起始参数"与"终止参数"定义了椭圆弧。"参数"用矢量参数方程式定义椭圆弧的起、终点角度。

另外，还可以输入包含角而非终止角来绘制椭圆弧。

3.14 REVCLOUD 命令

3.14.1 命令功能

创建由连续圆弧组成的多段线以构成云线形，生成的对象是多段线。

3.14.2 激活命令

◆ 命令行：REVCLOUD

◆ "绘图"菜单：修订云线

◆ "默认"选项卡→"绘图"面板→"修订云线"下拉框→

3.14.3 命令选项

（1）"弧长"。指定云线中弧线的最大、最小长度。最大弧长不能大于最小弧长的 3 倍。

（2）"对象"。指定要转换为云线的闭合对象。圆、椭圆、闭合多段线、闭合样条曲线都可以被转换为云线。将对象转换为云线时，如果 DELOBJ 系统变量设置为 1(默认值)，原始对象将被删除。

提示：REVCLOUD 在系统注册表中存储上一次使用的圆弧长度。

思考题

1. 画正多边形时，采用内接圆方式和采用外切圆方式两者之间有什么不同？

2. 叙述一下画圆有哪几种可选方式。

3. 画一个由 500 条边组成的正多边形，看上去像不像一个圆？

4. 系统变量如何控制文字的镜像效果。

5. 射线 (RAY) 和构造线 (XLINE) 有何区别与联系？

6. LINE、PLINE 命令中 CLOSE 选项的作用是什么？

7. MLINE 命令一次可以画多少条线？

8. 什么选项可以用来创建一条宽度渐变的多义线 (多段线)？

9. 哪种模式可以控制多段线的实心区域的显示？

10. 怎样编辑一个多段线的顶点？

第 4 章
编辑图形

4.1 选择对象

4.1.1 命令功能

AutoCAD 中许多命令要求构造对象选择集，并在命令行给出提示。

4.1.2 激活命令

◆ 命令行：SELECT
◆ 其他命令执行过程中激活选择命令
◆ 用鼠标点取对象，或在对象周围使用选择窗口，或输入坐标，都可以选择对象

4.1.3 命令选项

不管由哪个命令给出"选择对象"提示，在命令行中输入"？"，即可查看所有选项。

选择相邻或重叠的对象通常是十分困难的。在"选择对象"提示下，按住 Ctrl 键并选择一个尽可能接近要选择的对象的点。反复单击鼠标，直到要选择的对象被亮显。按 Enter 键接受所选择的对象。

（1）"窗口（W）"。选择全部包含在由光标指定的矩形区域内或动态编辑窗口内的所有可视对象。如果一个对象仅是其中的一部分在矩形窗口内，那么选择集中不会包含该对象，如图 4-1（a）所示。

（2）"窗交（C）"。选择全部包含在矩形窗口内的所有对象及与窗口相交叉的对象，如图 4-1（b）所示。选择窗口中，但是，由于选择窗口穿过圆对象，因此，图中的所有直线和圆均包括在选择集中。

（3）"框选（BOX）"。"框选"有两个子选项："窗口"和"窗交"。从左向右选取点时，等同于"窗口"选项，如图 4-1（c）所示。从右向左选取点时，等同于"窗交"选项，如图 4-1（d）所示。

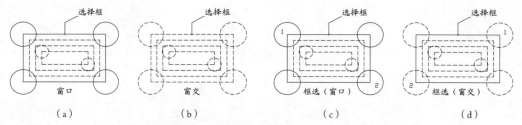

图 4-1 选择对象方式比较（"窗口""窗交"和"框选"）

（4）"上一个（L）"。选择当前最新创建的可视对象。

（5）"前一个（P）"。选择最近创建的选择集。从图形中删除对象将清除"上一个"选项设置。

（6）"圈围（WP）"。"圈围"方式选择对象与用"窗口"方式选择对象相似。它是通过在要选择的对象周围指定多边形的顶点来确定选择区域。指定的顶点组成多边形，它可以是任意形状，只是边与边不能相交。"放弃"选项用于放弃最近选择的多边形顶点。

（7）"圈交（CP）"。"圈交"方式与"圈围"方式选择对象相类似。

（8）"栏选（F）"。与用"圈交"方式选择对象相似，只是选择的点只连成线而不形成多边形。该选项选择的对象是选择线所经过或相交的对象。与"圈交"选项和"圈围"

选项不同的是，"栏选"选项构造的选择线可以交叉或相交。

（9）"全部 (ALL)"。选择图形中所有对象，但不包括被冻结或被加锁的图层内的对象。

（10）"多选 (M)"。多次选择而不亮显对象，从而加快对复杂对象的选择过程。

（11）"自动 (AU)"。"自动"选项实际上是三个选项，即点选和两个"框选"选项。如果用拾取框选择对象，则为点选；如果拾取框没有接触到对象，则为"框选"方式。

提示："自动 (AU)"选项是提示对象选择时的默认选项。

（12）"放弃 (U)"。用于不退出"选择对象："提示下放弃上一个选择对象。

（13）"添加选项 (A)"。用于恢复执行"删除"选项后的选择方式，以便用其他方式继续选择对象。

提示："自动"和"添加"为默认模式。

（14）"删除选项 (R)"。"删除"选项用于从已选择的对象中移出不需要选择的对象。"删除"模式的替换模式是在选择单个对象的同时按下 SHIFT 键，或者是使用"自动"选项。

（15）"单选项 (SI)"。只选择一次即终止选择，并执行命令的下一步骤。

（16）"编组 (G)"。选择指定编组中的所有对象。

SELECT 命令常用选项逻辑关系简图如图 4-2。

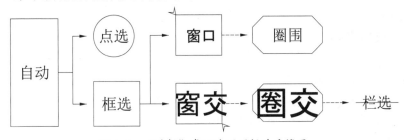

图 4-2　"选择"常用选项逻辑关系简图

4.1.4　对象选择方式

AutoCAD 提供了 6 种高级对象选择方式。这些方式的打开和关闭是在"选项"对话框的"选择集"选项卡中设置。

（1）"先选择后执行"。该选项设置为打开时，可以在"命令："提示下，先选择对象，再执行修改命令。

当"先选择后执行"选项打开时，"命令："提示下的光标，类似于对象捕捉时的光标。在使用"先选择后执行"选项时，首先在"命令："提示下选取对象，然后再调用修改命令修改这些对象，此时调用修改命令后，AutoCAD 将不会提示选择对象。在"命令："提示下，按 Esc 键可以清除当前选择的对象。清除选择对象后，执行任何修改命令将重新提示"选择对象："。

提示：另一种打开或关闭"先选择后执行"选项的方法是修改系统变量 PICKFIRST 的值。TRIM、EXTEND、BREAK、CHAMFER 和 FILLET 命令不支持"先选择后执行"选项。

（2）"用 Shift 键添加到选择集"。该选项用于控制如何向已选择的对象组中添加新对象。当该选项打开时，它激活一个附加选择方式，即需要按住 Shift 键才能添加新对象。与之类似，取消选择的对象也需要同样的方法。

"用 Shift 键添加到选择集"选项设置为关闭（默认状态）时，若选择新对象，只需直接点取对象或使用其他选项选择，AutoCAD 将直接向选择集中添加新的对象。

提示：*另一种打开或关闭"用 Shift 键添加到选择集"选项的方法是修改系统变量 PICKADD 的值。*

（3）"按住并拖动"。该选项用于控制用鼠标绘制选择窗口时的动作。当该选项打开时，可以按住鼠标的拾取按钮，拖动光标确定选择窗口。

当"按住并拖动"选项关闭（默认状态）时，需要用鼠标指定两个点，来确定选择窗口。换句话说，需用鼠标选择两个点作为选择窗口的对角点，来定义选择窗口。注意另一种打开或关闭"按住并拖动"选项的方法是修改系统变量 PICKDRAG 的值。

（4）"隐含窗口"。选用该选项，可以在"选择对象："提示时自动建立选择窗口。当该选项打开（默认状态）时，其功能与前面介绍的"矩形"选项相似；当该选项关闭时，建立选择窗口需要调用"窗口"或"窗交"选项。

提示：*另一种打开或关闭"隐含窗口"选项的方法是设置系统变量 PICKAUTO。*

（5）"对象编组"。该选项用于控制自动选择对象组。当该选项打开时，当选择组中的任一个对象，则该对象所在的组都会被选择。

（6）"关联性填充"。当该选项打开时，如果选择关联填充的对象，则填充的边界对象也被选中。

4.1.5　快速选择

1. 命令功能

快速选择(QSELECT)命令用于指定过滤条件以及根据过滤条件快速创建选择集。例如，可以构造一个由所有的长度等于或小于 100 个单位的直线组成的选择集，或者创建一个位于某一图层上由所有文本对象组成的选择集。可以用新创建的选择集替换当前的选择集或在当前的选择集中添加新的选择集。

2. 激活命令

◆ 命令行：QSELECT

◆ "默认"选项卡→"实用工具"面板→快速选择

◆ 快捷菜单：终止所有活动命令，在绘图区域中单击右键并选择"快速选择"

AutoCAD 将显示"快速选择"对话框，如图 4-3 所示。

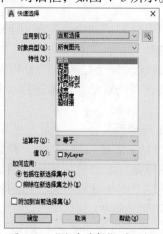

图 4-3　"快速选择"对话框

3.对话框说明

（1）"应用到"。指定是否将过滤条件应用到整个图形或当前选择集。如果存在当前选择集，"当前选择"为默认设置。否则，"整个图形"为默认设置。如果选择了"附加到当前选择集"复选框，则"当前选择集"不是一个选项。如果要创建选择集，需选择"选择对象"按钮（位于"应用到"文本框旁边）。只有清除了"附加到当前选择集"复选框时，"选择对象"选项才可用。

（2）"选择对象"。将临时关闭"快速选择"对话框以便选择屏幕上的对象。选择要包含在选择集中的对象后，按 Enter 键返回到"快速选择"对话框。

（3）"对象类型"。选择是否包含或不包含某一类对象或多个对象。

（4）"特性"。指定过滤器的对象特性。列出了包括在"对象类型"文本框中指定的对象类型的所有可用于过滤器的对象特性。

（5）"运算符"。该文本框用于指定逻辑运算符。这些运算符包括"等于""不等于""大于""小于"和"*通配符"。"大于"和"小于"主要用于数学计算。"*通配符"用于编辑字符串。

（6）"值"。该文本框用于指定运算符的作用对象。

（7）"如何应用"。确定符合过滤条件的对象是包括在新选择集中还是排除在新选择集之外。

（8）"附加到当前选择集"。确定用 QSELECT 命令创建的选择集是替换当前的选择集还是附加到当前选择集之后。

4.2 删除命令

4.2.1 命令功能

用于删除图形中的对象。

4.2.2 激活命令

◆ 命令行：ERASE
◆ "修改"菜单：删除
◆ "默认"选项卡"修改"面板→
◆ 快捷菜单：选择要删除的对象，然后在绘图区域单击右键并选择"删除"，或者按 DELETE 键。

4.2.3 命令选项

选择对象。可以使用一个或多个有效对象选择方法，选择对象后，按 Enter 键（空响应）以响应"选择对象"提示，完成删除命令。

4.3 OOPS 命令

4.3.1 命令功能

恢复上一次通过 ERASE、BLOCK 或 WBLOCK 命令删除的对象。OOPS 命令可恢复由上一个 ERASE 命令删除的对象。也可以在 BLOCK 或 WBLOCK 命令之后使用 OOPS。OOPS 命令不能恢复 PURGE 命令删除的图层上的对象。

4.3.2　激活命令

命令行：OOPS

4.4　UNDO 命令

4.4.1　命令功能

UNDO 命令用于一次放弃几步操作。

4.4.2　激活命令

◆ "快速访问"工具栏：

◆ 命令行：UNDO / U　⇐

4.4.3　命令选项

（1）要放弃的操作数目。撤消指定数目的以前的操作。效果与多次输入 u 相同。

（2）自动。将宏（如菜单宏）中的命令编组到单个动作中，使这些命令可通过单个 U 命令反转。如果"控制"选项关闭或者限制了 UNDO 功能，UNDO "自动"将不可用。

（3）控制。限制或关闭 UNDO。当"无"或"一个"有效时，"自动""开始"和"标记"选项不可用。如果在 UNDO 处于关闭状态时尝试使用它，系统将提示您重新输入"控制"选项。

全部：打开完全 UNDO 命令。

无：关闭 U 和 UNDO 命令，放弃早些时候在编辑任务中保存的任何 UNDO 命令信息。

一个：把 UNDO 限制为单步操作。

合并：为放弃和重做操作控制是否将多个、连续的缩放和平移命令合并为一个单独的操作。但是从菜单启动的平移和缩放命令未合并，并始终保持独立操作。

图层：控制是否将图层对话操作合并为单个放弃操作。

（4）开始、结束。将一系列操作编组为一个集合。输入"开始"选项后，所有后续操作都将成为此集合的一部分，直至使用"结束"选项。编组已激活时输入 undo begin 将结束当前集合，并开始新的集合。UNDO 和 U 将编组操作视为单步操作。如果输入 undo begin 而不输入 undo end，使用"数目"选项将放弃指定数目的命令但不会备份开始点以后的操作。如果要回到开始点以前的操作，则必须使用"结束"选项（即使集合为空）。同样适用于 U 命令。由"标记"选项放置的标记在 UNDO 编组中不显示。

（5）标记、后退。"标记"在放弃信息中放置标记。"后退"放弃直到该标记为止所做的全部工作。如果一次放弃一个操作，到达该标记时程序会给出通知。只要有必要，可以放置任意个标记。"后退"一次后退一个标记，并删除该标记。如果使用"数目"选项放弃多个操作，UNDO 将在遇到标记时停止。

这将放弃所有操作。"确定？"：如果在"后退"操作期间没有找到标记时，AutoCAD 进行该询问，输入 yes 可放弃所有输入到当前任务中的命令。输入 no 可忽略"后退"选项。

4.5 MREDO 命令

4.5.1 命令功能

REDO 命令用于在使用 U 或 UNDO 后立即使用 REDO，取消单个 U 或 UNDO 命令的效果。MREDO 撤销前面几个 UNDO 或 U 命令的效果。

4.5.2 激活命令

◆ "快速访问"工具栏：⇨

◆ 命令行：MREDO

◆ "编辑"菜单：重做

◆ 快捷菜单：无命令运行和无对象选定的情况下，在绘图区域单击右键，然后选择"重做"

4.5.3 命令选项

（1）"操作数目"。恢复指定数目的操作。

（2）"全部 (A)"。恢复前面的所有操作。

（3）"上一个 (L)"。只恢复上一个操作。

4.6 COPY 命令

4.6.1 命令功能

用于将选定的对象复制到指定的位置。还可以进行多重复制，每个复制的对象均与原对象各自独立。

4.6.2 激活命令

◆ 命令行：COPY

◆ "修改"菜单：复制

◆ "默认"选项卡→"修改"面板

◆ 快捷菜单：选择要复制的对象，在绘图区域中单击右键，然后选择"复制选择"

4.6.3 命令选项

（1）"基点"。指定图形拷贝的参照点。

（2）"位移"。使用坐标指定相对距离和方向。

如果指定两个点，则指定的两个点定义了一个位移矢量，它确定复制对象的移动距离和移动方向。

如果在"指定位移的第二个点"的提示下按 ENTER 键，则第一个点被当作相对于 X、Y、Z 的位移。

（3）"模式"。控制命令是否自动重复（COPYMODE 系统变量）。

"单一"：创建选定对象的单个副本，并结束命令。

"多个"：替代"单个"模式设置。在命令执行期间，将 COPY 命令设定为自动重复。

"阵列"：指定在线性阵列中排列的副本数量。阵列中排列的项目数包括原始选择集。

　　"第二点"：确定阵列相对于基点的距离和方向。默认情况下，阵列中的第一个副本将放置在指定的位移。其余的副本使用相同的增量位移放置在超出该点的线性阵列中。

　　"调整"：在阵列中指定的位移放置最终副本；其他副本则布满原始选择集和最终副本之间的线性阵列。

4.7　MIRROR 命令

4.7.1　命令功能

创建对象的镜像图像。用于绘制半个对象，然后创建镜像，即可以完成整个对象。

4.7.2　激活命令

◆ 命令行：MIRROR
◆ "修改"菜单：镜像
◆ "默认"选项卡→"修改"面板

4.7.3　命令选项

（1）"选择对象"。使用对象选择方式并按 ENTER 键结束命令。

指定镜像线的第一点：指定点（1）；

指定镜像线的第二点：指定点（2）。

第一点和第二点的连线为不可见的镜像线，选择的对象将根据此直线进行镜像。

（2）"是否删除源对象？"[是 (Y)/ 否 (N)] 决定原始对象的去留，如图 4-4 所示。

（3）系统变量 MIRRTEXT。默认设置是 1(开)，这将导致文字对象同其他对象一样被镜像处理。MIRRTEXT 设置为 0 (关) 时，文字对象不做镜像处理，如图 4-5 所示。

　　窗口选取对象

＋　镜像线端点　保留原始对象　删除原始对象

图 4-4　MIRROR 命令 (是否删除源对象) a b c

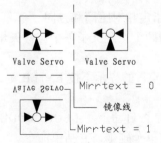

图 4-5　MIRROR 命令 (MIRRTEXT 设置)

项目练习 4-1

绘制图 4-6 所示脸谱。

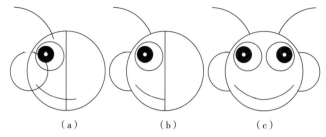

（a） （b） （c）

图 4-6 鬼脸绘制顺序图

绘图步骤如下。

（1）绘制头部轮廓。

命令：c CIRCLE 指定圆的圆心或 [三点 (3P)/ 两点 (2P)/ 相切、相切、半径 (T)]:

指定圆的半径或 [直径 (D)] <4.0000>：// 在屏幕上绘制一个园，大小合适即可。

（2）绘制镜像线。

命令：l

LINE 指定第一点：// 捕捉园的第 2、4 象限点。

指定下一点或 [放弃 (U)]:

指定下一点或 [放弃 (U)]:

（3）绘制其他面部细节。

命令：donut // 绘制眼球。

指定圆环的内径 <0.5000>：0.1

指定圆环的外径 <1.0000>：0.6

指定圆环的中心点或 < 退出 >:

指定圆环的中心点或 < 退出 >:

命令：c CIRCLE 指定圆的圆心或 [三点 (3P)/ 两点 (2P)/ 相切、相切、半径 (T)]: // 绘制眼眶。

指定圆的半径或 [直径 (D)] <0.6>：// 绘制耳朵。

命令：c CIRCLE 指定圆的圆心或 [三点 (3P)/ 两点 (2P)/ 相切、相切、半径 (T)]:

指定圆的半径或 [直径 (D)] <0.5602>:

命令：arc 指定圆弧的起点或 [圆心 (C)]: // 绘制触角。

指定圆弧的第二个点或 [圆心 (C)/ 端点 (E)]:

指定圆弧的端点：// 绘制嘴巴。

命令： ARC 指定圆弧的起点或 [圆心 (C)]:

指定圆弧的第二个点或 [圆心 (C)/ 端点 (E)]:

指定圆弧的端点：

图形如图 4-6（a）所示。

（4）修剪细部特征。

命令：trim // 选择脸廓，镜像线作为修剪边，修剪触角、耳朵、嘴巴。

当前设置：投影 =UCS，边 = 无

选择剪切边 …

选择对象：指定对角点：找到 1 个

选择对象：找到 1 个，总计 2 个

选择对象：

选择要修剪的对象，或按住 Shift 键选择要延伸的对象，或 [投影 (P)/ 边 (E)/ 放弃 (U)]：

选择要修剪的对象，或按住 Shift 键选择要延伸的对象，或 [投影 (P)/ 边 (E)/ 放弃 (U)]：

选择要修剪的对象，或按住 Shift 键选择要延伸的对象，或 [投影 (P)/ 边 (E)/ 放弃 (U)]：

选择要修剪的对象，或按住 Shift 键选择要延伸的对象，或 [投影 (P)/ 边 (E)/ 放弃 (U)]：

选择要修剪的对象，或按住 Shift 键选择要延伸的对象，或 [投影 (P)/ 边 (E)/ 放弃 (U)]：

图形如图 4-6（b）所示。

（5）镜像。

命令：mirror

选择对象：找到 1 个

选择对象：指定对角点：找到 2 个，总计 3 个

选择对象：找到 1 个，总计 4 个

选择对象：指定对角点：找到 1 个，总计 5 个 // 选择触角、耳朵、嘴巴、眼睛。

选择对象：

指定镜像线的第一点：指定镜像线的第二点：

是否删除源对象？ [是 (Y)/ 否 (N)] <N>：

（6）删除镜像线。

图形完成后如图 4-6（c）所示。

4.8　FILLET 命令

4.8.1　命令功能

　　FILLET 用于给两个对象添加指定半径的圆弧，这两个对象可以是圆弧、圆、直线、椭圆弧、多段线、射线、参照线或样条曲线。如果系统变量 TRIMMODE 的值设置为 1(默认值)，则 FILLET 命令将在圆角弧的端点处修剪两条相交线；如果系统变量 TRIMMODE 的值设置为 0，则 FILLET 命令将在圆角处保持相交线原有状态。

4.8.2　激活命令

　　◆ 命令行：FILLET

　　◆ "修改" 菜单：圆角

　　◆ "修改" 工具面板：

4.8.3　命令选项

　　（1）选择第一个对象，选择第二个对象。

　　如果两个对象在同一图层上，连接圆弧也在同一图层上。如果两个对象不在同一层上，则连接圆弧位于当前层上。

　　如果选定对象是二维多段线的两个直线段，则它们可以相邻或者被另一条线段隔开。如果它们被另一条多段线线段分隔，则 FILLET 将删除此分隔线段并用圆角代替它，如图 4-7 所示。

FILLET 可以在两条平行线、参照线或射线上绘制圆角，但第一个对象必须是直线或射线，第二个对象可以是直线、参照线或射线，圆弧的直径等于两对象的距离，当前默认的半径值将被忽略且保留，如图 4-8 所示。

FILLET 不会修剪圆，只使用圆角弧与圆平滑地相连，如图 4-9 所示。

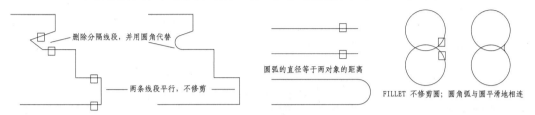

图 4-7　FILLET 命令修剪多段线　　图 4-8　修剪平行线　图 4-9　FILLET 命令修剪圆

（2）"半径"。修改圆角的当前半径值。

（3）"修剪"。控制是否在圆角端点处修剪选择对象的边，这个选项与系统变量 TRIMMODE 的作用相同。

（4）"多个"。给多个对象集加圆角。AutoCAD 将重复显示主提示和"选择第二个对象"提示，直到按 ENTER 键结束命令。

（5）"多段线"。在二维多段线中两条线段相交的每个顶点处插入圆角弧，如图 4-10（a）所示。

如果设置一个非零的圆角半径，AutoCAD 将在足够容纳圆角半径的每一多段线线段的顶点处插入圆角弧，如图 4-10（b）所示。

如果两个多段线线段收敛于它们之间的弧线段，AutoCAD 将删除弧线段，替换为圆角弧。多段线弧线段无法被圆角，如图 4-10（b）所示。

如果将圆角半径设置为 0，则不插入圆角弧，如图 4-10（c）所示。如果两条多段线直线段被一段圆弧段分割，AutoCAD 将删除这段圆弧并延伸直线直到它们相交。

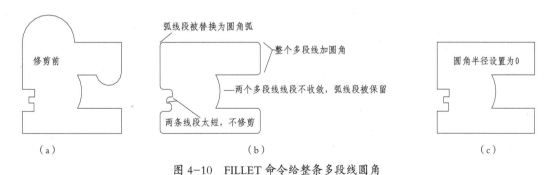

（a）　　　　　　　　　　　　（b）　　　　　　　　　　　　（c）

图 4-10　FILLET 命令给整条多段线圆角

项目练习 4-2：绘制氧化沟平面图之三

用 LINE、OFFSET、FILLET 等命令绘制氧化沟平面图。

绘图思路，①通过 LINE 绘制一条长 80 的水平直线；②用 OFFSET 命令偏移另外 3 条直线；③用 MIRROR 命令镜像制作 4 条直线；④用 FILLET 命令绘制 8 个半圆。

以下为详细绘图步骤。

命令：L

LINE

指定第一个点：

指定下一点或 [放弃 (U)]：@80,0

指定下一点或 [放弃 (U)]：

命令：OFFSET

当前设置：删除源 = 否 图层 = 源 OFFSETGAPTYPE=0

指定偏移距离或 [通过 (T)/ 删除 (E)/ 图层 (L)] <6.0000>： 5

选择要偏移的对象，或 [退出 (E)/ 放弃 (U)] < 退出 >：

指定要偏移的那一侧上的点，或 [退出 (E)/ 多个 (M)/ 放弃 (U)] < 退出 >：

选择要偏移的对象，或 [退出 (E)/ 放弃 (U)] < 退出 >：

命令：

OFFSET

当前设置：删除源 = 否 图层 = 源 OFFSETGAPTYPE=0

指定偏移距离或 [通过 (T)/ 删除 (E)/ 图层 (L)] <5.0000>： 6

选择要偏移的对象，或 [退出 (E)/ 放弃 (U)] < 退出 >：

指定要偏移的那一侧上的点，或 [退出 (E)/ 多个 (M)/ 放弃 (U)] < 退出 >：

选择要偏移的对象，或 [退出 (E)/ 放弃 (U)] < 退出 >：

命令：

OFFSET

当前设置：删除源 = 否 图层 = 源 OFFSETGAPTYPE=0

指定偏移距离或 [通过 (T)/ 删除 (E)/ 图层 (L)] <6.0000>： 10

选择要偏移的对象，或 [退出 (E)/ 放弃 (U)] < 退出 >：

指定要偏移的那一侧上的点，或 [退出 (E)/ 多个 (M)/ 放弃 (U)] < 退出 >：

选择要偏移的对象，或 [退出 (E)/ 放弃 (U)] < 退出 >：

命令：MIRROR

选择对象：指定对角点：找到 4 个

选择对象： 指定镜像线的第一点：from // 执行点偏移命令。

基点：end // 点捕捉第一条直线端点。

于 < 偏移 >：@0,1 // 自端点位置垂直向上偏移 1 个绘图单位。

指定镜像线的第二点：@-80,0

要删除源对象吗？ [是 (Y)/ 否 (N)] < 否 >：

命令：FILLET

当前设置：模式 = 修剪，半径 = 0.0000

选择第一个对象或 [放弃 (U)/ 多段线 (P)/ 半径 (R)/ 修剪 (T)/ 多个 (M)]：

选择第二个对象，或按住 Shift 键选择对象以应用角点或 [半径 (R)]：

命令：FILLET

当前设置：模式 = 修剪，半径 = 0.0000

选择第一个对象或 [放弃 (U)/ 多段线 (P)/ 半径 (R)/ 修剪 (T)/ 多个 (M)]：

选择第二个对象，或按住 Shift 键选择对象以应用角点或 [半径 (R)]：

命令：FILLET

当前设置：模式 = 修剪，半径 = 0.0000

选择第一个对象或 [放弃 (U)/ 多段线 (P)/ 半径 (R)/ 修剪 (T)/ 多个 (M)]：

选择第二个对象，或按住 Shift 键选择对象以应用角点或 [半径 (R)]：

命令：FILLET

当前设置：模式 = 修剪，半径 = 0.0000

选择第一个对象或 [放弃 (U)/ 多段线 (P)/ 半径 (R)/ 修剪 (T)/ 多个 (M)]：

选择第二个对象，或按住 Shift 键选择对象以应用角点或 [半径 (R)]：

命令：FILLET

当前设置：模式 = 修剪，半径 = 0.0000

选择第一个对象或 [放弃 (U)/ 多段线 (P)/ 半径 (R)/ 修剪 (T)/ 多个 (M)]：

选择第二个对象，或按住 Shift 键选择对象以应用角点或 [半径 (R)]：

命令：FILLET

当前设置：模式 = 修剪，半径 = 0.0000

选择第一个对象或 [放弃 (U)/ 多段线 (P)/ 半径 (R)/ 修剪 (T)/ 多个 (M)]：

选择第二个对象，或按住 Shift 键选择对象以应用角点或 [半径 (R)]：

命令：FILLET

当前设置：模式 = 修剪，半径 = 0.0000

选择第一个对象或 [放弃 (U)/ 多段线 (P)/ 半径 (R)/ 修剪 (T)/ 多个 (M)]：

选择第二个对象，或按住 Shift 键选择对象以应用角点或 [半径 (R)]：

命令：FILLET

当前设置：模式 = 修剪，半径 = 0.0000

选择第一个对象或 [放弃 (U)/ 多段线 (P)/ 半径 (R)/ 修剪 (T)/ 多个 (M)]：

选择第二个对象，或按住 Shift 键选择对象以应用角点或 [半径 (R)]：

4.9 CHAMFER 命令

4.9.1 命令功能

CHAMFER 命令用于在两条直线间绘制一个斜角，或者说在两条非平行线之间创建直线。

4.9.2 激活命令

◆ 命令行：CHAMFER
◆ "修改"菜单：倒角
◆ 工具面板： ，与 fillet 命令同组

4.9.3 命令选项

（1）"距离"。设置倒角至选定边端点的距离。

（2）"角度"。设置第一条线的倒角距离和第一条线的角度设置倒角距离。这是创建倒角的另一种方法。

（3）"方法"。该选项用于控制 AutoCAD 是使用距离法（两个距离）还是角度法（一个距离和一个角度）来创建倒角。

（4）其他选项参见 FILLET 命令。但是对两平行对象，CHAMFER 命令无效。

4.10　MOVE 命令

4.10.1　命令功能

用于将一个或多个对象从原来位置移到新的位置，其大小和方向保持不变。

4.10.2　激活命令

◆ 命令行：MOVE

◆ "修改"菜单：移动

◆ 工具面板：

4.10.3　命令选项

（1）选择对象。指定要移动的对象。

（2）基点。指定移动的起点。

（3）第二点。结合使用第一个点来指定一个矢量，以指明选定对象要移动的距离和方向。

如果按 Enter 键以接受将第一个点用作位移值，则第一个点将被认为是相对 X,Y,Z 位移。例如，如果将基点指定为 100,200，然后在下一个提示下按 Enter 键，则对象将从当前位置沿 X 方向移动 100 个单位，沿 Y 方向移动 200 个单位。

（4）使用特定坐标。如果"动态输入"已启用：依次键入井号（#）、X 值、逗号和 Y 值（例如 #1.0,2.3）。如果"动态输入"已禁用：依次键入 X 值、逗号和 Y 值（例如 1.0,2.3）。

注：在"动态输入"启用时，相对坐标是默认设置。在"动态输入"禁用时，绝对坐标是默认设置。按 F12 键可打开或关闭"动态输入"。

（5）使用相对坐标。相对坐标指定距上一个坐标的距离和方向。

如果"动态输入"已启用：依次键入 X 值、逗号和 Y 值（例如 8.0,7.9）。

如果"动态输入"已禁用：依次键入 at 符号（@）、X 值、逗号和 Y 值（例如 @6.8,6.66）。

（6）位移。指定相对距离和方向。

指定的两点定义一个矢量，指示复制对象的放置离原位置有多远以及以哪个方向放置。

4.11　BREAK 命令

4.11.1　命令功能

BREAK 命令用于删除对象的一部分或将一个对象分成两部分。该命令可用于直线、参照线、射线、圆弧、圆、椭圆、样条曲线、实心圆环、填充多边形以及二维或三维多段线。

4.11.2　激活命令

◆ 命令行：BREAK / BREAKATPOINT

◆ "修改"菜单：打断
◆ "修改"工具栏：□□ 、 □□

4.11.3 命令选项

（1）选择对象。选定需要打断的对象。

（2）第一点。用指定的新点替换原来的第一个打断点。

（3）指定第二个打断点。指定第二个点。AutoCAD 删除对象在两个指定点之间的部分。如果点不在对象上，则 AutoCAD 将选择对象上与之最接近的点。如果输入 @ ，BREAK 命令将对象一分为二并且不删除某个部分。相当于 BREAKATPOINT。如果选择一个圆，AutoCAD 则从第一点逆时针至第二点删除圆的一部分成为圆弧，如图 4-11（a）所示。如果选择一条封闭的多段线，则删除的两点间的部分的方向为从第一个顶点指向最后一个顶点，如图 4-11（b）所示。

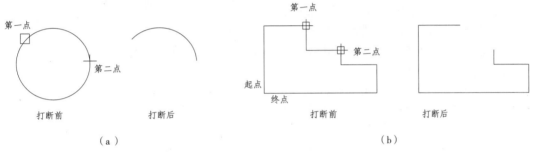

图 4-11 Break 命令的方向性

（a）打断圆；（b）打断闭合多段线

要在单个点处打断选定对象，也可以使用 BREAKATPOINT 命令。可以采用点偏移、极轴追踪方式等来灵活精确定位打断点。

4.12 EXTEND 命令

4.12.1 命令功能

EXTEND 命令用于将对象的一个端点或两个端点延伸到另一个对象上。可延伸的对象包括：直线、圆弧、椭圆弧、开放的二维多段线和射线，可作为延伸边界的对象包括直线、圆弧、椭圆弧、圆、椭圆、二维和三维多段线、射线、参照线、面域、样条曲线、字符串或浮动视口。

4.12.2 激活命令

◆ 命令行：EXTEND
◆ "修改"菜单：延伸
◆ "修改"工具面板：—→┃

4.12.3 命令选项

"O"选项有两种模式可用于扩展对象："快速"模式和"标准"模式。"快速"模式下命令选项为：剪切边、栏选（未列出）、窗交、模式、投影。"标准"模式下执行

EXTEND 命令分两步走，首先选择边界并按 Enter 键确认，其次选择要延伸的对象。要将所有对象用作边界，则需要在首次出现"选择对象"提示时按 Enter 键。命令选项较为复杂，有以下选项：选择边界边 ...、剪切边、栏选、窗交、模式、投影、边。

（1）选择边界边 ... 。使用选定对象来定义对象延伸到的边界。

选择要延伸的对象：指定要延伸的对象。按 Enter 键结束命令。

按住 Shift 键并选择以修剪：将选定对象修剪到最近的边界而不是将其延伸。这是在修剪和延伸之间切换的简便方法。

（2）剪切边。使用其他选定对象来定义对象延伸到的边界。

（3）栏选。选择与选择栏相交的所有对象。选择栏是一系列临时线段，它们是用两个或多个栏选点指定的。选择栏不构成闭合环。

（4）窗交。选择矩形区域（由两点确定）内部或与之相交的对象。

（5）模式。将默认延伸模式设置为"快速"或"标准"模式。

（6）投影。指定延伸对象时使用的投影方法。

无：指定无投影。只延伸与三维空间中的边界相交的对象。

UCS：指定到当前用户坐标系 (UCS) XY 平面的投影。延伸未与三维空间中的边界对象相交的对象。

视图：指定沿当前观察方向的投影。

（7）边。将对象延伸到另一个对象的隐含边，或仅延伸到三维空间中与其实际相交的对象。

延伸：沿其自然路径延伸边界对象以和三维空间中另一对象或其隐含边相交。

不延伸：指定对象只延伸到在三维空间中与其实际相交的边界对象。

（8）放弃。放弃最近由 EXTEND 所做的更改。

EXTEND 命令与 TRIM 命令非常相似，SHIFT 键是联系二者的桥梁，如图 4-12 所示。

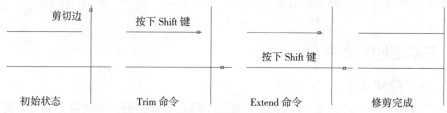

图 4-12　EXTEND 命令与 TRIM 命令之比较

4.13　ARRAY 命令

4.13.1　命令功能

用户可以在均匀隔开的矩形、环形或路径阵列中创建所选择的对象的多个拷贝。

4.13.2　激活命令

◆ 命令行：ARRAY（ARRAYRECT、ARRAYPOLAR、ARRAYPATH）

◆ "修改"菜单：阵列

◆ "修改"工具面板：

执行 ARRAY 命令，AutoCAD 命令要求选择对象，或进一步要求指定阵列的中心点或选择路径，依次响应后，系统将弹出相应的"阵列"工具面板，如图 4-13 所示。

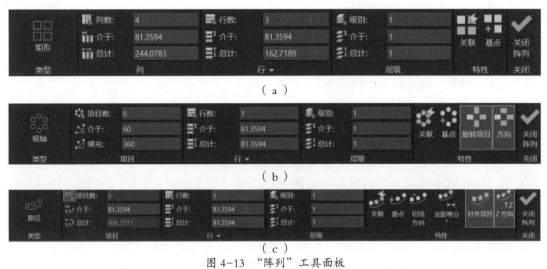

（a）

（b）

（c）

图 4-13 "阵列"工具面板

（a）矩形阵列；（b）环形阵列；（c）路径阵列

4.13.3 工具面板说明

4.13.3.1 矩形阵列

（1）特性。

关联：指定阵列中的对象是关联的还是独立的。是：包含单个阵列对象中的阵列项目，类似于块。使用关联阵列，可以通过编辑特性和源对象在整个阵列中快速传递更改；否：创建阵列项目作为独立对象。更改一个项目不影响其他项目。

基点：定义阵列基点和基点夹点的位置。

（2）行、列、层级。

行间距：（介于）指定从每个对象的相同位置测量的每行之间的距离。

列间距：（介于）指定从每个对象的相同位置测量的每列之间的距离。

列数：设置阵列中的列数。

行数：设置阵列中的行数。

级别：（层）指定三维阵列的层数和层间距。

（3）关闭。

关闭阵列：退出阵列并清除选择。

4.13.3.2 极轴阵列（环形阵列）

通过围绕指定的圆心复制选定对象来创建阵列。圆心是指定分布阵列项目所围绕的点，旋转轴是当前 UCS 的 Z 轴。基点是指定用于在阵列中放置对象的基准参考点。

（1）项目。

项目数：使用值或表达式指定阵列中的项目数。

介于：项目间角度，使用值或表达式指定项目之间的角度。

填充：填充角度，使用值或表达式指定阵列中第一个和最后一个项目之间的角度。

（2）行。

行数：指定环形阵列的环数。

介于：各环之间的距离。

总计：指定从开始和结束对象上的相同位置参考点各环之间的总距离。

（3）层级。

级别：层数，指定阵列中的层数。

介于：层间距，指定层级之间的距离。

总计：全部，指定第一层和最后一层之间的总距离。

（4）特性。

基点 定义阵列基点和基点夹点的位置。

旋转项目 控制在排列项目时是否旋转项目。

方向 控制是否创建顺时针或逆时针阵列。

（5）选项。

编辑来源：激活编辑状态，通过编辑它的一个项目来更新关联阵列。

替换项目：替换选定项目或引用原始源对象的所有项目的源对象。

重置矩阵：恢复已经删除的项目并删除所有替代项。

（6）关闭。

关闭阵列：退出阵列并清除选择。

4.13.3.3 路径阵列

沿路径或部分路径均匀分布对象副本。路径可以是直线、多段线、三维多段线、样条曲线、螺旋、圆弧、圆或椭圆。

（1）项目。

项目数：使用值或表达式指定阵列中的项目数。

介于：使用值或表达式指定阵列中的项目的距离。

总计：指定阵列中第一个和最后一个项目之间的距离。

（2）行。

行数：指定路径阵列的行数。

介于：各行之间的距离。

总计：指定从开始和结束对象上的相同位置参考点各环之间的总距离。

（3）层级。

级别：层数，指定阵列中的层数。

介于：层间距，指定层级之间的距离。

总计：全部，指定第一层和最后一层之间的总距离。

（4）特性。

关联：指定阵列中的对象是关联的还是独立的。*是*：包含单个阵列对象中的阵列项目，类似于块。使用关联阵列，可以通过编辑特性和源对象在整个阵列中快速传递更改。*否*：创建阵列项目作为独立对象。更改一个项目不影响其他项目。

基点：定义阵列基点和基点夹点的位置。

切线方向：指定阵列中的项目如何相对于路径的起始方向对齐。

定数等分 / 定距等分：设置阵列方式，通过控制沿路径的项目数或沿路径的项目之间的距离来阵列对象。

对齐项目：指定是否对齐每个项目以与路径的方向相切。对齐相对于第一个项目的方向。

Z 方向：控制是否保持项目的原始 Z 方向或沿三维路径自然倾斜项目。

（5）关闭。

关闭阵列：退出阵列并清除选择。

项目练习 4-3：绘制雨水口的铁箅子

绘制雨水口的铁箅子，如图 4-14 所示。

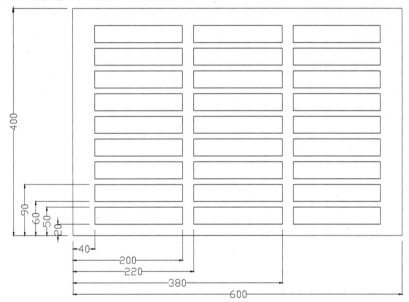

图 4-14　雨水口铁箅子

作图步骤如下。

（1）绘制外廓。

命令：_rectang

指定第一个角点或 [倒角 (C)/ 标高 (E)/ 圆角 (F)/ 厚度 (T)/ 宽度 (W)]：

指定另一个角点或 [尺寸 (D)]：@600,400

命令：z ZOOM

指定窗口角点，输入比例因子 (nX 或 nXP)，或

[全部 (A)/ 中心点 (C)/ 动态 (D)/ 范围 (E)/ 上一个 (P)/ 比例 (S)/ 窗口 (W)] < 实时 >：e

（2）绘制一只网眼。

命令：rec

RECTANG // 捕捉矩形左下角点作为起点。

指定第一个角点或 [倒角 (C)/ 标高 (E)/ 圆角 (F)/ 厚度 (T)/ 宽度 (W)]：from 基点：< 偏移 >：

@40,20

指定另一个角点或 [尺寸 (D)]：@160,30

（3）阵列全部网眼。

命令：_array 找到 1 个

// 选择小矩形作为阵列对象，9 行 3 列，行间距 40，列间距 180。

项目练习 4-4：绘制护坡桩、帷幕桩、CFG 桩局部平面图

某项目护坡桩、帷幕桩、CFG 桩桩径、桩间距如图 4-15 所示。

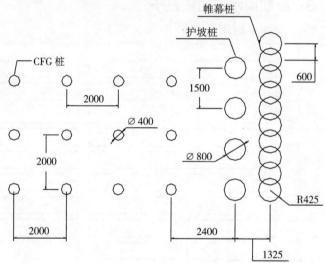

图 4-15 某项目护坡桩、帷幕桩、CFG 桩局部平面图

作图步骤如下。

（1）绘制 CFG 桩。

命令：C

CIRCLE

指定圆的圆心或 [三点 (3P)/ 两点 (2P)/ 切点、切点、半径 (T)]：

指定圆的半径或 [直径 (D)] <400.0000>：d

指定圆的直径 <800.0000>：400

命令：_arrayrect

选择对象：指定对角点：找到 1 个

选择对象：

类型 = 矩形 关联 = 否

选择夹点以编辑阵列或 [关联 (AS)/ 基点 (B)/ 计数 (COU)/ 间距 (S)/ 列数 (COL)/ 行数 (R)/ 层数 (L)/ 退出 (X)] < 退出 >：col

输入列数数或 [表达式 (E)] <4>：4

指定 列数 之间的距离或 [总计 (T)/ 表达式 (E)] <600>：2000

选择夹点以编辑阵列或 [关联 (AS)/ 基点 (B)/ 计数 (COU)/ 间距 (S)/ 列数 (COL)/ 行数 (R)/ 层数 (L)/ 退出 (X)] < 退出 >：r

输入行数数或 [表达式 (E)] <3>：3

指定 行数 之间的距离或 [总计 (T)/ 表达式 (E)] <600>：2000

指定 行数 之间的标高增量或 [表达式 (E)] <0>：

选择夹点以编辑阵列或 [关联 (AS)/ 基点 (B)/ 计数 (COU)/ 间距 (S)/ 列数 (COL)/ 行数 (R)/ 层数 (L)/ 退出 (X)] < 退出 >：

（2）绘制护坡桩、幕桩。

命令：_copy 找到 1 个 *// 选中右下角的 CFG 桩，复制出护坡桩、幕桩的雏形。*

当前设置： 复制模式 = 多个

指定基点或 [位移 (D)/ 模式 (O)] < 位移 >：

指定第二个点或 [阵列 (A)] < 使用第一个点作为位移 >：@2400,0

指定第二个点或 [阵列 (A)/ 退出 (E)/ 放弃 (U)] < 退出 >：@3725,0

指定第二个点或 [阵列 (A)/ 退出 (E)/ 放弃 (U)] < 退出 >：

命令：_properties

// 选中护坡桩，点击鼠标右键激活快捷菜单，进入特性选项板，如图 4-16，修改圆直径为 800 命令。

命令：* 取消 *

命令：

命令：_properties

// 参照上步，修改帷幕桩直径为 850。

命令：

命令：* 取消 *

几何图形	−
圆心 X 坐标	2559174.7222
圆心 Y 坐标	96148.5481
圆心 Z 坐标	0
半径	400
直径	800

图 4-16 通过特性选项板修改圆直径

命令：_arrayrect 找到 1 个 *// 矩形阵列护坡桩，1 列，4 行，行间距 1500。*

类型 = 矩形 关联 = 否

选择夹点以编辑阵列或 [关联 (AS)/ 基点 (B)/ 计数 (COU)/ 间距 (S)/ 列数 (COL)/ 行数 (R)/ 层数 (L)/ 退出 (X)] < 退出 >：

选择夹点以编辑阵列或 [关联 (AS)/ 基点 (B)/ 计数 (COU)/ 间距 (S)/ 列数 (COL)/ 行数 (R)/ 层数 (L)/ 退出 (X)] < 退出 >：

选择夹点以编辑阵列或 [关联 (AS)/ 基点 (B)/ 计数 (COU)/ 间距 (S)/ 列数 (COL)/ 行数 (R)/ 层数 (L)/ 退出 (X)] < 退出 >：

选择夹点以编辑阵列或 [关联 (AS)/ 基点 (B)/ 计数 (COU)/ 间距 (S)/ 列数 (COL)/ 行数 (R)/ 层数 (L)/ 退出 (X)] < 退出 >：

选择夹点以编辑阵列或 [关联 (AS)/ 基点 (B)/ 计数 (COU)/ 间距 (S)/ 列数 (COL)/ 行数 (R)/ 层数 (L)/ 退出 (X)] < 退出 >: *取消*

命令:

命令:

命令:

命令: _arrayrect 找到 1 个 // 矩形阵列帷幕桩, 1 列, 10 行, 行间距 600。

类型 = 矩形 关联 = 否

选择夹点以编辑阵列或 [关联 (AS)/ 基点 (B)/ 计数 (COU)/ 间距 (S)/ 列数 (COL)/ 行数 (R)/ 层数 (L)/ 退出 (X)] < 退出 >:

选择夹点以编辑阵列或 [关联 (AS)/ 基点 (B)/ 计数 (COU)/ 间距 (S)/ 列数 (COL)/ 行数 (R)/ 层数 (L)/ 退出 (X)] < 退出 >:

选择夹点以编辑阵列或 [关联 (AS)/ 基点 (B)/ 计数 (COU)/ 间距 (S)/ 列数 (COL)/ 行数 (R)/ 层数 (L)/ 退出 (X)] < 退出 >:

选择夹点以编辑阵列或 [关联 (AS)/ 基点 (B)/ 计数 (COU)/ 间距 (S)/ 列数 (COL)/ 行数 (R)/ 层数 (L)/ 退出 (X)] < 退出 >: *取消*

项目练习 4-5：绘制护坡桩横截面配筋图

某项目护坡桩横截面配筋图如图 4-17。

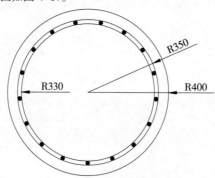

图 4-17 某项目护坡桩横截面配筋图

作图步骤如下。

（1）绘制桩外径。

命令: C

CIRCLE

指定圆的圆心或 [三点 (3P)/ 两点 (2P)/ 切点、切点、半径 (T)]:

指定圆的半径或 [直径 (D)]: 400

命令:

命令:

（2）有应用 offset 命令绘制另外 2 个圆。

命令: _offset

当前设置: 删除源 = 否 图层 = 源 OFFSETGAPTYPE=0

指定偏移距离或 [通过 (T)/ 删除 (E)/ 图层 (L)] < 通过 >： 50

选择要偏移的对象，或 [退出 (E)/ 放弃 (U)] < 退出 >：

指定要偏移的那一侧上的点，或 [退出 (E)/ 多个 (M)/ 放弃 (U)] < 退出 >：

选择要偏移的对象，或 [退出 (E)/ 放弃 (U)] < 退出 >：

命令： OFFSET

当前设置：删除源 = 否　图层 = 源　OFFSETGAPTYPE=0

指定偏移距离或 [通过 (T)/ 删除 (E)/ 图层 (L)] <50.0000>： 20

选择要偏移的对象，或 [退出 (E)/ 放弃 (U)] < 退出 >：

指定要偏移的那一侧上的点，或 [退出 (E)/ 多个 (M)/ 放弃 (U)] < 退出 >：

选择要偏移的对象，或 [退出 (E)/ 放弃 (U)] < 退出 >：

（3）应用 DONUT 命令绘制钢筋。

命令：_donut

指定圆环的内径 <0.0000>：

指定圆环的外径 <20.0000>：

指定圆环的中心点或 < 退出 >：　// 捕捉外圆底部象限点。

指定圆环的中心点或 < 退出 >：

（4）将实心圆向上移动 10 个单位。

命令：指定对角点或 [栏选 (F)/ 圈围 (WP)/ 圈交 (CP)]：

命令：

命令：_move 找到 1 个

指定基点或 [位移 (D)] < 位移 >：

指定第二个点或 < 使用第一个点作为位移 >：@10<90

命令：* 取消 *

（5）环形阵列其他实心圆。

命令：_arraypolar

选择对象：指定对角点：找到 1 个

选择对象：

类型 = 极轴　关联 = 否

指定阵列的中心点或 [基点 (B)/ 旋转轴 (A)]：　// 指定大圆圆心为阵列中心点

选择夹点以编辑阵列或 [关联 (AS)/ 基点 (B)/ 项目 (I)/ 项目间角度 (A)/ 填充角度 (F)/ 行 (ROW)/ 层 (L)/ 旋转项目 (ROT)/ 退出 (X)] < 退出 >：

选择夹点以编辑阵列或 [关联 (AS)/ 基点 (B)/ 项目 (I)/ 项目间角度 (A)/ 填充角度 (F)/ 行 (ROW)/ 层 (L)/ 旋转项目 (ROT)/ 退出 (X)] < 退出 >：

// 在阵列创建 工具选项卡中设定项目数为 17，填充包含角 360。如图 4–18。

类型	项目	
极轴	项目数：	17
	介于：	21
	填充：	360

图 4-18　阵列创建设置局部

4.14 SCALE 命令

4.14.1 命令功能

在 X、Y 和 Z 方向按比例放大或缩小对象。

4.14.2 激活命令

◆ 命令行：SCALE

◆ "修改"菜单：缩放

◆ "修改"工具面板：

◆ 快捷菜单：选择要缩放的对象，然后在绘图区域中单击右键并选择"缩放"

4.14.3 命令选项

（1）基点。指定缩放时的基准点（即缩放中心点）。

（2）比例因子。大于 1 的比例因子使对象放大。介于 0 和 1 之间的比例因子使对象缩小。

（3）参照。按参照长度和指定的新长度缩放所选对象。

4.15 STRETCH 命令

4.15.1 命令功能

STRETCH 命令可以在一个方向上或是按比例增大或缩小对象，从而调整对象大小。也可以移动对象，类似 MOVE 命令。

4.15.2 激活命令

◆ 命令行：STRETCH

◆ "修改"菜单：拉伸

◆ "修改"工具面板：

4.15.3 命令选项

（1）选择对象。

窗选必须至少包含一个顶点或端点。AutoCAD 提示以交叉或交叉多边形选择要拉伸的对象，但是 AutoCAD 也支持窗口、框选和圈围的选择方式。AutoCAD 可拉伸与选择窗口相交的圆弧、椭圆弧、直线、多段线线段、二维实体、射线、宽线和样条曲线。STRETCH 移动窗口内的端点，而不改变窗口外的端点。AutoCAD 移动在窗口或多边形内的所有对象。换句话说，部分被选中的对象可能被改变大小，完全被选中的对象只能被移动，不改变大小。单独选定的任何对象也只能被移动。

（2）基点或位移。

以相对笛卡尔坐标、极坐标、柱坐标或球坐标的形式输入位移。无需包含 @ 符号，因为相对坐标是假设的。如果输入第二点，对象将从基点到第二点拉伸矢量距离。如果在"位移第二点"提示下按 ENTER 键，STRETCH 将把第一点当作 X,Y 位移值。也可以用定点设备指定拉伸基点，然后指定第二点，以确定距离和方向。

4.16 ROTATE 命令

4.16.1 命令功能

ROTATE 命令用于绕指定点旋转对象。旋转方向取决于角度值和"图形单位"对话框中的"方向控制"设置。

4.16.2 激活命令

◆ 命令行：ROTATE

◆ "修改"菜单：旋转

◆ "修改"工具面板：

◆ 快捷菜单：选择要旋转的对象，然后在绘图区域单击右键并选择"旋转"

4.16.3 命令选项

（1）"旋转角度"。确定对象绕基点旋转的角度。旋转轴通过指定的基点，并且平行于当前用户坐标系的 Z 轴。

（2）"参照"。指定当前的绝对旋转角度和所需的新旋转角度。用于将对象与用户坐标系的 X 轴和 Y 轴对齐，或者与图形中的几何特征对齐。

4.17 EXPLODE 命令

4.17.1 命令功能

合成对象由多个 AutoCAD 对象组成。EXPLODE 命令用于将合成对象分解为其部件对象。

4.17.2 激活命令

◆ 命令行：EXPLODE

◆ "修改"菜单：分解

◆ "修改"工具面板：

4.17.3 命令说明

分解对象的颜色、线型和线宽都可能会改变，其结果取决于所分解的合成对象的类型。

二维和优化多段线：忽略所有相关线宽或切线信息。对于宽多段线，AutoCAD 沿多段线中心放置所得的直线和圆弧。

圆弧：如果位于非一致比例的块内，则分解为椭圆弧。

块：一次删除一个编组级。如果一个块包含一个多段线或嵌套块，那么对该块的分解就首先显露出该多段线或嵌套块，然后再分别分解该块中的各个对象。具有相同 X、Y、Z 比例的块将分解成它们的部件对象。具有不同 X、Y、Z 比例的块（非一致比例块）可能分解成意外的对象。分解一个包含属性的块将删除属性值并重显示属性定义。不能分解用 MINSERT 和外部参照插入的块以及外部参照依赖的块。

圆：如果位于非一致比例的块内，则分解为椭圆。

多行文字：分解成文字对象。

多线：分解成直线和弧。

多面网格：单顶点网格分解成点对象；双顶点网格分解成直线；三顶点网格分解成三维面。

面域：分解成直线、圆弧或样条曲线。

4.18 GROUP 命令

4.18.1 命令功能

编组 (Group) 是 AutoCAD 保存的对象集，编组提供了以组为单位操作图形元素的简单方法，可以根据需要对编组进行选择和编辑。

GROUP 命令用来创建新对象集和处理已保存的对象集。

4.18.2 激活命令

◆ 命令行：GROUP

◆ 默认选项卡 组工具面板

4.18.3 命令说明

选择对象：指定应编组的对象。

名称：为所选项目的编组指定名称。

说明：添加编组的说明。使用星号 (*) 列出现有的编组时，可以通过 GROUPEDIT 或 –GROUP 命令来显示说明。

4.19 MLEDIT 命令

4.19.1 命令功能

MLEDIT 命令用于修改两条或多条多线的交点及封口样式。MLEDIT 命令提供的工具可用于处理交点 (十字形或 T 字形)、添加与删除顶点、剪切与接合多线。

4.19.2 激活命令

◆ 命令行：MLEDIT

◆ "修改"菜单：对象→多线

AutoCAD 显示"多线编辑工具"对话框，如图 4–19 所示。

4.19.3 对话框说明

要选择一个选项，只要选择对话框中平铺的图像即可，AutoCAD 将显示与图像对应的提示信息。"多线编辑工具"对话框中的第一列用于处理十字交叉的

图 4–19 "多线编辑工具"对话框

多线，第二列用于处理T形相交的多线，第三列用于处理多线的拐角处或添加与删除顶点，第四列用于剪切或接合多线。双击对话框中平铺的图像即可激活相应的编辑选项。

（1）"十字闭合"。剪切第一条多线的组成元素，保持第二条多线不被修改。

（2）"十字打开"。在两条多线之间创建打开的十字交点。打断第一条多线的所有元素并仅打断第二条多线的外部元素。

（3）"十字合并"。剪切全部多线的所有元素。

（4）"T形闭合"。修剪第一条多线或将它延伸到与第二条多线的交点处，在两条多线之间创建闭合的T形交点。

（5）"T形打开"。AutoCAD 将第一条多线修剪或延伸到与第二条多线的交点处。在两条多线之间创建打开的T形交点。

（6）"T形合并"。第一条多线的中心线要延伸到与之相交的多线的中心处外，在两条多线之间创建合并的T形交点。

（1）~（6）项的编辑效果参见图 4-20。

图 4-20　多线编辑效果图

（7）"角点结合"。通过拉长和缩短每一条多线而生成角点。

（8）"添加顶点"。向多线上添加顶点。

（9）"删除顶点"。从多线上删除顶点。

（10）"单个剪切"。剪切多线上的选定元素的两剪切点之间的线段。

（11）"全部剪切"。剪切多线上指定两点间的一部分。

（12）"全部接合"。将已被剪切的多线线段重新接合起来。

4.20　PEDIT 命令

4.20.1　命令功能

编辑多段线，主要有以下功能：

（1）合并多段线线段。如果直线、圆弧或另一条多段线的端点相互连接或接近，则可以将它们合并到打开的多段线。如果端点不重合，而是相距一段可设定的距离(称为模糊距离)，则通过修剪、延伸或将端点用新的线段连接起来的方式来合并端点。

（2）修改的多段线的特性。如果被合并到多段线的若干对象的特性不相同，则得到的多段线将继承选定的第一个对象的特性。一旦完成了合并，就可以拟合新的样条曲线生成多段线。

（3）闭合。创建多段线的闭合线，将首尾连接。

（4）宽度。为整个多段线指定新的统一宽度。

（5）编辑顶点。在屏幕上绘制 X 标记多段线的第一个顶点。如果已指定此顶点的切线方向，则在此方向上绘制箭头。

（6）拟合。创建连接每一对顶点的平滑圆弧曲线。曲线经过多段线的所有顶点并使用任何指定的切线方向。

（7）非曲线化。删除圆弧拟合或样条曲线拟合多段线插入的其他顶点并拉直所有多段线线段。

（8）线型生成。生成经过多段线顶点的连续图案线型。此选项关闭时，AutoCAD 生成始末顶点处为虚线的线型。

圆不能转化为多段线，但可以使用 PLINE 的 Arc 选项绘制 360°弧。DONUT(圆环)命令也可绘制与多段线性质相似的圆。

4.20.2 激活命令

◆ 命令行：PEDIT
◆ "修改"菜单：对象多段线
◆ 面板："修改"面板
◆ 快捷菜单：选择要编辑的多段线，在绘图区域单击右键，然后选择"编辑多段线"

4.20.3 命令选项

（1）选择多段线。指定要使用的单个多段线。

选定的对象不是多段线 是否将其转换为多段线？在选定的对象不是多段线时显示。输入 y 以将对象转换为多段线，或输入 n 以清除选择。

（2）多个。指定要选择多个对象。选择二维多段线时，命令选项如下：

闭合(c)：创建闭合的多段线。

打开(o)：删除用 Close 选项所画的多段线的闭合段。如果绘制多段线闭合段时没有使用 Close 选项，而是将线画回到起点(手工闭合)，则此位置选项显示为 Close，无 Open 选项。

合并(j)：合并连续的直线、圆弧或多段线。将线弧及其他多段线连接到与之端点相连的被选择编辑的多段线上。这非常有助于将两条单独的多段线连接到一起，使之作为一条多段线进行操作。此选项仅用于不闭合的多段线以上且不能连接与多段线分离的线段。穿过多段线的对象也不能连接。

宽度(w)：指定整个多段线的新的统一宽度。

编辑顶点(e)：在屏幕上绘制 X 标记多段线的第一个顶点。如果已指定此顶点的切线方向，则在此方向上绘制箭头。

（3）拟合(调整)。创建圆弧拟合多段线（由圆弧连接每对顶点的平滑曲线）。曲线经过多段线的所有顶点并使用任何指定的切线方向。

（4）样条曲线。使用选定多段线的顶点作为近似 B 样条曲线的曲线控制点或控制框架。该曲线（称为样条曲线拟合多段线）将通过第一个和最后一个控制点，除非原多段线是闭合的。曲线将会被拉向其他控制点但并不一定通过它们。在框架特定部分指定的控制点越多，曲线上这种拉拽的倾向就越大。可以生成二次和三次拟合样条曲线多段线。

（5）非曲线化。删除由拟合曲线或样条曲线插入的多余顶点，拉直多段线的所有线段。保留指定给多段线顶点的切向信息，用于随后的曲线拟合。

（6）线型生成。生成经过多段线顶点的连续图案线型。关闭此选项，将在每个顶点处以点划线开始和结束生成线型。"线型生成"不能用于带变宽线段的多段线。

（7）反转。反转多段线顶点的顺序。使用此选项可反转使用包含文字线型的对象的方向。例如，根据多段线的创建方向，线型中的文字可能会倒置显示。

（8）放弃。还原操作，可一直返回到 PEDIT 任务开始时的状态。

4.21 SPLINEDIT 命令

4.21.1 命令功能

编辑样条曲线，修改样条曲线的特性。可修改的特性包括：拟合点的数量与位置、端点特性，如打开/闭合、切线方向以及样条曲线的公差（表示样条曲线与拟合点集的接近程度）。

4.21.2 激活命令

◆ 命令行：SPLINEDIT

◆ "修改"菜单：对象→样条曲线

◆ 面板："修改"面板

4.21.3 命令选项

（1）选择样条曲线。指定要修改的样条曲线。

（2）闭合/打开。显示下列选项之一，具体取决于选定的样条曲线是开放还是闭合的。开放的样条曲线有两个端点，而闭合的样条曲线则形成一个环。

闭合：通过定义与第一个点重合的最后一个点，闭合开放的样条曲线。默认情况下，闭合的样条曲线是周期性的，沿整个曲线保持曲率连续性。

打开：通过删除最初创建样条曲线时指定的第一个和最后一个点之间的最终曲线段可打开闭合的样条曲线。

（3）合并。将选定的样条曲线与其他样条曲线、直线、多段线和圆弧在重合端点处合并，以形成一个较大的样条曲线。对象在连接点处使用扭折连接在一起。

（4）拟合数据。使用下列选项编辑拟合点数据：

添加：将拟合点添加到样条曲线。选择一个拟合点后，指定要以下一个拟合点（将自动亮显）方向添加到样条曲线的新拟合点。如果在开放的样条曲线上选择了最后一个拟合点，则新拟合点将添加到样条曲线的端点。如果在开放的样条曲线上选择第一个拟合点，则可以选择将新拟合点添加到第一个点之前或之后。

闭合/打开。显示下列选项之一，具体取决于选定的样条曲线是开放还是闭合的。开放的样条曲线有两个端点，而闭合的样条曲线则形成一个环。闭合，通过定义与第一个点重合的最后一个点，闭合开放的样条曲线。默认情况下，闭合的样条曲线是周期性的，沿整个曲线保持曲率连续性 (C2)；打开，通过删除最初创建样条曲线时指定的第一个和最后一个点之间的最终曲线段，可打开闭合的样条曲线。

删除：从样条曲线删除选定的拟合点。

扭折：在样条曲线上的指定位置添加节点和拟合点，这不会保持在该点的相切或曲率连续性。

移动：将拟合点移动到新位置。

清理：删除选定的样条曲线的拟合数据。

相切：编辑起点和端点的切线方向。

公差：修改拟合当前样条曲线的公差。

退出：退出"拟合数据"选项并返回到主选项的提示。

（5）编辑顶点。使用下列选项编辑控制框数据：

添加：在位于两个现有的控制点之间的指定点处添加一个新控制点。

删除：删除选定的控制点。

提高阶数：增大样条曲线的多项式阶数（阶数加 1），即增加整个样条曲线的控制点的数量。最大值为 26。

移动：重新定位选定的控制点。

权值：更改指定控制点的权值。根据指定控制点的新权值重新计算样条曲线。权值越大，样条曲线越接近控制点。

退出：返回到前一个提示。

（6）转换为多段线。将样条曲线转换为多段线。精度值决定生成的多段线与样条曲线的接近程度。有效值为介于 0 到 99 之间的任意整数。

（7）反转。反转样条曲线的方向。此选项主要适用于第三方应用程序。

（8）放弃。取消上一操作。

（9）退出。结束该命令。

4.22　夹点编辑

夹点是一些实心的小方框，使用鼠标指定对象时，对象关键点上将出现夹点。可以拖动这些夹点快速拉伸、移动、旋转、缩放或镜像对象。与用修改命令编辑对象的方法不同，使用夹点编辑对象不需要调用任一个 AutoCAD 修改命令。

4.22.1　启用夹点

要使用夹点编辑对象，首先需要启用夹点功能，这一设置在"选项"对话框中完成，打开"选项"对话框"选择集"选项卡的方法是：

◆ 命令行：DDSELECT

◆ "选项"对话框→"选择集"选项卡

注：*"选项"对话框可以通过绘图窗口或命令行区域快捷菜单来激活*

AutoCAD 将显示"选项"对话框"选择集"选项卡，如图 4-21 所示。

（1）"拾取框大小"。通过"拾取框大小"框中的滑块调整拾取框的大小。

（2）"选择模式"。控制与对象选择方法相关的设置。

先选择后执行：控制在发出命令之前（先选择后执行）还是之后选择对象。

用 Shift 键添加到选择集：控制后续选择项是替换当前选择集还是添加到其中。

对象编组：选择编组中的一个对象就选择了编组中的所有对象。

关联图案填充：确定选择关联图案填充时将选定哪些对象。如果选择该选项，那么选择关联图案填充时也选定边界对象。

隐含选择窗口中的对象：在对象外选择了一点时，初始化选择窗口中的图形。从左向右绘制选择窗口将选择完全处于窗口边界内的对象。从右向左绘制选择窗口将选择处于窗口边界内和与边界相交的对象。

允许按住并拖动对象：控制窗口选择方法。如果未选择此选项，则可以用定点设备单击两个单独的点来绘制选择窗口。

允许按住并拖动以进行套索选择：控制窗口选择方法。如果未选择此选项，则可以用定点设备单击并拖动来绘制选择套索。

窗口选择方法：使用下拉列表来更改 PICKDRAG 系统变量的设置。

"特性"选项板中的对象限制：确定可以使用"特性"和"快捷特性"选项板一次更改的对象数的限制。

选择效果颜色：列出应用于选择效果的可用颜色设置。

（3）"夹点大小"。滑动条用于控制 AutoCAD 中夹点的显示尺寸。在拖动滑块的过程中，左侧的图像将显示与滑块对应的夹点尺寸。对于 4K 或更高分辨率的监视器，像素和设备独立像素 (DIP) 之间的比率为：像素 = DIP*DPI/96；对于分辨率较低的监视器（100% 缩放或 96 DPI），此设置以像素为单位。还可以用 GRIPSIZE 系统变量设置"夹点大小"。

（4）"夹点"。控制与夹点相关的设置。

图 4-21 "选项"对话框（选择集）

夹点：在对象被选中后，其上将显示夹点，即一些小方块。

夹点颜色：显示"夹点颜色"对话框，可以在其中指定不同夹点状态和元素的颜色。

显示夹点：控制夹点在选定对象上的显示。在图形中显示夹点会明显降低性能。清除此选项可优化性能。

在块中显示夹点：控制块中夹点的显示。

显示夹点提示：当光标悬停在支持夹点提示的自定义对象的夹点上时，显示夹点的特定提示。此选项对标准对象上无效。

显示动态夹点菜单：控制在将鼠标悬停在多功能夹点上时动态菜单的显示。

允许按 Ctrl 键循环改变对象编辑方式行为：允许多功能夹点的按 Ctrl 键循环改变对象编辑方式行为。

对组显示单个夹点：显示对象组的单个夹点。

对组显示边界框：围绕编组对象的范围显示边界框。

选择对象时限制显示的夹点数：选择集包括的对象多于指定数量时，不显示夹点。有效值的范围从 1 到 32767。默认设置是 100。

（3）功能区选项。"上下文选项卡状态"按钮 将显示"功能区上下文选项卡状态选项"对话框，从中可以为功能区上下文选项卡的显示设置对象选择设置。

（4）预览。当拾取框光标滚动过对象时，亮显对象。

命令处于活动状态时：仅当某个命令处于活动状态并显示"选择对象"提示时，才会显示选择预览。

未激活任何命令时：即使未激活任何命令，也可显示选择预览。

视觉效果设置：显示"视觉效果设置"对话框。

命令预览：控制是否可以预览激活的命令的结果。

特性预览：控制在将鼠标悬停在控制特性的下拉列表和库上时，是否可以预览对当前选定对象的更改。

注：*特性预览仅在功能区和"特性"选项板中显示。在其他选项板中不可用。*

4.22.2 使用夹点

使用夹点进行编辑，可大大提高编辑图形的效率。

（1）捕捉到夹点。当拖动光标经过夹点时，AutoCAD 将自动捕捉到夹点上。通过这种方法可以得到图形的精确位置，而不需要使用栅格、捕捉、正交、对象捕捉或坐标输入等工具。

（2）夹点的状态。当用光标选择了一个夹点时，此夹点就成为热点。该点为编辑时的基准点。在选择夹点时按住 Shift 键，可以使多个夹点成为热点。如果没有用光标选择一个位于当前选择集中的对象，这时对象的夹点称为温点。

（3）清除夹点。要从选择集中清除夹点，按两次 Esc 键。第一次按 Esc 键将使所有的温点变为冷点，第二次按 Esc 键将清除夹点。当调用 AutoCAD 中的非修改命令，如 LINE 或 CIRCLE，AutoCAD 将从选择集中清除夹点。

（4）使用夹点。要使用夹点编辑选定的对象，在"命令："提示下指定一个夹点作为编辑操作的基准点。可执行的操作包括拉伸、移动、旋转、缩放、镜像。按住空格键或 Enter 键、从键盘输入快捷方式或单击右键调用快捷菜单，将循环切换这些操作模式。要取消夹点操作，输入 X(夹点操作中的"退出"选项)，AutoCAD 将返回到"命令："提示下。

另外，还可以组合使用当前的夹点模式与多重复制方式对选择集中的对象进行操作。

项目练习 4-6：绘制横向 A4 规格的简单图框及图签

基于图 4-22 绘制横向 A4 规格的简单图框及图签。

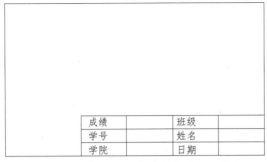

成绩		班级	
学号		姓名	
学院		日期	

图 4-22　横向 A4 规格的简单图框及图签

作图步骤如下。

（1）应用夹点编辑复制 A4 图框图签至右侧 400 绘图单位。

命令：

** 拉伸 **

指定拉伸点或 [基点 (B)/ 复制 (C)/ 放弃 (U)/ 退出 (X)]：

** MOVE **

指定移动点 或 [基点 (B)/ 复制 (C)/ 放弃 (U)/ 退出 (X)]：c

** MOVE (多个) **

指定移动点 或 [基点 (B)/ 复制 (C)/ 放弃 (U)/ 退出 (X)]：@400,0

** MOVE (多个) **

指定移动点 或 [基点 (B)/ 复制 (C)/ 放弃 (U)/ 退出 (X)]：* 取消 *

（2）应用夹点编辑水平移动图签至左侧，图签最右侧端点相交于左侧图框。

命令：

** 拉伸 **

指定拉伸点或 [基点 (B)/ 复制 (C)/ 放弃 (U)/ 退出 (X)]：

** MOVE **

指定移动点 或 [基点 (B)/ 复制 (C)/ 放弃 (U)/ 退出 (X)]：

命令：* 取消 *

（3）应用夹点编辑拉伸图框，水平方向整体扩展成 297 宽度。

命令：_stretch

以交叉窗口或交叉多边形选择要拉伸的对象 …

选择对象：指定对角点：找到 3 个　// 交叉窗口选择右侧边框全部，上下边框部分。

选择对象：

指定基点或 [位移 (D)] < 位移 >：

指定第二个点或 < 使用第一个点作为位移 >：　@87,0

命令：

（4）应用夹点编辑拉伸图框，垂直方向整体减少成 210 高度。

命令：_stretch

以交叉窗口或交叉多边形选择要拉伸的对象 …

选择对象：指定对角点：找到 3 个　// 交叉窗口选择左右侧边框部分，顶部边框全部。

选择对象：

指定基点或 [位移 (D)] < 位移 >:

指定第二个点或 < 使用第一个点作为位移 >: @0,-87

命令：指定对角点或 [栏选 (F)/ 圈围 (WP)/ 圈交 (CP)]:

（5）夹点编辑移动图签，右侧端点对齐右侧图框。

命令：

** 拉伸 **

指定拉伸点或 [基点 (B)/ 复制 (C)/ 放弃 (U)/ 退出 (X)]:

** MOVE **

指定移动点 或 [基点 (B)/ 复制 (C)/ 放弃 (U)/ 退出 (X)]:

命令：* 取消 *

项目练习 4-7：

在水文地球化学中常用 PIPER 图来展示大量水样水化学分析数据，如图 4-23 所示。现绘制该图，作图步骤如下。

（1）启用极轴追踪，追踪角 30。

（2）绘制一个边长为 10 的正三角形。

命令：l

LINE 指定第一点：

指定下一点或 [放弃 (U)]: 10 // 追踪角为 0。

指定下一点或 [放弃 (U)]: 10 // 追踪角为 120。

指定下一点或 [闭合 (C)/ 放弃 (U)]: c

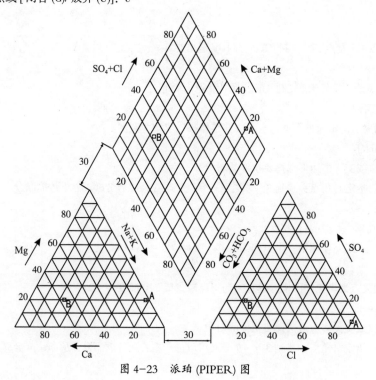

图 4-23　派珀 (PIPER) 图

（3）绘制三角形网格。

① 绘制最底层三角形。

命令：_array

选择对象：指定对角点：找到 3 个 *// 选择三角形，1 行 10 列，列间距 10。*

② 绘制第 2 层三角形。

命令：_copy

选择对象：指定对角点：找到 3 个 *// 选择最左侧小三角形。*

选择对象：

指定基点或位移，或者 [重复 (M)]: *// 指定该小三角形左下角点作基点。*

指定位移的第二点或 < 用第一点作位移 >: *// 捕捉该小三角形顶点。*

命令：_array 找到 3 个 *// 选择刚复制的三角形，1 行 9 列，列间距 10。*

③ 绘制其余三角形

重复步骤 2)，完成其他三角形。

（4）复制右侧三角形网格。

命令：_copy

选择对象：指定对角点：找到 165 个

选择对象：

指定基点或位移，或者 [重复 (M)]: 指定位移的第二点或 < 用第一点作位移 >: 130

// 追踪角为 0。

（5）完成菱形网格。

命令：_copy

选择对象：指定对角点：找到 165 个 *// 选择左侧三角形网格。*

选择对象：

指定基点或位移，或者 [重复 (M)]: 指定位移的第二点或 < 用第一点作位移 >: 130

// 追踪角为 60。

命令：_mirror *// 采用镜像命令完成菱形网格下半部分。*

选择对象：指定对角点：找到 165 个

选择对象：

指定镜像线的第一点：指定镜像线的第二点：

是否删除源对象？ [是 (Y)/ 否 (N)] <N>:

（6）添加文字、数据点。

具体步骤略。

思考题

1. FILLET、CHAMFER 命令有何联系？

2. SCALE 命令能在 X 轴和 Y 轴方向上对对象进行不同的比例操作吗？

3. ARRAY 命令有几种阵列方式，各需要那些参数？

4. 打开一幅图形，分别用（1）"窗口 (W)"、（2）"窗交 (C)"、（3）"框选 (BOX)"三种方式选择对象，比较他们的异同。

5. EXPLODE 命令作用于多线的结果是什么?

6. 如果想要编辑一个对象，该对象不是最后绘制的，却是最后被选择的，什么选项能否允许用户选择该对象?

7. 移动一个对象时，移动对象的起始点是否必须在所选择的对象上?

8. 不同类型的对象 (如直线和圆弧) 是否可以用圆角连接?

第 5 章

图块、光栅图像与
外部参照

5.1 概述

AutoCAD 图形中可以方便调用已经绘制好的图形,并把这部分图形当作一个整体来操作,也可以再次分解该部分图形。这部分图形通常被设计成图块,简称块,是由一个或多个对象创建的集合,可以按指定的名称保存。当块被插入到图形中时,它们可以被整体地缩放,也可以分别沿 X 轴方向和 Y 轴方向放大或缩小,还可以旋转一定角度。应用块主要具有以下优点:

(1)效率高。应用块可以快速地重复绘制同一对象或同一组对象,因此节省了大量的绘图时间。块被当作一个实体在图中调用,便于修改、插入、重定位、复制和重定义。包含其他块的块称作嵌套块,使用嵌套块可以简化复杂块定义的结构。应用块可以建立图形库,大大提高会图效率。

(2)节省存储空间。因为计算机只需将图形对象存储一次,而不管在图形中引用了多少次,所以节省了计算机的存储空间。

(3)块拥有属性。属性是与块相关联的文本。例如"门",要求有尺寸、材料、参考价格和供应商等信息就能够作为一个属性保存在"门"图块中。这种文本就称为属性,能随着块的每一次引用而被修改。属性也可以从图中提取出来,例如可以从图形中得到一个有关门的明细表。

正因为具有诸多优点,块在各行各业中都得到了广泛应用,参见图 5-1。

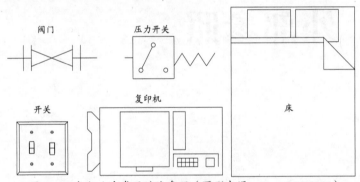

图 5-1 各行业中常用的块参照(图形来源,AutoCAD2004)

此外,AutoCAD 通过外部参照管理器允许在绘制当前图形时插入外部图形,同时该外部图形保持自己的完整性及独立性,这就是所谓的外部参照。CAD 图形被当作块插入图形时,其和图形融为一体而成为图形的一部分,但是 CAD 图形被当作外部参照时情况则不同。AutoCAD 图形或光栅图像都可以作为外部参照被当前 AutoCAD 图形引用,这种情况下该图形或图像不是图形文件的实际组成部分。也就是说当前图形中保存的外部参照的唯一信息是外部参照的名称和路径。

5.2 图块

5.2.1 创建块定义

BLOCK 命令用于创建块参照。

1. 调用方法

◆ 命令行：BLOCK

◆ "绘图"菜单：块→创建

◆ 默认选项卡→"绘图"工具面板：

AutoCAD 将显示"块定义"对话框，如图 5-2 所示。

2. 选项含义

（1）名称。文本框用于输入块参照的名称。单击"名称"文本框右侧的向下箭头，可以列出当前图形中所有的块参照的名称。

（2）基点。指定块参照的插入点。可以在屏幕上指定插入点的位置，或在"块定义"对话框的"基点"区的 X、Y、Z 文本框中分别输入 X、Y、Z 的坐标值。通常的做法是拾取块的关键点，而不是直接输入坐标。

（3）选择对象。用于选择包括在块参照中的对象。也可以单击"快速选择"图标，选择组成块参照的对象。在"对象"区中选择三个单选按钮中的一个，以确定组成块参照的对象是在图形中保留还是被删除，或者这些对象在创建块参照后被转换为块参照。

（4）预览。如果在"名称"下选择现有的块，将显示块的缩略图标。

（5）块单位。选择一个所需的插入单位。如果把块参照从 AutoCAD 设计中心拖到图形中时，块参照将按照"插入单位"列表框中的单位进行缩放。

（6）说明。指定与块参照定义相关联的文字说明。

（7）方式。指定块的行为方式。

注释性：指定块为注释性。

使块方向与布局匹配：指定在图纸空间视口中的块参照的方向与布局的方向匹配。如果未选择"注释性"选项，则该选项不可用。

按统一比例缩放：指定是否阻止块参照不按统一比例缩放。

允许分解：指定块参照是否可以被分解。

（8）设置。指定块的设置。

块单位：指定块参照插入单位。

超链接：打开"插入超链接"对话框，可以使用该对话框将某个超链接与块定义相关联。

（9）说明。指定块的文字说明。

（10）在块编辑器中打开。单击"确定"后，在块编辑器中打开当前的块定义。

图 5-2 "块定义"对话框

5.2.2 插入块参照

INSERT 命令用于将块参照或图形插入到当前图形中。如果当前图形中不存在指定名称的内部块定义，则 AutoCAD 将搜索磁盘和子目录，直到找到与指定块参照同名的图形文件，并插入该文件为止。

1. 调用方法

◆ 命令行：INSERT

◆ "插入"菜单：块

◆ "默认"选项卡→"块"面板→"插入"：

◆ 显示"块"选项板，可用于将块和图形插入到当前图形中

AutoCAD 保留了经典"插入"对话框，使用 CLASSICINSERT 命令访问，将显示如图5-3所示"插入"对话框。

2. 选项含义

（1）名称。输入一个块名，或单击向下的箭头从当前图形中已定义的块名列表中选择一个名称，将其插入到图形中。

（2）插入点。指定一个插入点以便插入块参照定义的一个副本。或者在 X、Y、Z 文本框中可以输入 X、Y、Z 的坐标值定义插入点。

（3）缩放比例。指定插入的块参照的缩放比例。默认的缩放比例值为1。如果指定了一个负的比例值，那么 AutoCAD 将在插入点处插入一个块参照的镜像图形。

（4）旋转。指定块参照插入时相对于块的原始位置的旋转角度。

（5）分解。在插入块参照的过程中，将块参照中的对象分解成各自独立的对象，而不是作为一个整体。

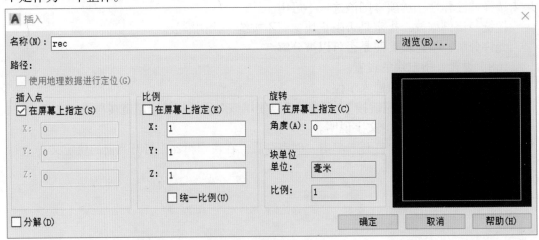

图5-3　"插入"对话框

5.2.3 嵌套的块

块参照可以包含由其他的块定义。也就是说，当创建块参照时，选定的对象本身也可以是一个块参照，并且选定的块参照中还可以嵌套其他的块参照。嵌套块参照的层数没有限制。但是，不能使用嵌套的块的名称作为将要定义的新块的名称，即块定义不能嵌套自己。块嵌套遵循原则：

（1）如果某个块中的所有引用需要有不同的图层、颜色、线型和线宽特性，应为块中的所有对象分别指定特性（包括所有嵌入块）。参见图 5-4 中文字 red 及所在的圆。

（2）要用块插入的图层的特性来控制块的每个引用的颜色、线型和线宽，应将块中每个对象（包括所有嵌入块）绘制在图层 0 上并将其颜色、线型和线宽设置为"随层"。参见图 5-4 中文字 Bylayer 及所在的圆。

（3）要控制使用当前特性的每个块引用的颜色、线型和线宽，应将块中每个对象（包括所有嵌入块）的颜色、线型和线宽设置为"随块"。参见图 5-4 中文字 ByBlock 及所在的圆。

（a）

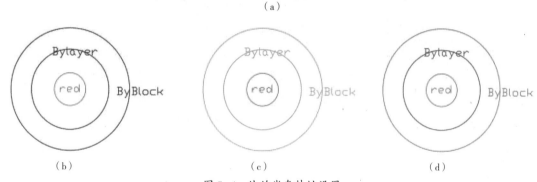

| （b） | （c） | （d） |

图 5-4　块的嵌套特性设置

（a）图层及颜色特性；（b）原始图形；（c）块位于 block 图层，块颜色特性橙；（d）块位于 layer 图层，块颜色特性粉

从图中对比可以看出，文字 red 及其圆自始至终保持红色不改变；文字 Bylayer 及其圆与所在图层保持一致；文字 ByBlock 及其圆与块的特性保持一致。

5.2.4　块参照的多重插入

1. MINSERT 命令

MINSERT 命令（多重插入）用于生成块参照的矩形阵列。MINSERT 命令插入的块不能被分解，不能对注释性块使用。调用方法如下。

◆ 命令行：MINSERT

2. DIVIDE 命令

DIVIDE 命令将点对象或块沿对象的长度或周长等间隔排列。可用于定数等分命令的对象，包括直线、圆弧、圆、椭圆、样条曲线和多段线。

◆ 命令行：DIVIDE

◆ "绘图"菜单：点→定数等分

◆ "默认"选项卡→"绘图"面板→"点"下拉列表→"定数等分"：

3. MEASURE 命令

MEASURE 命令将点对象或块按指定的间距放置在对象上。可用于定距等分的对象包括直线、圆弧、圆、椭圆、样条曲线和多段线。调用方法如下。

◆ 命令行：MEASURE

◆ "绘图"菜单：点→定距等分

◆ "默认"选项卡→"绘图"面板→"点"下拉列表→"定距等分"：

项目练习 5-1

有一 20×30 单位的场地，需要在其外围 2 单位处均匀布置一圈水井，井径 0.6 个单位，井间距为 4 个单位，绘制其平面图如图 5-5。

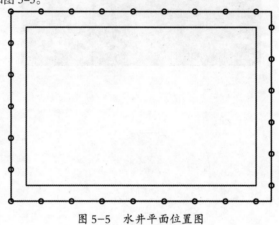

图 5-5　水井平面位置图

绘图步骤如下。

（1）绘制场地。

命令：_rectang

指定第一个角点或 [倒角 (C)/ 标高 (E)/ 圆角 (F)/ 厚度 (T)/ 宽度 (W)]：

指定另一个角点或 [尺寸 (D)]：@30,20

（2）绘制水井布置轴线。

命令：_offset

指定偏移距离或 [通过 (T)] <2.0000>：

选择要偏移的对象或 < 退出 >：// 选择矩形。

指定点以确定偏移所在一侧： // 向外侧偏移。

选择要偏移的对象或 < 退出 >：

（3）范围缩放整个图形。

命令：z ZOOM

指定窗口角点，输入比例因子 (nX 或 nXP)，或

[全部 (A)/ 中心点 (C)/ 动态 (D)/ 范围 (E)/ 上一个 (P)/ 比例 (S)/ 窗口 (W)] < 实时 >：e

（4）创建图块。

命令：c CIRCLE 指定圆的圆心或 [三点 (3P)/ 两点 (2P)/ 相切、相切、半径 (T)]：

指定圆的半径或 [直径 (D)] <0.2000>：0.3

命令：_block 指定插入基点：cen 于 // 指定圆心为插入点，命名为 well。

选择对象：找到 1 个

选择对象：

（5）定距等分。

命令：measure

选择要定距等分的对象：

指定线段长度或 [块 (B)]：b

输入要插入的块名：well

是否对齐块和对象？ [是 (Y)/ 否 (N)] <Y>：

指定线段长度：4

5.2.5　图块属性

属性是预先被定义在块中的特殊文本对象。属性具有两种基本用途：一是作为块参照的注释说明，二是可以提取图纸中的数据写入到文件中。组成属性的文本字符串在被插入时既可以是固定的，也可以重新设定。

5.2.5.1　创建属性定义

ATTDEF 命令用于创建一个属性定义。

1. 调用方法

◆ 命令行：ATTDEF

◆ "绘图"菜单：块→定义属性

◆ "常用"选项卡→"块"面板→"定义属性"：

AutoCAD 将显示如图 5-6 所示的"属性定义"对话框。

图 5-6　"属性定义"对话框

2. 选项含义

（1）模式。可以选择以下四种模式：

"不可见"：如果将"不可见"复选框设置为"开"，则在插入块参照时，属性值不可见。

"固定"：如果将"固定"复选框设置为"开"，则在定义属性时必须输入具体的属性值，而且在插入后不能修改。

"验证"：如果将"验证"复选框设置为"开"，则在块插入时检验输入的属性值。

"预置"：如果将"预置"复选框设置为"开"，则在定义属性时指定的默认值将自动赋予该属性。

（2）属性。用于设置一个属性，包括属性标记、提示及默认值。

"标记"用于识别每一个出现在图形中的属性。"提示"在插入一个带有属性定义的块参照时，系统会显示有关的提示。如果属性提示为空，AutoCAD 将使用属性标记作为提示。"值"用于指定属性的默认值。这是一个可选项，在打开"固定"模式时，必须指定默认值。

（3）插入点。用于为图形中的属性输入位置。可以选择"拾取点"按钮在屏幕上指定一个位置，也可以在文本框中输入坐标值以指定属性在图形中的位置。

（4）文字选项。用于设置属性文字的文字样式、高度和旋转角度。选择"在上一个属性定义下对齐"复选框，允许将属性标记直接置于上一个属性的下面。

（5）锁定位置。锁定块参照中属性的位置。解锁后，属性可以相对于使用夹点编辑的块的其他部分移动，并且可以调整多行文字属性的大小。

（6）多行。指定属性值可以包含多行文字，并且允许指定属性的边界宽度。

5.2.5.2　创建带属性的块

在定义或重定义块时，将要附着到块的所有属性包含到选择集中，就可以将属性附着到块上。要将几个属性附着到同一个块中，需要先定义属性然后将它们包括在块定义中。选择属性的顺序决定插入块时提示属性信息的顺序。

5.2.5.3　编辑属性

1. ATTEDIT 命令

ATTEDIT 命令可以编辑无固定属性值的与指定的块相关的属性。调用 ATTEDIT 命令的方法如下。

◆ 命令行：ATTEDIT

◆ "常用"选项卡→"块"面板→"编辑属性"：

选择块参照后，AutoCAD 将显示如图 5-7 所示的"编辑属性"对话框。

图 5-7　"编辑属性"对话框

对话框显示块中包含的前 15 个属性值。如果块还包含其他属性，可以使用"上一步"和"下一步"来浏览属性列表。不能编辑锁定图层中的属性值。

2. EATTEDIT 命令

EATTEDIT 命令使用块属性管理器修改块定义中的属性。调用方法如下。

◆ 命令行：EATTEDIT

◆ "修改"菜单：对象→属性→单个

◆ "常用"选项卡→"块"面板→"编辑属性"：

选择块参照后，AutoCAD 将显示如图 5-8 所示的"增强属性编辑器"对话框。

对话框列出选定的块实例中的属性并显示每个属性的特性，可以更改属性特性和属性值。

3. DDEDIT 命令

DDEDIT 命令可用于修改属性定义。选择没有附着到块的属性后，AutoCAD 将显示如图 5-9 所示的对话框。

5.2.5.4 属性提取

EATTEXT 命令将块属性信息输出至外部文件，调用方法如下。

◆ 命令行：EATTEXT

◆ "工具"菜单：数据提取

◆ "插入"选项卡→"链接与提取"工具面板→提取数据：

AutoCAD 将显示如图 5-10 所示的属性提取向导。应用向导可以轻松地获取属性。

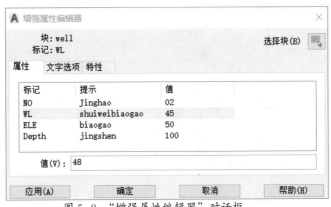

图 5-8 "增强属性编辑器"对话框

图 5-9 "编辑属性定义"对话框

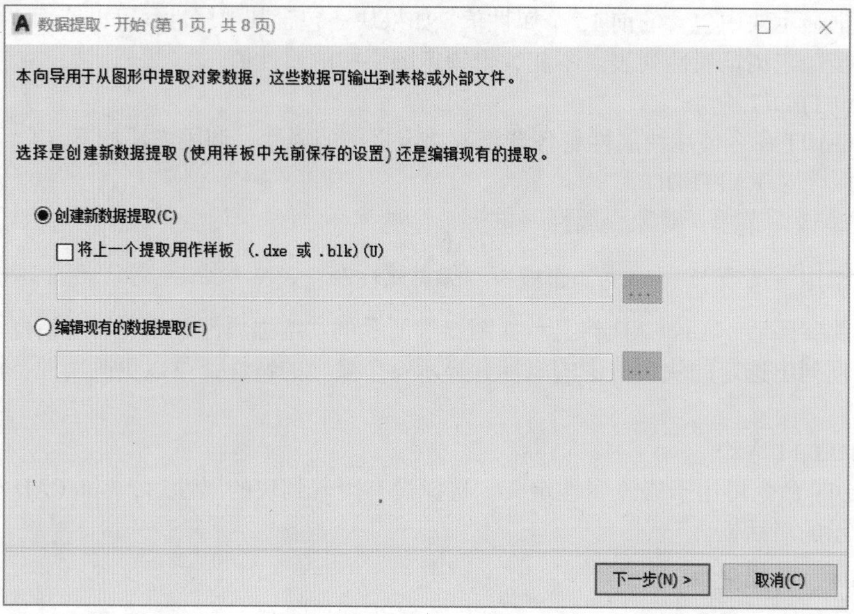

图 5-10 属性提取向导

项目练习 5-2

在整理地质调查成果时，常常需要在平面图中标注钻孔符号，如图 5-11 所示。左上角为钻孔编号，左下角为钻孔标高 (m)，右上角为水位埋深 (m)，右下角为钻孔深度 (m)。

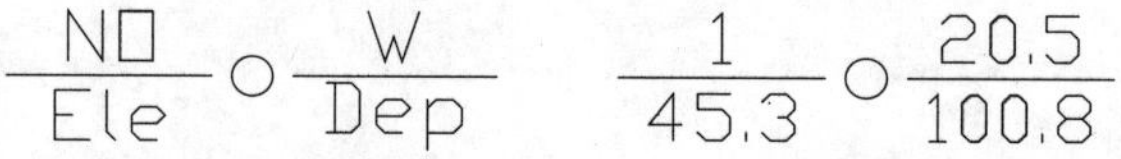

图 5-11 图块及其属性

作图步骤如下。

（1）绘制圆及线。

命令：c CIRCLE 指定圆的圆心或 [三点 (3P)/ 两点 (2P)/ 相切、相切、半径 (T)]：

指定圆的半径或 [直径 (D)] <0.5000>：1

命令：l

LINE 指定第一点：from // 捕捉圆心。

基点：cen 于 < 偏移 >：@-2,0

指定下一点或 [放弃 (U)]：@-10,0

指定下一点或 [放弃 (U)]：

命令：mirror

选择对象：找到 1 个   // 选择直线。

选择对象：

指定镜像线的第一点：   // 捕捉圆的 2、4 象限点作为镜像点。

指定镜像线的第一点：指定镜像线的第二点：

是否删除源对象？[是 (Y)/ 否 (N)] \<N>:

（2）创建孔口编号属性定义。

命令：_attdef

起点：from 基点：< 偏移 >：@5,2 // 以左侧线段左端点作为基点。

　// 标记 NO，提示 jinghao，值 1；文字中间对正，高度 2.5。

命令：_array // 阵列其他三个属性，2 行 2 列，行间距 –4，列间距 14。

选择对象：找到 1 个 // 选择属性 NO。

命令：_properties // 修改其他三个属性，特性如下：

标记 Ele，　　提示 Kongkoubiaogao，　　　值 45.3；

标记 W，　　　提示 Shuiweimaishen，　　　值 20.5；

标记 Dep，　　提示 Kongshen，　　　　　值 100.8；

完成后如图 5–11（a）所示。

（3）创建块定义。

命令：_block 指定插入基点：// 以圆心为插入基点，命名为 Well。

选择对象：指定对角点：找到 7 个 // 选择属性、圆、直线。

完成后如图 5–11（b）所示。

5.3　外部参照管理器

外部参照管理器用于把其他图形链接到当前图形中，调用方法如下。

◆ "工具"菜单→"选项板"→"参照管理器"

◆ 命令行：XREF / EXTERNALREFERENCES / XATTACH / ATTACH

◆ "插入"选项卡→"参照"选项板：

◆ "插入"菜单：外部参照

AutoCAD 将显示"外部参照管理器"对话"文件参照"命令框，如图 5–12 所示。"外部参照"选项板用于组织、显示并管理参照文件，例如 DWG 文件（外部参照）、DWF、DWFx、PDF 或 DGN 参考底图、光栅图像等。

AutoCAD 为附着的外部参照图形提供了两种方式：列表图和树状图。默认设置是以列表图列出已附着的外部参照文件及相关数据。在用树状图显示时，AutoCAD 按字母顺序列出外部参照文件的各级层次结构，显示了附着外部参照文件的嵌套关系。

外部参照文件的"参照名"不一定和原始文件名相同。双击外部参照文件名，AutoCAD 允许对文件重新命名。"状态"列内显示外部参照文件当前的状态，外部参照文件的状态有以下几种："已加载""已卸载""未参照""未找到""未融入"或"已孤立"。

"类型"列指出外部参照是"附加"型或是"覆盖"型。"日期"列显示相关文件的最新修改日期。

"保存路径"列显示外部参照文件的保存路径。选定任何区域将会亮显外部参照文件的名称。

图 5-12 "外部参照管理器"对话框

5.3.1 附着外部参照图形

通过"外部参照管理器"对话框中"附着"选项，可以将一个图形作为外部参照附着。其他调用方法如下。

◆ 命令行：ATTACH

◆ "参照"选项板：

AutoCAD 将弹出"选择参照文件"对话框，可以从所需目录中选择需要附着的文件。AutoCAD 显示出"外部参照"对话框（标准文件选择对话框）。

5.3.2 拆离外部参照

通过"拆离"选项，可以拆离一个或多个当前图形的外部参照。只有直接附加或覆盖在当前图形中的外部参照才能被拆离，被另一个外部参照嵌套的图形不能被拆离。如果宿主图形中嵌有外部参照，则必须打开所嵌套的外部参照，并将其从该处拆离。

5.3.3 重载外部参照

"重载"选项可以将 AutoCAD 当前图形中的一个或多个外部参照进行更新。将一个图形加载到 AutoCAD 时，它将自动重载所有附着的外部参照。

5.3.4 卸载外部参照

通过"卸载"选项可以从当前图形中卸载一个或多个外部参照。与"拆离"选项不同，"卸载"选项仅仅为了抑制外部参照的显示及定义更新。通过此操作，可以在需要时重载外部参照而不必时时让外部参照显示出来。

5.3.5 绑定外部参照

通过"绑定"选项可将外部参照数据变成当前图形的永久组成部分。其他调用方法如下。
◆ 命令行：xbind
◆ "修改"菜单：对象→外部参照→绑定

通过绑定，外部参照图形变成了当前图形中的一个块。通过"插入"操作，可将外部参照图形插入到当前图形中，就像用 INSERT 命令插入一个图形一样。

5.3.6 设置参照图形的路径

AutoCAD 支持三种类型的文件夹路径信息，并将其同附着参照一起保存：完整路径、相对路径和无路径。

完整（绝对）路径。确定文件参照位置的文件夹的完整指定的层次结构。完整路径包括本地硬盘驱动器号、网站的 URL 或网络服务器驱动器号。

相对路径。使用当前驱动器号或宿主图形文件夹的部分指定的文件夹路径。指定相对文件夹路径的约定如下：
\ 查看宿主图形驱动器的根文件夹；路径   从宿主图形的文件夹中，按照指定的路径；
\ 路径 从根文件夹中，按照指定的路径；
.\ 路径 从宿主图形的文件夹中，按照指定的路径；
..\path 从宿主图形的文件夹中，向上移动一层文件夹并按照指定的路径；
..\..\path 从宿主图形的文件夹中，向上移动两层文件夹并按照指定的路径。

"无路径"。如果附着的外部参照没有保存的路径信息，搜索将按特定顺序进行搜索。

5.3.7 剪裁外部参照

选择一个外部参照。激活"外部参照"/"图像"选项卡→"剪裁"面板→"创建剪裁边界"。

文件管理器将位图导入到 AutoCAD 中以后，可以运用样条曲线、多段线、直线等命令将位图矢量化。这样做就好比在透图台铺上硫酸纸进行描图。其优点就是生成的图形文件小，清晰，可随意缩放而且不影响图像的分辨率。图 5-13 的取样点位置图就是运用以上方法来完成的。

5.4 对象的显示次序

DRAWORDER 命令用于修改图形中对象的绘图和打印次序。除了将对象移动到排序序列的顶端或底端外，还可以相对另一个对象排序（即放在一个选定对象的上面或下面）。

5.4.1 调用方法

◆ 命令行：draworder
◆ "工具"菜单：绘图次序
◆ 面板："修改"面板：

5.4.2 命令选项

对象上 (A)：将选定对象移动到指定参照对象的上面。

对象下 (U)：将选定对象移动到指定参照对象的下面。

最前 (F)：将选定对象移动到图形中对象次序的顶部。

最后 (B)：将选定对象移动到图形中对象次序的底部。

提示：*如果图形中存在位图，则位图常常会遮盖其他图形。这时候最好的办法就是调用 DRAWORDER 命令修改对象的显示顺序。*

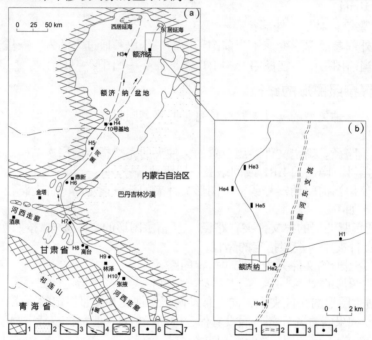

图 5-13 取样点位置图

（a）1- 基岩山区；2- 沙漠；3- 河流；4- 间歇性河流；5- 湖泊；6- 取样孔；7- 省界；

（b）1- 公路；2- 间歇性河流；3- 取样坑；4- 取样孔

通过外部参照管理器插入图片，AutoCAD 可以在此基础上完成系列工作，①综合运用照片与矢量图，生成海报或导游图等，如图 5-14；②位图矢量化，比如将地图矢量化，加工成新的地图，参见图 6-18。

图 5-14 三江源国家公园位置及典型风景

此外，还可以充分利用矢量图的元素特性，查询对象的几何要素，从而了解目标对象的几何尺寸、面积等等。Autocad 在这方面的优势是全尺寸适用，从 mm 级，到 km 级别都能满足精度要求，取决于图片分辨率。参见下面几个项目练习。

项目练习 5-3：房屋面积测量

购房者通常只能得到粗略和模糊的房屋图纸，如图 5-15，离设计装修差距很远，而装修布置房屋时往往需要精打细算。应用 AutoCAD 软件，在图纸的基础上测量校准房屋尺寸，以此为依据计算地面、墙面各边长及面积，从而可以计算各种装修材料尺寸或者对屋内家具进行布置，可以起到事半功倍的效果。

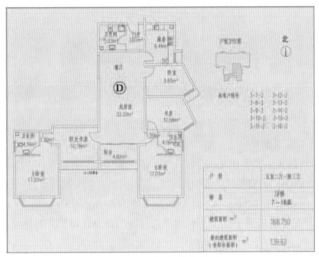

图 5-15　某户型平面图

主要步骤如下。

（1）将图纸电子化，可以通过扫描或照相来完成。

（2）AutoCAD 通过位图管理器插入或附着图片。

命令：_imageattach

指定插入点 <0,0>：

基本图像大小：宽：95.258255，高：73.878067，Millimeters

指定缩放比例因子或 [单位 (U)] <1>：

命令：

（3）根据实际情况调整图片大小。

①放大图片，拟合起居室内墙绘制矩形，见图 5-16。

命令：_rectang

指定第一个角点或 [倒角 (C)/ 标高 (E)/ 圆角 (F)/ 厚度 (T)/ 宽度 (W)]：

指定另一个角点或 [面积 (A)/ 尺寸 (D)/ 旋转 (R)]：

命令：

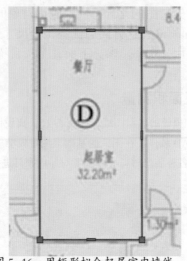

图 5-16　用矩形拟合起居室内墙线

②比例缩放图形

命令：_scale 找到 2 个 //选定矩形及图片，同步缩放之；

指定基点：< 打开对象捕捉 >

指定比例因子或 [复制 (C)/ 参照 (R)]：r

指定参照长度 <1.0000>：指定第二点：

指定新的长度或 [点 (P)]<1.0000>：8 //，矩形新高度为 8 个绘图单位

（4）根据图片绘制矢量的房屋平面图，也就是通过 AUTOCAD 将图片矢量化。

命令：_pline //用多段线拟合公寓外墙线。

指定起点：

当前线宽为 0.0000

指定下一个点或 [圆弧 (A)/ 半宽 (H)/ 长度 (L)/ 放弃 (U)/ 宽度 (W)]：

指定下一点或 [圆弧 (A)/ 闭合 (C)/ 半宽 (H)/ 长度 (L)/ 放弃 (U)/ 宽度 (W)]：

指定下一点或 [圆弧 (A)/ 闭合 (C)/ 半宽 (H)/ 长度 (L)/ 放弃 (U)/ 宽度 (W)]：< 对象捕捉 关 > < 正交 开 > //根据实际需要切换正交绘图方式

指定下一点或 [圆弧 (A)/ 闭合 (C)/ 半宽 (H)/ 长度 (L)/ 放弃 (U)/ 宽度 (W)]：

指定下一点或 [圆弧 (A)/ 闭合 (C)/ 半宽 (H)/ 长度 (L)/ 放弃 (U)/ 宽度 (W)]：

指定下一点或 [圆弧 (A)/ 闭合 (C)/ 半宽 (H)/ 长度 (L)/ 放弃 (U)/ 宽度 (W)]：

指定下一点或 [圆弧 (A)/ 闭合 (C)/ 半宽 (H)/ 长度 (L)/ 放弃 (U)/ 宽度 (W)]：

指定下一点或 [圆弧 (A)/ 闭合 (C)/ 半宽 (H)/ 长度 (L)/ 放弃 (U)/ 宽度 (W)]：

指定下一点或 [圆弧 (A)/ 闭合 (C)/ 半宽 (H)/ 长度 (L)/ 放弃 (U)/ 宽度 (W)]：

指定下一点或 [圆弧 (A)/ 闭合 (C)/ 半宽 (H)/ 长度 (L)/ 放弃 (U)/ 宽度 (W)]：

指定下一点或 [圆弧 (A)/ 闭合 (C)/ 半宽 (H)/ 长度 (L)/ 放弃 (U)/ 宽度 (W)]：< 正交 关 >

指定下一点或 [圆弧 (A)/ 闭合 (C)/ 半宽 (H)/ 长度 (L)/ 放弃 (U)/ 宽度 (W)]：

指定下一点或 [圆弧 (A)/ 闭合 (C)/ 半宽 (H)/ 长度 (L)/ 放弃 (U)/ 宽度 (W)]：

指定下一点或 [圆弧 (A)/ 闭合 (C)/ 半宽 (H)/ 长度 (L)/ 放弃 (U)/ 宽度 (W)]:

指定下一点或 [圆弧 (A)/ 闭合 (C)/ 半宽 (H)/ 长度 (L)/ 放弃 (U)/ 宽度 (W)]: < 正交 开 >

指定下一点或 [圆弧 (A)/ 闭合 (C)/ 半宽 (H)/ 长度 (L)/ 放弃 (U)/ 宽度 (W)]: < 正交 关 >

指定下一点或 [圆弧 (A)/ 闭合 (C)/ 半宽 (H)/ 长度 (L)/ 放弃 (U)/ 宽度 (W)]: < 正交 开 >

指定下一点或 [圆弧 (A)/ 闭合 (C)/ 半宽 (H)/ 长度 (L)/ 放弃 (U)/ 宽度 (W)]: < 正交 关 >

指定下一点或 [圆弧 (A)/ 闭合 (C)/ 半宽 (H)/ 长度 (L)/ 放弃 (U)/ 宽度 (W)]: < 正交 开 >

指定下一点或 [圆弧 (A)/ 闭合 (C)/ 半宽 (H)/ 长度 (L)/ 放弃 (U)/ 宽度 (W)]:

指定下一点或 [圆弧 (A)/ 闭合 (C)/ 半宽 (H)/ 长度 (L)/ 放弃 (U)/ 宽度 (W)]:

指定下一点或 [圆弧 (A)/ 闭合 (C)/ 半宽 (H)/ 长度 (L)/ 放弃 (U)/ 宽度 (W)]:

指定下一点或 [圆弧 (A)/ 闭合 (C)/ 半宽 (H)/ 长度 (L)/ 放弃 (U)/ 宽度 (W)]: < 正交 关 >

指定下一点或 [圆弧 (A)/ 闭合 (C)/ 半宽 (H)/ 长度 (L)/ 放弃 (U)/ 宽度 (W)]: < 正交 开 >

指定下一点或 [圆弧 (A)/ 闭合 (C)/ 半宽 (H)/ 长度 (L)/ 放弃 (U)/ 宽度 (W)]: < 正交 关 >

指定下一点或 [圆弧 (A)/ 闭合 (C)/ 半宽 (H)/ 长度 (L)/ 放弃 (U)/ 宽度 (W)]: < 正交 开 >

指定下一点或 [圆弧 (A)/ 闭合 (C)/ 半宽 (H)/ 长度 (L)/ 放弃 (U)/ 宽度 (W)]:

指定下一点或 [圆弧 (A)/ 闭合 (C)/ 半宽 (H)/ 长度 (L)/ 放弃 (U)/ 宽度 (W)]:

指定下一点或 [圆弧 (A)/ 闭合 (C)/ 半宽 (H)/ 长度 (L)/ 放弃 (U)/ 宽度 (W)]:

指定下一点或 [圆弧 (A)/ 闭合 (C)/ 半宽 (H)/ 长度 (L)/ 放弃 (U)/ 宽度 (W)]: c

命令执行完毕，结果参见图 5–17。其他部位绘图步骤略去。

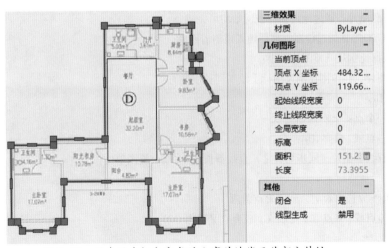

图 5–17　用多段线拟合完成的公寓外墙线及其部分特性

（5）他依据矢量图图元特性，查询所需图形的长度、宽度或面积。

参见图 5–17 查询特性可知，公寓面积约 151 m²，开发商给出建筑面积 168 m²，这里面有公摊面积、阳台面积等计算方法差异。查询起居室面积 32.199m²，同图纸参数基本一致。如果局部参数误差较大，可以现场测量然后校正图形。根据以上方法可以得到矢量的户型图，从而可以方便统计各个部位的尺寸、面积，为后期装修，家具布置等事情打下基础。

项目练习 5-4：操场跑道长度测量

标准田径场为半圆式 400m 跑道。内弯道半径为 36m 时，两弯道长 228.08m，两直道长 171.92m；内弯道半径为 37.898m 时，两弯道长 240m，两直道长 160m。

由于某些原因，不是所有的田径场都是标准尺寸。下载含有比例尺标尺的田径场卫星图片，如图 5-18。通过 AutoCAD 软件插入该图片，可以进一步分析该田径场尺寸。

图 5-18　某田径场卫星图片

主要步骤如下。

（1）下载图片，通过地图软件或网站均可完成。

（2）AUTOCAD 通过位图管理器插入或附着图片。

（3）根据比例尺调整图片大小：

①放大图片，在位图比例尺图标上绘制同长度的直线。

命令：_line

指定第一个点：＜对象捕捉 关＞

指定下一点或 [放弃 (U)]:

②选定直线和图片，同步缩放之，直线新长度为 20 个绘图单位；

命令：

** 拉伸 ** // 选定对象，激活夹点编辑。

指定拉伸点或 [基点 (B)/ 复制 (C)/ 放弃 (U)/ 退出 (X)]:

** MOVE **

指定移动点 或 [基点 (B)/ 复制 (C)/ 放弃 (U)/ 退出 (X)]:

** 旋转 **

指定旋转角度或 [基点 (B)/ 复制 (C)/ 放弃 (U)/ 参照 (R)/ 退出 (X)]:

** 比例缩放 **

指定比例因子或 [基点 (B)/ 复制 (C)/ 放弃 (U)/ 参照 (R)/ 退出 (X)]: b

指定基点：// 指定直线左端点为基点

** 比例缩放 **

指定比例因子或 [基点 (B)/ 复制 (C)/ 放弃 (U)/ 参照 (R)/ 退出 (X)]：r // 采用参照选项。

指定参照长度 <1.0000>：指定第二点：// 分别指定直线的左右端点。

** 比例缩放 **

指定新长度或 [基点 (B)/ 复制 (C)/ 放弃 (U)/ 参照 (R)/ 退出 (X)]：20

　// 新长度为实际长度，单位 m。

命令：* 取消 *

（4）根据图片绘制矢量的田径场平面图，也就是通过 AUTOCAD 将图片矢量化。

命令：_rectang // 绘制足球场四边。

指定第一个角点或 [倒角 (C)/ 标高 (E)/ 圆角 (F)/ 厚度 (T)/ 宽度 (W)]：

指定另一个角点或 [面积 (A)/ 尺寸 (D)/ 旋转 (R)]：

命令：

命令：_arc //3 点法画圆弧。

指定圆弧的起点或 [圆心 (C)]：// 捕捉矩形左上角点

指定圆弧的第二个点或 [圆心 (C)/ 端点 (E)]：// 在位图上寻找一个合适的点

指定圆弧的端点：// 捕捉矩形右上角点

命令：_arc //3 点法画圆弧。

指定圆弧的起点或 [圆心 (C)]：// 捕捉矩形左下角点

指定圆弧的第二个点或 [圆心 (C)/ 端点 (E)]：// 在位图上寻找一个合适的点

指定圆弧的端点：// 捕捉矩形右下角点

命令：_explode 找到 1 个 // 分解矩形。

命令：

命令：

命令：_.erase 找到 2 个 // 删除上下两条直线。

命令：PEDIT

选择多段线或 [多条 (M)]：m

选择对象：指定对角点：找到 4 个 // 选择 2 个圆弧和 2 条直线。

选择对象：

是否将直线、圆弧和样条曲线转换为多段线？ [是 (Y)/ 否 (N)]? <Y> y

输入选项 [闭合 (C)/ 打开 (O)/ 合并 (J)/ 宽度 (W)/ 拟合 (F)/ 样条曲线 (S)/ 非曲线化 (D)/ 线型生成 (L)/ 反转 (R)/ 放弃 (U)]：j // 合并 4 个对象。

合并类型 = 延伸

输入模糊距离或 [合并类型 (J)] <0.0000>：

多段线已增加 3 条线段

输入选项 [闭合 (C)/ 打开 (O)/ 合并 (J)/ 宽度 (W)/ 拟合 (F)/ 样条曲线 (S)/ 非曲线化 (D)/ 线型生成 (L)/ 反转 (R)/ 放弃 (U)]：

（5）依据矢量图图元特性，查询田径场的长度、宽度、半径。参见图 5-19。

线型	—— B...
线型比例	1
打印样式	ByColor
线宽	—— 0....
透明度	ByLayer
超链接	
厚度	0
三维效果	
材质	ByLayer
几何图形	
当前顶点	1
顶点 X 坐标	192.78...
顶点 Y 坐标	224.725
起始线段宽度	0
终止线段宽度	0
全局宽度	0
标高	0
面积	10146....
长度	400.191

图 5-19　某田径场内侧跑道矢量图及其部分特性

项目练习 5-5：伊布茶卡面积年变化趋势

全球气候变化越来越受到更多人的关注，青藏高原也不例外，高原湖泊面积持续不断地扩大，影响国计民生，近年来更是气候问题热点。据 2017 年 8 月中国新闻网报道，有专家指出，近 56 年来，可可西里盐湖面积持续增大，如果盐湖水位再上涨 10m，盐湖湖水就会发生外流，并威胁到青藏铁路、青藏公路的运行安全。青藏高原羌塘地区有一内流湖泊，伊布茶卡，位于西藏尼玛县荣玛乡。茶卡，藏语意为盐湖。非常明显，伊布茶卡曾经是盐湖。现在的伊布茶卡湖碧波荡漾，湖滨的荣玛乡牧民也苦于湖水上涨而被迫屡屡搬迁。从美国地调局网站获取该地区卫星图片，如图 5-20、图 5-21，图中右侧中下位置蓝色区域即为伊布茶卡湖。已知该批卫星照片宽度为 185km。下载 1977 - 2007 年相近日期清晰照片，见图 5-22。

图 5-20　19770917 荣马地区卫星照片

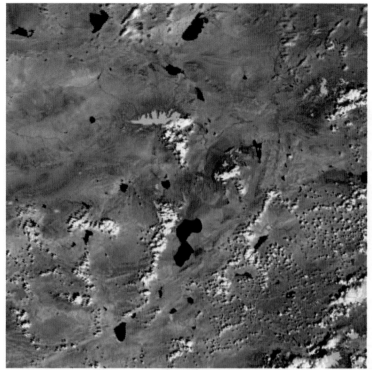

图 5-21   20070915 荣马地区卫星照片

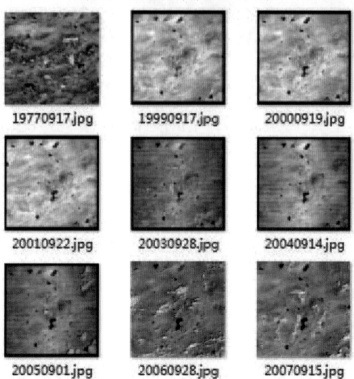

图 5-22   1977-2007 年荣马地区卫星照片

依次导入 AutoCAD 中，将图片缩放命令参照选项缩放到 185 绘图单位宽度，再用样条曲线拟合湖泊边界，该样条曲线面积可以通过特性来查询，也就可以了解某个时期伊布茶卡湖泊面积，参见图 5-23。根据时间和面积数据可以绘制湖泊面积变化趋势图来显示成果，如图 5-24 所示。

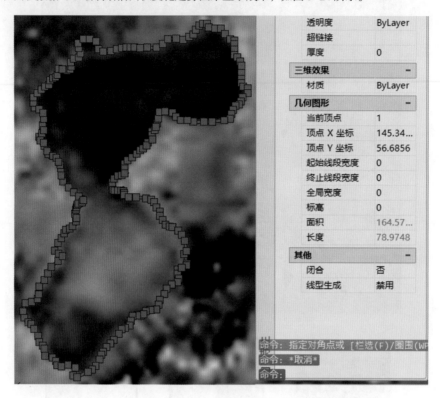

图 5-23　1977 年伊布茶卡湖泊卫星照片和矢量图及其特性

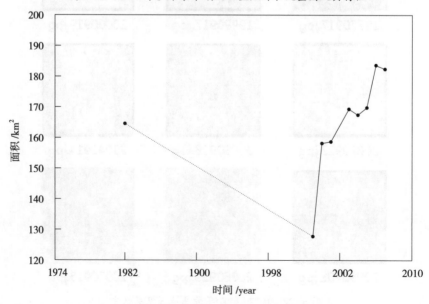

图 5-24　1977-2007 年伊布茶卡湖泊面积变化趋势

思考题

1. 简述什么是块？有哪些特点？

2. 有哪些命令可以一次插入多个图块？

3. DIVIDE 和 MEASURE 命令有何区别。

4. 为什么引用图块比复制图形效率更高？

5. 如果在 0 层创建一个图块，那么把它插入到图中时该图块位于何层？

6. 创建图块时颜色设置为随块 (BYBLOCK)，它对图块有何影响？

7. 图块的基点定义对图块的插入位置有何影响？

8. 插入 (Insert) 对话框里的分解 (Explode) 开关处于激活状态时，将对插入图块产生什么影响？

9. 位图对象覆盖了其他对象而影响了绘图时该怎么办？

10. 应用 Google Earth 软件或者其他能够调用 google earth 数据的软件，比如 BigeMap 下载依布茶卡地区历史图像。激活地图软件比例菜单和历史图像工具条，滑动工具条（参见图 5-25），随着日期的改变，相应的历史图像被呈现出来，如图 5-26 所示，图片日期为 2016-12-31，比例图例总长度对应实际距离 10km。依次点击保存图像工具，保存不同时期依布茶卡地区图片，如图 5-27 所示。利用 Autocad 调用以上图片，求出不同时期依布茶卡湖泊面积，并绘制湖泊面积随时间变化曲线。

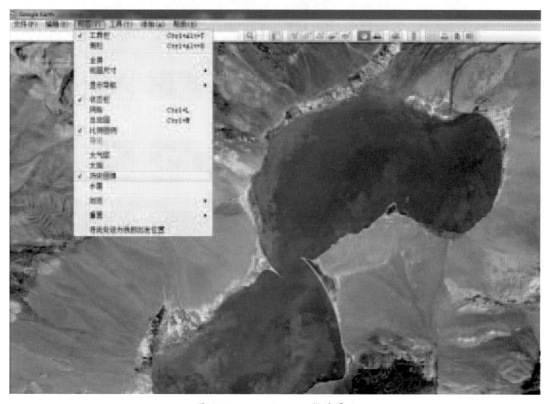

图 5-25　Google Earth 软件界面

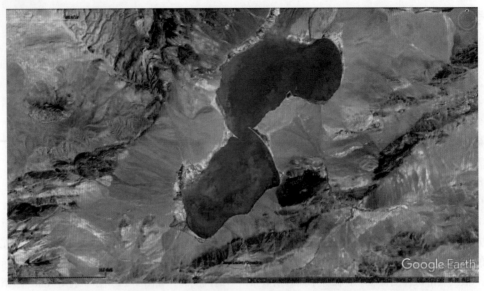

图 5-26　伊布茶卡卫星图片（2016-12-31）

图 5-27　1984-2016 年伊布茶卡系列卫星图片

11. 北京奥林匹克森林公园被誉为跑步天堂，是众多跑步爱好者的打卡圣地。奥森南园和北园标准跑道总长 10.5 km，见图 5-28。另外园子里有大量支路及小径也四通八达，也适合跑步，见图 5-29。公园各个方向均有出入口，出入口离主跑道的距离远近也不一样，有的距离较远，比如北园西门，见图 5-30。

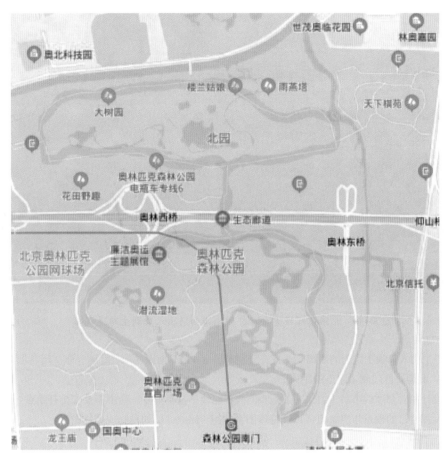

图 5-28 北京奥林匹克森林公园主跑道

图 5-29 北京奥林匹克森林公园局部道路交通网

图 5-30　北京奥林匹克森林公园南园西门出入口到主跑道线路

（1）各个门入口到主跑道的距离不一样，分别求出南4门、南园西门、北园—东2门、北园—南门、北园—北门、北园—西门到主跑道的距离。

（2）设计相对合理的半马（21.1km）跑步路线，路线尽量不重复，途中需要安排补给点。

（3）发挥自己的创意与想象力，设计特殊图案的跑步路线，例如动物或植物图案。

第 6 章
图案填充

6.1 概述

使用某一种图案重复填充某一区域,这个过程就叫做图案填充。图案填充增加了图形的可读性,表达了更加真实、丰富的内容。在剖视图中,填充图案可以清楚地表示每一部件的材料类型关系。在地学领域,常用图案填充来表示地层岩性,地形地物等。如图 6-1 所示图形为 AutoCAD 采用图案填充后的效果;图 6-1(a)采用填充图案表示草地;图 6-1(b)中应用填充图案区分材质;图 6-1(c)中采用不同填充图案表示泥岩、踩石、粘土、灰岩等不同岩性。

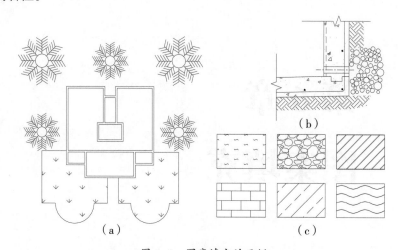

图 6-1 图案填充的示例

(a)房屋规划平面图;(b)道路排水口剖面图;(c)岩性符号举例

用图案填充区域时,可以使用 ACAD.PAT 和 ACADISO.PAT 等文件预定义的填充图案,使用当前的线型定义简单的直线图案,或者创建更加复杂的填充图案。也可以使用第三方提供的图案,或者使用自己创建的图案。

可以创建渐变填充。渐变填充是在一种颜色的不同灰度之间或两种颜色之间过渡。渐变填充可用于增强演示图形的效果,使其呈现光在对象上的反射效果。

在 AutoCAD 中填充的图案可以与边界具有关联性,即随着边界的更新而更新,也可以与边界没有关联性。在 AutoCAD 生成正式的填充图案之前,可以先预览,并根据需要修改某些选项,以满足使用要求。

填充图案是独立的图形对象,可以使用 EXPLODE 命令将填充图案分解成单独的线条。一旦填充图案被分解成单独的线条,那么填充图案与原边界对象将不再具有关联性。

图案填充随图形保存,因此可以被更新。系统变量 FILLMODE(默认设定值)是"开"控制图案的显示与否。系统变量 FILLMODE 设置成"关",则不显示填充图案。

6.2 定义图案填充的边界及面域

图案填充的边界必须是图形中的一个闭合区域,边界可有一个或多个对象组成。面域是使用形成闭合环的对象创建的二维闭合区域。环可以是直线、多段线、圆、圆弧、椭圆、椭圆弧和样条曲线的组合。组成环的对象必须闭合或通过与其他对象共享端点而形成闭合的区域。

6.2.1 创建填充边界

1. 激活命令

激活创建填充边界命令如下。

◆ "绘图"菜单：边界

◆ 命令行：BOUNDARY

◆ "绘图"面板：

AutoCAD 将显示"边界创建"对话框，如图 6-2 所示。

图 6-2 "边界创建"对话框

2. 对话框说明

（1）拾取点。根据围绕指定点构成封闭区域的现有对象来确定边界。

（2）孤岛检测。控制 BOUNDARY 命令是否检测称为"孤岛"的所有内部闭合边界（除了包围拾取点的对象之外）。

（3）对象类型。控制新边界对象的类型。BOUNDARY 将边界作为面域或多段线对象创建。

（4）边界集。定义通过指定点定义边界时，BOUNDARY 要分析的对象集。当前视口是根据当前视口范围中的所有对象定义边界集，选择此选项将放弃当前所有边界集。

（5）新建。提示用户选择用来定义边界集的对象。BOUNDARY 仅包括可以在构造新边界集时，用于创建面域或闭合多行段的对象。

6.2.2 创建面域

创建面域即将封闭区域的对象转换为二维面域对象。

1. 激活命令

激活创建面域命令如下。

◆ 命令行：REGION

◆ "绘图"菜单：面域

◆ "绘图"面板：

2. 命令说明

面域的边界由端点相连的曲线组成，曲线上的每个端点仅连接两条边。AutoCAD 不接受所有相交或自交的曲线。

如果选定的多段线通过 PEDIT 命令中的"样条曲线"或"拟合"选项进行了平滑处理，得到的面域将包含平滑多段线的直线或圆弧。此多段线并不转换为样条曲线对象。

如果未将 DELOBJ 系统变量设置为零，则 AutoCAD 在将原始对象转换为面域之后删除这些对象。如果原始对象是图案填充对象，那么图案填充的关联性将丢失。如果要恢复图案填充关联性，则需重新填充此面域。

6.3 创建图案填充

AutoCAD 支持使用多种方法向图形中添加填充图案，其中 HATCH 命令提供的选项最多，使用工具选项板最方便。

6.3.1 HATCH 命令

1. 激活命令

◆ 命令行：HATCH

◆ "绘图"菜单：图案填充

◆ "绘图"工具栏：

如果功能区处于活动状态，将显示"图案填充创建"上下文选项卡，见图 6-3。如果功能区处于关闭状态，将显示"图案填充和渐变色"对话框，见图 6-4。如果需要使用"图案填充和渐变色"对话框，可将 HPDLGMODE 系统变量设置为 1。

图 6-3 "图案填充创建"上下文选项卡

图 6-4 "边界图案填充"对话框

2. 对话框说明

（1）"填充图案"选项卡。

用来定义要填充图案的外观。

① 类型。AutoCAD 填充图案有三种类型。

预定义：这些图案保存在 acad.pat 和 acadiso.pat 文件中。

用户定义：基于图形的当前线型创建直线图案。可以控制用户定义图案中直线的角度和间距。

自定义：除预定义以外的其他以 PAT 文件定义的图案，这些自定义的 PAT 文件应已添加到 AutoCAD 的搜索路径中。

② 图案。列出可用的预定义图案。

点击 [...] 按钮将显示"填充图案选项板"对话框，查看所有预定义图案的预览图像。

③ 颜色。使用填充图案和实体填充的指定颜色替代当前颜色。背景色 为新图案填充对象指定背景色。选择"无"可关闭背景色。

④ 样例。显示选定图案的预览图像。可以单击"样例"以显示"填充图案选项板"对话框。

⑤ 自定义图案。列出可用的自定义图案。

双击 [...] 按钮将显示"填充图案选项板"对话框，查看所有自定义图案的预览图像。

⑥ 角度。指定填充图案的角度 (相对当前 UCS 坐标系的 X 轴)。

⑦ 比例。放大或缩小预定义或自定义图案。只有将"类型"设置为"预定义"或"自定义"，此选项才可用。图 6-5 所示为不同比例值、角度值的图案的填充效果。

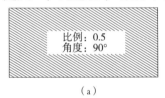
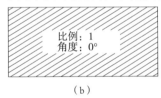

比例：0.5
角度：90°

比例：1
角度：0°

比例：2
角度：45°

（a）　　　　　　　　　　（b）　　　　　　　　　　（c）

图 6-5　所示为不同比例值、角度值的图案的填充效果

⑧ 双向。对于用户定义的图案，绘制与原始直线成 90° 的另一组直线，从而构成交叉线。只有将"类型"设定为"用户定义"，此选项才可用。

⑨ 相对于图纸空间。相对于图纸空间单位缩放填充图案。使用此选项，可很容易地做到以适合于布局的比例显示填充图案。该选项仅适用于布局。

⑩ 间距。指定用户定义图案中的直线间距。只有将"类型"设置为"用户定义"，此选项才可用。

⑪ ISO 笔宽。基于选定笔宽缩放 ISO 预定义图案。只有将"类型"设置为"预定义"，并将"图案"设置为可用的 ISO 图案的一种，此选项才可用。

⑫ 图案填充原点。控制填充图案生成的起始位置。某些图案填充（例如砖块图案）需要与图案填充边界上的一点对齐。默认情况下，所有图案填充原点都对应于当前的 UCS 原点。

使用当前原点：使用存储在 HPORIGIN 系统变量中的图案填充原点。

指定的原点：使用以下选项指定新的图案填充原点。单击以设置新原点，直接指定新的图案填充原点。

默认为边界范围：根据图案填充对象边界的矩形范围计算新原点。可以选择该范围的四个角点及其中心。

存储为默认原点：将新图案填充原点的值存储在 HPORIGIN 系统变量中。

（2）"渐变色"选项卡。

颜色。指定是使用单色还是使用双色混合色填充图案填充边界。

单色。指定填充是使用一种颜色与指定染色（颜色与白色混合）间的平滑转场还是使用一种颜色与指定着色（颜色与黑色混合）间的平滑转场。

双色。指定在两种颜色之间平滑过渡的双色渐变填充。

颜色样例。指定渐变填充的颜色（可以是一种颜色，也可以是两种颜色）。单击浏览按钮"…"以显示"选择颜色"对话框，从中可以选择 AutoCAD 颜色索引 (ACI) 颜色、真彩色或配色系统颜色。

"着色"和"渐浅"滑块。指定一种颜色的渐浅（选定颜色与白色的混合）或着色（选定颜色与黑色的混合），用于渐变填充。

渐变图案。显示用于渐变填充的固定图案。这些图案包括线性扫掠状、球状和抛物面状图案。

方向。指定渐变色的角度以及其是否对称。

居中。指定对称渐变色配置。如果没有选定此选项，渐变填充将朝左上方变化，创建光源在对象左边的图案。

角度。指定渐变填充的角度，相对当前 UCS 指定角度。此选项与指定给图案填充的角度互不影响。

（3）边界。

添加：拾取点。根据围绕指定点构成封闭区域的现有对象来确定边界。

添加：选择对象。根据构成封闭区域的选定对象确定边界。CAD 不会自动检测内部对象。必须选择选定边界内的对象，以按照当前孤岛检测样式填充这些对象。每次单击"选择对象"时，HATCH 将清除上一选择集。选择对象时，可以随时在绘图区域单击鼠标右键以显示快捷菜单。可以利用此快捷菜单放弃最后一个或所有选定对象、更改选择方式、更改孤岛检测样式或预览图案填充或填充。

删除边界。从边界定义中删除之前添加的任何对象。

重新创建边界。围绕选定的图案填充或填充对象创建多段线或面域，并使其与图案填充对象相关联（可选）。

查看选择集。使用当前图案填充或填充设置显示当前定义的边界。仅当定义了边界时才可以使用此选项。

（4）选项。

控制几个常用的图案填充或填充选项。

注释性。指定图案填充为注释性。此特性会自动完成缩放注释过程，从而使注释能够以正确的大小在图纸上打印或显示。

关联。指定图案填充或填充为关联图案填充。关联的图案填充或填充在用户修改其边界对象时将会更新。

创建独立的图案填充。控制当指定了几个单独的闭合边界时，是创建单个图案填充对象，还是创建多个图案填充对象。

绘图次序。为图案填充或填充指定绘图次序。图案填充可以放在所有其他对象之后、所有其他对象之前、图案填充边界之后或图案填充边界之前。

图层。为指定的图层指定新图案填充对象，替代当前图层。选择"使用当前值"可使用当前图层。

透明度。设定新图案填充或填充的透明度，替代当前对象的透明度。选择"使用当前值"可使用当前对象的透明度设置（HPTRANSPARENCY 系统变量）。

继承特性。使用选定图案填充对象的图案填充或填充特性对指定的边界进行图案填充或填充。

（5）更多选项。

点击"图案填充"对话框底部右侧向右的箭头可以扩展对话框"更多选项"。

①孤岛检测。如果存在内部边界，则采用孤岛检测样式指定在最外层边界内填充对象的方法。一般情况下使用"普通"样式。

普通：从外部边界向内填充，AutoCAD 遇到内部交点时，将停止填充，直到遇到下一交点为止。这样，从填充的区域往外，由奇数个交点分隔的区域被填充，而由偶数个交点分隔的区域不填充。AutoCAD 能够识别文本、形和属性等对象而不绘制填充图案，AutoCAD 将在文本对象的四周保留适当的空白区，使文本对象能够被清晰地显示出来，如图 6-5（a）、（b）所示。

外部：从外部边界向内填充，AutoCAD 遇到内部交点时，将停止填充。所以只有结构的最外层被填充，结构内部仍然保留为空白。

忽略：忽略所有内部的对象，填充时将通过这些对象。填充图案过程中遇到文本、形、属性等对象时，填充图案将不会被中断，如图 6-5（c）所示。

如图 6-6 所示，在图示位置选取一点，选择不同的孤岛检测样式，图案填充效果是不同的。

②保留边界。在图形中添加临时边界对象。

对象类型，控制新边界对象的类型。AutoCAD 将边界创建为面域或多段线。只有选择了"保留边界"，此选项才可用。

③边界集。定义当从指定点定义边界时，AutoCAD 分析的对象集。当使用"选择对象"定义边界时，选定的边界集无效。默认情况下，当使用"拾取点"定义边界时，AutoCAD 分析当前视口中所有可见的对象。通过重定义边界集，可以忽略某些在定义边界时没有隐藏或删除的对象。

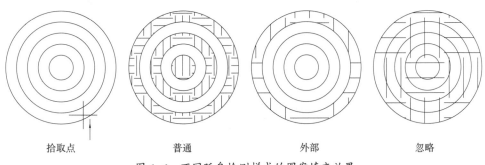

拾取点   普通   外部   忽略

图 6-6　不同孤岛检测样式的图案填充效果

当前视口：从当前视口中可见的所有对象定义边界集。选择此选项可放弃当前的任何边界集而使用当前视口中可见的所有对象。

现有集合：从使用"新建"选定的对象定义边界集。如果还没有用"新建"创建边界集，则"现有集合"选项不可用。

新建：指定对象的有限集，以便通过创建图案填充时的拾取点进行计算。

④允许的间隙。设定将对象用作图案填充边界时可以忽略的最大间隙。默认值为 0，此值指定对象必须封闭区域而没有间隙。按图形单位输入一个值（从 0 到 5000），以设置将对象用作图案填充边界时可以忽略的最大间隙。任何小于等于指定值的间隙都将被忽略，并将边界视为封闭。

⑤继承选项。控制当用户使用"继承特性"选项创建图案填充时是否继承图案填充原点。

6.3.2　应用工具选相板填充图案

自 2004 版起 AutoCAD 新增了一种填充图案方式，即工具选项板填充图案。此外，使用工具选项板可在选项卡形式的窗口中整理块、图案填充和自定义工具。

1. 激活命令

◆ 命令行：TOOLPALETTES

◆ "工具"菜单→"选项板"→"工具选项板窗口"

◆ 视图选项卡→"选项"工具栏：

◆ 快捷键：按 CTRL+3。

工具选项板图案填充选项卡如图 6-7 所示。在工具选项板的空白区域单击鼠标右键，弹出快捷菜单，可进行相应设置，如图 6-8 所示。

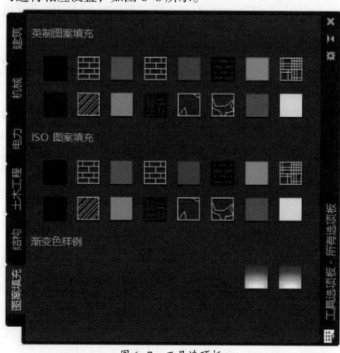

图 6-7　工具选项板

图 6-8　工具选项板之快捷菜单

2. 填充图案

首先用鼠标单击工具选项板中填充图案，然后移动鼠标到填充区域单击鼠标即可完成填充，如图 6-9 所示。

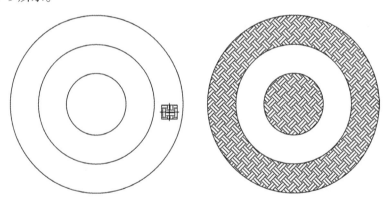

图 6-9　应用工具选项板填充图案

6.4　编辑填充图案

图案填充完成以后，如果效果不能令人满意，那就必须对它进行修改。

激活命令方式如下。

◆ 命令行：HATCHEDIT

◆ "修改"菜单：对象→图案填充

◆ 默认选项卡 "修改"工具栏 "图案填充编辑器"功能区：

◆ 显示动态菜单：将光标悬停在图案填充控制夹点上以显示动态菜单，用户可使用该动态菜单快速更改图案原点、角度和比例

◆ "特性"选项板

◆ 快捷菜单：单击鼠标右键以访问"图案填充编辑"和其他命令

选择填充对象后，AutoCAD 将显示如图 6-10 所示的"图案填充编辑"对话框。

可以修改图案填充的类型、比例、角度、关联特性。还可以使用"格式刷"工具继承其他填充图案的特性。

如果有必要，可以在"图案填充编辑"对话框"更多"选项卡中修改孤岛检测样式，以满足使用要求。

图 6-10 "图案填充编辑"对话框

在"图案填充编辑"对话框中，每一次重要的修改都需要单击"确定"按钮予以确认，以保存修改后的填充图案。

6.5 填充图案的可见性控制

1.FILL 命令

FILL 命令用于控制填充图案的可见性，该命令还可控制多线、宽多段线、实心填充多边形和宽线的填充显示。

2. 调用方法

◆ 命令行：FILL

根据需要可以设置成开 (ON) 或关 (OFF) 模式。

此外，依次单击"视图"选项卡→"界面"面板，在"选项"对话框的"显示"选项卡中，在"显示性能"下单击或清除"应用实体填充"。

要显示更改，需要依次单击"视图"菜单→"重生成"。

项目练习 6-1

绘制图 6-11 所示二侧支管通入干管交汇井平面图。

（1）创建多线样式。

命令：_mlstyle // 多线样式设置对话框如图 6-12 所示。

名称：PIPE

元素特性：	偏移	颜色	线型
	1.1	10	CONTINUOUS
	1.0	170	CONTINUOUS
	0.0	100	DASHDOTX2
	−1.0	170	CONTINUOUS
	−1.1	10	CONTINUOUS

多线特性：起点、端点直线封口；角度 90。

（2）绘制井。见图 6-13（a）。首先绘制 R=80 的圆，然后应用 OFFSET 命令绘制另外 2 个圆。

命令：'_layer // 设定 draw 图层，并设为当前层。

命令：c

CIRCLE 指定圆的圆心或 [三点 (3P)/ 两点 (2P)/ 相切、相切、半径 (T)]：160,160

指定圆的半径或 [直径 (D)]：80

命令：_offset

指定偏移距离或 [通过 (T)]：20

命令：OFFSET

指定偏移距离或 [通过 (T)] <20.0000>：8

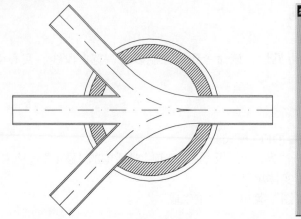

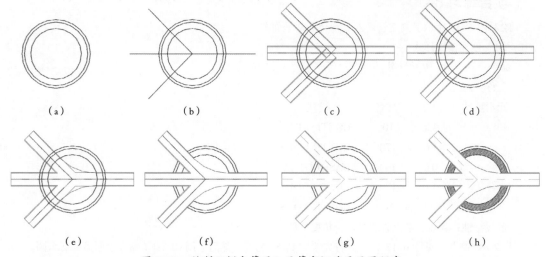

图 6-11　所示二侧支管通入干管交汇井平面图　　图 6-12　设置 PIPE 多线样式

（a）　　　　　　　　　（b）　　　　　　　　　（c）　　　　　　　　　（d）

（e）　　　　　　　　　（f）　　　　　　　　　（g）　　　　　　　　　（h）

图 6-13　绘制二侧支管通入干管交汇井平面图顺序

（3）绘制管线的参照线。见图 6-13（b）。

命令：'_layer // 设定 ref 参照图层，并设为当前层

l

LINE 指定第一点：// 指定圆心

指定下一点或 [放弃 (U)]：200 // 采用极轴追踪模式，捕捉水平线的右端点。

指定下一点或 [放弃 (U)]：

……

命令：_stretch

以交叉窗口或交叉多边形选择要拉伸的对象 ...

选择对象：找到 1 个 // 捕捉上一条直线左侧部分

选择对象：

指定基点或位移：

指定位移的第二个点或 < 用第一个点作位移 >：200 // 向左拉伸 200

……

命令：l // 设置 45 度增量角的极轴追踪，绘制上部斜线。

LINE 指定第一点： // 指定圆心

指定下一点或 [放弃 (U)]：200 // 追踪角 135 度。

……

命令：_mirror // 采用镜像命令绘制下部斜线

选择对象：找到 1 个

选择对象：

指定镜像线的第一点：指定镜像线的第二点： // 以水平线作为镜像线

是否删除源对象？[是 (Y)/ 否 (N)] <N>：

（4）绘制管线。见图 6-13（c）。

命令：'_layer // 设定 draw 为当前层

命令：ml MLINE

当前设置：对正 = 无，比例 = 20.00，样式 = PIPE

指定起点或 [对正 (J)/ 比例 (S)/ 样式 (ST)]：

指定下一点：

指定下一点或 [放弃 (U)]：

命令： MLINE

当前设置：对正 = 无，比例 = 20.00，样式 = PIPE

指定起点或 [对正 (J)/ 比例 (S)/ 样式 (ST)]：

指定下一点：

指定下一点或 [放弃 (U)]：

命令： MLINE

当前设置：对正 = 无，比例 = 20.00，样式 = PIPE

指定起点或 [对正 (J)/ 比例 (S)/ 样式 (ST)]：

指定下一点：

指定下一点或 [放弃 (U)]：

（5）编辑多线。见图 6-13（d）。

命令：mledit // 双击对话框中 T 型合并。

选择第一条多线： // 选择上部多线。

选择第二条多线： // 选择中部多线。

选择第一条多线或 [放弃 (U)]： // 选择下部多线。

选择第二条多线： // 选择中部多线。

选择第一条多线或 [放弃 (U)]：

（6）倒圆角。见图 6-13（e）。

命令：指定对角点： // 用窗交方式选择全部多线。

命令：_explode 找到 3 个 // 炸开多线。

当前设置：模式 = 修剪，半径 = 0.0000

选择第一个对象或 [多段线 (P)/ 半径 (R)/ 修剪 (T)/ 多个 (U)]：r 指定圆角半径

<0.0000>：160 // 设定修剪半径 160。

选择第一个对象或 [多段线 (P)/ 半径 (R)/ 修剪 (T)/ 多个 (U)]:

选择第二个对象:

命令: FILLET

当前设置: 模式 = 修剪, 半径 = 160.0000

选择第一个对象或 [多段线 (P)/ 半径 (R)/ 修剪 (T)/ 多个 (U)]:

选择第二个对象:

(7) 修剪井盖与管线。见图 6-13 (f)。

命令: _trim

当前设置: 投影 = 视图, 边 = 延伸

选择剪切边 ...

选择对象: 指定对角点: 找到 3 个 // 选择 3 个圆。

选择对象: 找到 1 个, 总计 4 个 // 选择全部红色直线。

选择对象: 找到 1 个, 总计 5 个

选择对象: 找到 1 个, 总计 6 个

选择对象: 找到 1 个, 总计 7 个

选择对象: 找到 1 个, 总计 8 个

选择对象: 找到 1 个, 总计 9 个

选择对象: 找到 1 个, 总计 10 个

选择对象: 找到 1 个, 总计 11 个

选择对象:

选择要修剪的对象, 或按住 Shift 键选择要延伸的对象, 或 [投影 (P)/ 边 (E)/ 放弃 (U)]:

选择要修剪的对象, 或按住 Shift 键选择要延伸的对象, 或 [投影 (P)/ 边 (E)/ 放弃 (U)]:

选择要修剪的对象, 或按住 Shift 键选择要延伸的对象, 或 [投影 (P)/ 边 (E)/ 放弃 (U)]:

选择要修剪的对象, 或按住 Shift 键选择要延伸的对象, 或 [投影 (P)/ 边 (E)/ 放弃 (U)]:

选择要修剪的对象, 或按住 Shift 键选择要延伸的对象, 或 [投影 (P)/ 边 (E)/ 放弃 (U)]:

选择要修剪的对象, 或按住 Shift 键选择要延伸的对象, 或 [投影 (P)/ 边 (E)/ 放弃 (U)]:

选择要修剪的对象, 或按住 Shift 键选择要延伸的对象, 或 [投影 (P)/ 边 (E)/ 放弃 (U)]:

选择要修剪的对象, 或按住 Shift 键选择要延伸的对象, 或 [投影 (P)/ 边 (E)/ 放弃 (U)]:

选择要修剪的对象, 或按住 Shift 键选择要延伸的对象, 或 [投影 (P)/ 边 (E)/ 放弃 (U)]:

选择要修剪的对象, 或按住 Shift 键选择要延伸的对象, 或 [投影 (P)/ 边 (E)/ 放弃 (U)]:

选择要修剪的对象, 或按住 Shift 键选择要延伸的对象, 或 [投影 (P)/ 边 (E)/ 放弃 (U)]:

选择要修剪的对象, 或按住 Shift 键选择要延伸的对象, 或 [投影 (P)/ 边 (E)/ 放弃 (U)]:

选择要修剪的对象, 或按住 Shift 键选择要延伸的对象, 或 [投影 (P)/ 边 (E)/ 放弃 (U)]:

选择要修剪的对象, 或按住 Shift 键选择要延伸的对象, 或 [投影 (P)/ 边 (E)/ 放弃 (U)]:

选择要修剪的对象, 或按住 Shift 键选择要延伸的对象, 或 [投影 (P)/ 边 (E)/ 放弃 (U)]:

选择要修剪的对象, 或按住 Shift 键选择要延伸的对象, 或 [投影 (P)/ 边 (E)/ 放弃 (U)]:

选择要修剪的对象, 或按住 Shift 键选择要延伸的对象, 或 [投影 (P)/ 边 (E)/ 放弃 (U)]:

(8) 删除参照线。见图 6-13 (g)。

命令: 指定对角点:

命令：_qselect //应用快速方法选择参照线。

已选定 3 个项目。

命令：_.erase 找到 3 个 //删除参照线。

（9）完成填充。见图 6-13（h）。

命令：_bhatch //图案 ANSI31 ，角度 0 ，比例 1。

选择内部点：正在选择所有对象 ...

正在选择所有可见对象 ...

正在分析所选数据 ...

正在分析内部孤岛 ...

选择内部点：

正在分析内部孤岛 ...

选择内部点：

正在分析内部孤岛 ...

选择内部点：

正在分析内部孤岛 ...

选择内部点：

项目练习 6-2：绘制锚杆纵剖面图

某基坑支护项目有护坡桩锚杆支护体系, 锚杆纵剖面图如图 6-14。一般来说锚杆长度可达 20~30m,
直径仅 10~20cm。这种图形尺寸偏向一维, 为了绘图方便以及视觉效果, 这种情况下不拘泥于原始尺寸,
通常用标注或文字说明。锚杆各部件绘制尺寸见图 6-15。

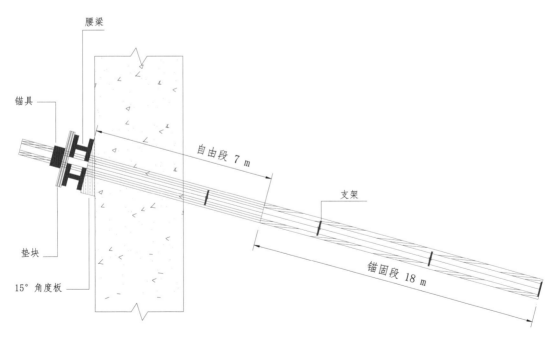

图 6-14　护坡桩锚杆纵剖面图

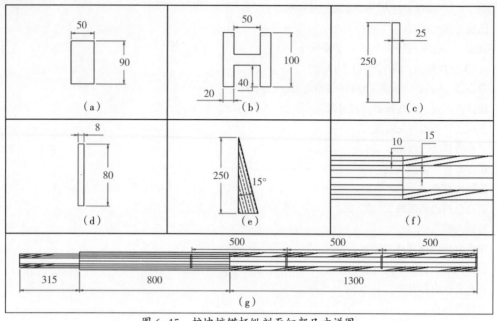

图 6-15　护坡桩锚杆纵剖面细部尺寸详图

（a）锚具；（b）腰梁工字钢；（c）垫块；（d）支架；（e）15°角垫板；（f）锚索局部；（g）锚索总览

主要步骤如下。

（1）绘制锚索。

命令：L

LINE

指定第一个点：

没有直线或圆弧可连续。

指定第一个点：

指定下一点或 [放弃 (U)]: @2415,0

指定下一点或 [放弃 (U)]:

命令：_copy

选择对象：l // *Last* 选项，选择最新创建的对象。

找到 1 个

选择对象：

当前设置：复制模式 = 多个

指定基点或 [位移 (D)/ 模式 (O)] < 位移 >：// 指定该直线端点为基点

指定第二个点或 [阵列 (A)] < 使用第一个点作为位移 >：@315,0

指定第二个点或 [阵列 (A)/ 退出 (E)/ 放弃 (U)] < 退出 >：1115

指定第二个点或 [阵列 (A)/ 退出 (E)/ 放弃 (U)] < 退出 >：

指定第二个点或 [阵列 (A)/ 退出 (E)/ 放弃 (U)] < 退出 >：

命令：_offset

当前设置：删除源 = 否　图层 = 源　OFFSETGAPTYPE=0

指定偏移距离或 [通过 (T)/ 删除 (E)/ 图层 (L)] < 通过 >： 15

选择要偏移的对象，或 [退出 (E)/ 放弃 (U)] < 退出 >：

指定要偏移的那一侧上的点，或 [退出 (E)/ 多个 (M)/ 放弃 (U)] < 退出 >：

选择要偏移的对象，或 [退出 (E)/ 放弃 (U)] < 退出 >：

命令： OFFSET

当前设置：删除源 = 否 图层 = 源 OFFSETGAPTYPE=0

指定偏移距离或 [通过 (T)/ 删除 (E)/ 图层 (L)] <15.0000>： 10

选择要偏移的对象，或 [退出 (E)/ 放弃 (U)] < 退出 >：

指定要偏移的那一侧上的点，或 [退出 (E)/ 多个 (M)/ 放弃 (U)] < 退出 >：

选择要偏移的对象，或 [退出 (E)/ 放弃 (U)] < 退出 >：

指定要偏移的那一侧上的点，或 [退出 (E)/ 多个 (M)/ 放弃 (U)] < 退出 >：

选择要偏移的对象，或 [退出 (E)/ 放弃 (U)] < 退出 >：

指定要偏移的那一侧上的点，或 [退出 (E)/ 多个 (M)/ 放弃 (U)] < 退出 >：

选择要偏移的对象，或 [退出 (E)/ 放弃 (U)] < 退出 >：

命令：_mirror

选择对象：指定对角点：找到 4 个

选择对象：

指定镜像线的第一点： < 打开对象捕捉 >

指定镜像线的第二点：

要删除源对象吗？ [是 (Y)/ 否 (N)] < 否 >：

（2）分割锚索各区域。

命令：L *// 锚索左端绘制直线封口。*

LINE

指定第一个点：

指定下一点或 [放弃 (U)]：

指定下一点或 [放弃 (U)]：

命令：_copy *// 复制另外 3 个分割线。*

选择对象：l

找到 1 个

选择对象：

当前设置：复制模式 = 多个

指定基点或 [位移 (D)/ 模式 (O)] < 位移 >：

指定第二个点或 [阵列 (A)] < 使用第一个点作为位移 >： @315,0

指定第二个点或 [阵列 (A)/ 退出 (E)/ 放弃 (U)] < 退出 >： 1115

// 追踪模式，水平方向增量

指定第二个点或 [阵列 (A)/ 退出 (E)/ 放弃 (U)] < 退出 >：

指定第二个点或 [阵列 (A)/ 退出 (E)/ 放弃 (U)] < 退出 >：

命令：_trim

当前设置：投影 =UCS，边 = 无

选择剪切边 ...

选择对象或 < 全部选择 >：指定对角点：找到 3 个 *// 选中右侧 3 根竖向直线。*

选择对象： *// 参见图 6–15（g）修剪锚索。*

选择要修剪的对象，或按住 Shift 键选择要延伸的对象，或

[栏选 (F)/ 窗交 (C)/ 投影 (P)/ 边 (E)/ 删除 (R)/ 放弃 (U)]：

选择要修剪的对象，或按住 Shift 键选择要延伸的对象，或

[栏选 (F)/ 窗交 (C)/ 投影 (P)/ 边 (E)/ 删除 (R)/ 放弃 (U)]：

选择要修剪的对象，或按住 Shift 键选择要延伸的对象，或

[栏选 (F)/ 窗交 (C)/ 投影 (P)/ 边 (E)/ 删除 (R)/ 放弃 (U)]：

选择要修剪的对象，或按住 Shift 键选择要延伸的对象，或

[栏选 (F)/ 窗交 (C)/ 投影 (P)/ 边 (E)/ 删除 (R)/ 放弃 (U)]：

选择要修剪的对象，或按住 Shift 键选择要延伸的对象，或

[栏选 (F)/ 窗交 (C)/ 投影 (P)/ 边 (E)/ 删除 (R)/ 放弃 (U)]：

选择要修剪的对象，或按住 Shift 键选择要延伸的对象，或

[栏选 (F)/ 窗交 (C)/ 投影 (P)/ 边 (E)/ 删除 (R)/ 放弃 (U)]：

选择要修剪的对象，或按住 Shift 键选择要延伸的对象，或

[栏选 (F)/ 窗交 (C)/ 投影 (P)/ 边 (E)/ 删除 (R)/ 放弃 (U)]：

选择要修剪的对象，或按住 Shift 键选择要延伸的对象，或

[栏选 (F)/ 窗交 (C)/ 投影 (P)/ 边 (E)/ 删除 (R)/ 放弃 (U)]：

命令：_trim *// 修剪左侧端点封口。*

当前设置：投影 =UCS，边 = 无

选择剪切边 ...

选择对象或 < 全部选择 >：指定对角点：找到 6 个 *// 选中 6 根横向直线。*

选择对象：

选择要修剪的对象，或按住 Shift 键选择要延伸的对象，或

[栏选 (F)/ 窗交 (C)/ 投影 (P)/ 边 (E)/ 删除 (R)/ 放弃 (U)]：

选择要修剪的对象，或按住 Shift 键选择要延伸的对象，或

[栏选 (F)/ 窗交 (C)/ 投影 (P)/ 边 (E)/ 删除 (R)/ 放弃 (U)]：

选择要修剪的对象，或按住 Shift 键选择要延伸的对象，或

[栏选 (F)/ 窗交 (C)/ 投影 (P)/ 边 (E)/ 删除 (R)/ 放弃 (U)]：

（3）绘制锚具、垫块、支架、腰梁工字钢、15° 角垫板。

// 绘制边长 10 的正方形，以其左下角为基点创建块，命名为 Abase。

命令：_rectang

指定第一个角点或 [倒角 (C)/ 标高 (E)/ 圆角 (F)/ 厚度 (T)/ 宽度 (W)]：

指定另一个角点或 [面积 (A)/ 尺寸 (D)/ 旋转 (R)]：@10,10

命令：

命令：_block 指定插入基点：

选择对象：指定对角点：找到 1 个

选择对象：

// 绘制锚具。

命令：_–INSERT 输入块名或 [?]：Abase

单位：毫米 转换： 1.0000

指定插入点或 [基点 (B)/ 比例 (S)/X/Y/Z/ 旋转 (R)]：_Scale 指定 XYZ 轴的比例因子 <1>：1 指定插入点或 [基点 (B)/ 比例 (S)/X/Y/Z/ 旋转 (R)]：_Rotate

指定旋转角度 <0>：0

指定插入点或 [基点 (B)/ 比例 (S)/X/Y/Z/ 旋转 (R)]：x

指定 X 比例因子 <1>：5

指定插入点或 [基点 (B)/ 比例 (S)/X/Y/Z/ 旋转 (R)]：y

指定 Y 比例因子 <1>：9

指定插入点或 [基点 (B)/ 比例 (S)/X/Y/Z/ 旋转 (R)]：

// 绘制垫块。

命令：_–INSERT 输入块名或 [?] <Abase>：Abase

单位：毫米 转换： 1.0000

指定插入点或 [基点 (B)/ 比例 (S)/X/Y/Z/ 旋转 (R)]：_Scale 指定 XYZ 轴的比例因子 <1>：1 指定插入点或 [基点 (B)/ 比例 (S)/X/Y/Z/ 旋转 (R)]：_Rotate

指定旋转角度 <0>：0

指定插入点或 [基点 (B)/ 比例 (S)/X/Y/Z/ 旋转 (R)]：x

指定 X 比例因子 <1>：2.5

指定插入点或 [基点 (B)/ 比例 (S)/X/Y/Z/ 旋转 (R)]：y

指定 Y 比例因子 <1>：25

指定插入点或 [基点 (B)/ 比例 (S)/X/Y/Z/ 旋转 (R)]：

// 绘制支架。

命令：_–INSERT 输入块名或 [?] <Abase>：Abase

单位：毫米 转换： 1.0000

指定插入点或 [基点 (B)/ 比例 (S)/X/Y/Z/ 旋转 (R)]：_Scale 指定 XYZ 轴的比例因子 <1>：1 指定插入点或 [基点 (B)/ 比例 (S)/X/Y/Z/ 旋转 (R)]：_Rotate

指定旋转角度 <0>：0

指定插入点或 [基点 (B)/ 比例 (S)/X/Y/Z/ 旋转 (R)]：x

指定 X 比例因子 <1>：0.8

指定插入点或 [基点 (B)/ 比例 (S)/X/Y/Z/ 旋转 (R)]：y

指定 Y 比例因子 <1>：8

指定插入点或 [基点 (B)/ 比例 (S)/X/Y/Z/ 旋转 (R)]：

// 绘制腰梁工字钢。

命令：PL // 采用正交、追踪模式或相对坐标方式快速绘制图形

PLINE

指定起点：

当前线宽为 0.0000

指定下一个点或 [圆弧 (A)/ 半宽 (H)/ 长度 (L)/ 放弃 (U)/ 宽度 (W)]：@20,0

指定下一点或 [圆弧 (A)/ 闭合 (C)/ 半宽 (H)/ 长度 (L)/ 放弃 (U)/ 宽度 (W)]：40

指定下一点或 [圆弧 (A)/ 闭合 (C)/ 半宽 (H)/ 长度 (L)/ 放弃 (U)/ 宽度 (W)]：50

指定下一点或 [圆弧 (A)/ 闭合 (C)/ 半宽 (H)/ 长度 (L)/ 放弃 (U)/ 宽度 (W)]：40

指定下一点或 [圆弧 (A)/ 闭合 (C)/ 半宽 (H)/ 长度 (L)/ 放弃 (U)/ 宽度 (W)]：20

指定下一点或 [圆弧 (A)/ 闭合 (C)/ 半宽 (H)/ 长度 (L)/ 放弃 (U)/ 宽度 (W)]：100

指定下一点或 [圆弧 (A)/ 闭合 (C)/ 半宽 (H)/ 长度 (L)/ 放弃 (U)/ 宽度 (W)]：20

指定下一点或 [圆弧 (A)/ 闭合 (C)/ 半宽 (H)/ 长度 (L)/ 放弃 (U)/ 宽度 (W)]：40

指定下一点或 [圆弧 (A)/ 闭合 (C)/ 半宽 (H)/ 长度 (L)/ 放弃 (U)/ 宽度 (W)]：50

指定下一点或 [圆弧 (A)/ 闭合 (C)/ 半宽 (H)/ 长度 (L)/ 放弃 (U)/ 宽度 (W)]：40

指定下一点或 [圆弧 (A)/ 闭合 (C)/ 半宽 (H)/ 长度 (L)/ 放弃 (U)/ 宽度 (W)]：20

指定下一点或 [圆弧 (A)/ 闭合 (C)/ 半宽 (H)/ 长度 (L)/ 放弃 (U)/ 宽度 (W)]：c

// 绘制 15° 角垫板（图 6-16）。

命令：_pline

指定起点：

当前线宽为 0.0000

指定下一个点或 [圆弧 (A)/ 半宽 (H)/ 长度 (L)/ 放弃 (U)/ 宽度 (W)]：@250<90

指定下一点或 [圆弧 (A)/ 闭合 (C)/ 半宽 (H)/ 长度 (L)/ 放弃 (U)/ 宽度 (W)]：< 对象捕捉追踪 开 > < 极轴开 > // 极轴追踪增量角设置为 15；捕捉极轴线上与多段线起点同水平的点。

指定下一点或 [圆弧 (A)/ 闭合 (C)/ 半宽 (H)/ 长度 (L)/ 放弃 (U)/ 宽度 (W)]：c

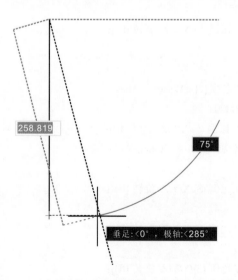

图 6-16　应用极轴追踪绘制特定角度直角三角形

（4）绘制护坡桩。

命令：_rectang

指定第一个角点或 [倒角 (C)/ 标高 (E)/ 圆角 (F)/ 厚度 (T)/ 宽度 (W)]:

指定另一个角点或 [面积 (A)/ 尺寸 (D)/ 旋转 (R)]: @400,1125

命令：_explode // 分解矩形。

选择对象：l

找到 1 个

选择对象：

命令：指定对角点或 [栏选 (F)/ 圈围 (WP)/ 圈交 (CP)]:

命令：_.erase 找到 2 个 // 删除 2 条水平直线。

命令：PL // 绘制折弯。

PLINE

指定起点：

当前线宽为 0.0000

指定下一个点或 [圆弧 (A)/ 半宽 (H)/ 长度 (L)/ 放弃 (U)/ 宽度 (W)]: @160<0

指定下一点或 [圆弧 (A)/ 闭合 (C)/ 半宽 (H)/ 长度 (L)/ 放弃 (U)/ 宽度 (W)]: @20,40

指定下一点或 [圆弧 (A)/ 闭合 (C)/ 半宽 (H)/ 长度 (L)/ 放弃 (U)/ 宽度 (W)]: @40,–80

指定下一点或 [圆弧 (A)/ 闭合 (C)/ 半宽 (H)/ 长度 (L)/ 放弃 (U)/ 宽度 (W)]: @20,40

指定下一点或 [圆弧 (A)/ 闭合 (C)/ 半宽 (H)/ 长度 (L)/ 放弃 (U)/ 宽度 (W)]: @160,0

指定下一点或 [圆弧 (A)/ 闭合 (C)/ 半宽 (H)/ 长度 (L)/ 放弃 (U)/ 宽度 (W)]:

** 拉伸 ** // 夹点编辑复制另一段折弯。

指定拉伸点或 [基点 (B)/ 复制 (C)/ 放弃 (U)/ 退出 (X)]:

** MOVE **

指定移动点 或 [基点 (B)/ 复制 (C)/ 放弃 (U)/ 退出 (X)]: c

** MOVE (多个) **

指定移动点 或 [基点 (B)/ 复制 (C)/ 放弃 (U)/ 退出 (X)]:

** MOVE (多个) **

指定移动点 或 [基点 (B)/ 复制 (C)/ 放弃 (U)/ 退出 (X)]: * 取消 *

命令：* 取消 *

（5）装配锚索各部件。

装配 15° 角垫板

// 选定 15° 角垫板，点击竖直边中点为热点。

命令：指定对角点或 [栏选 (F)/ 圈围 (WP)/ 圈交 (CP)]:

命令：

** 拉伸 **

指定拉伸点或 [基点 (B)/ 复制 (C)/ 放弃 (U)/ 退出 (X)]:

** MOVE **

指定移动点 或 [基点 (B)/ 复制 (C)/ 放弃 (U)/ 退出 (X)]:

命令：* 取消 *

装配腰梁

命令：指定对角点 或 [栏选 (F)/ 圈围 (WP)/ 圈交 (CP)]：　*// 选中工字钢。*

命令：

** 拉伸 **　*// 激活工字钢右上角角点为热点。*

指定拉伸点 或 [基点 (B)/ 复制 (C)/ 放弃 (U)/ 退出 (X)]:

** MOVE **

指定移动点 或 [基点 (B)/ 复制 (C)/ 放弃 (U)/ 退出 (X)]:

命令：

** 拉伸 **　*// 激活工字钢右下角角点为热点。*

指定拉伸点 或 [基点 (B)/ 复制 (C)/ 放弃 (U)/ 退出 (X)]:

** MOVE **

指定移动点 或 [基点 (B)/ 复制 (C)/ 放弃 (U)/ 退出 (X)]: c

** MOVE (多个) **

指定移动点 或 [基点 (B)/ 复制 (C)/ 放弃 (U)/ 退出 (X)]:

** MOVE (多个) **

指定移动点 或 [基点 (B)/ 复制 (C)/ 放弃 (U)/ 退出 (X)]: * 取消 *

命令：* 取消 *

装配锚具和垫块

命令：_explode 找到 3 个　*// 分解块*

命令：指定对角点 或 [栏选 (F)/ 圈围 (WP)/ 圈交 (CP)]：　*// 选中锚具。*

命令：** 拉伸 **　*// 激活锚具右侧中点为热点。*

指定拉伸点：

** MOVE **

指定移动点 或 [基点 (B)/ 复制 (C)/ 放弃 (U)/ 退出 (X)]:

　// 锚具右侧中点对正垫块左侧中点。

命令：指定对角点 或 [栏选 (F)/ 圈围 (WP)/ 圈交 (CP)]：　*// 选中锚具和垫块。*

命令：

** 拉伸 **　*// 激活垫块右侧中点为热点。*

指定拉伸点：

** MOVE **

指定移动点 或 [基点 (B)/ 复制 (C)/ 放弃 (U)/ 退出 (X)]:

　// 极轴加追踪方式捕捉锚索中心线与腰梁左边界外观交点。

命令：* 取消 *

装配支架

命令：指定对角点或 [栏选 (F)/ 圈围 (WP)/ 圈交 (CP)]：

命令：

** 拉伸 ** // 激活支架右侧中点为热点。

指定拉伸点或 [基点 (B)/ 复制 (C)/ 放弃 (U)/ 退出 (X)]：

** MOVE **

指定移动点 或 [基点 (B)/ 复制 (C)/ 放弃 (U)/ 退出 (X)]：

// 支架右侧中点对正锚索右端中心点。

命令：_arrayrect 找到 4 个

类型 = 矩形 关联 = 否

选择夹点以编辑阵列或 [关联 (AS)/ 基点 (B)/ 计数 (COU)/ 间距 (S)/ 列数 (COL)/ 行数 (R)/ 层数 (L)/ 退出 (X)] < 退出 >：r

输入行数数或 [表达式 (E)] <3>：1

指定 行数 之间的距离或 [总计 (T)/ 表达式 (E)] <120>：

指定 行数 之间的标高增量或 [表达式 (E)] <0>：

选择夹点以编辑阵列或 [关联 (AS)/ 基点 (B)/ 计数 (COU)/ 间距 (S)/ 列数 (COL)/ 行数 (R)/ 层数 (L)/ 退出 (X)] < 退出 >：col

输入列数数或 [表达式 (E)] <4>：

指定 列数 之间的距离或 [总计 (T)/ 表达式 (E)] <12>：–500

选择夹点以编辑阵列或 [关联 (AS)/ 基点 (B)/ 计数 (COU)/ 间距 (S)/ 列数 (COL)/ 行数 (R)/ 层数 (L)/ 退出 (X)] < 退出 >：

（6）锚杆和护坡桩对齐。

// 锚杆向下倾斜15° 。

命令：指定对角点或 [栏选 (F)/ 圈围 (WP)/ 圈交 (CP)]： // 选中锚杆。

命令：

** 拉伸 ** // 激活15° 角垫板斜边中点为热点。

指定拉伸点：

** MOVE **

指定移动点 或 [基点 (B)/ 复制 (C)/ 放弃 (U)/ 退出 (X)]：

** 旋转 **

指定旋转角度或 [基点 (B)/ 复制 (C)/ 放弃 (U)/ 参照 (R)/ 退出 (X)]：–15

** 拉伸 ** // 激活 15° 角垫板斜边中点为热点。

指定拉伸点：

** MOVE ** //15° 角垫板斜边中点对正护坡桩左侧中心点。

指定移动点 或 [基点 (B)/ 复制 (C)/ 放弃 (U)/ 退出 (X)]：

** 拉伸 ** // 激活 15° 角垫板斜边中点为热点。

指定拉伸点：

** MOVE ** // 锚杆整体向上移动 80 个绘图单位。

指定移动点 或 [基点 (B)/ 复制 (C)/ 放弃 (U)/ 退出 (X)]：@0,80

命令：* 取消 *

（7）对锚杆局部进行图案填充。

// 填充锚具、支架、工字钢，图案 Solid 。

命令：_hatch

选择对象或 [拾取内部点 (K)/ 放弃 (U)/ 设置 (T)]：找到 1 个

选择对象或 [拾取内部点 (K)/ 放弃 (U)/ 设置 (T)]：找到 1 个，总计 2 个

选择对象或 [拾取内部点 (K)/ 放弃 (U)/ 设置 (T)]：指定对角点：找到 4 个，总计 6 个

选择对象或 [拾取内部点 (K)/ 放弃 (U)/ 设置 (T)]：指定对角点：找到 4 个，总计 10 个

选择对象或 [拾取内部点 (K)/ 放弃 (U)/ 设置 (T)]：指定对角点：找到 4 个，总计 14 个

选择对象或 [拾取内部点 (K)/ 放弃 (U)/ 设置 (T)]：指定对角点：找到 4 个，总计 18 个

选择对象或 [拾取内部点 (K)/ 放弃 (U)/ 设置 (T)]：指定对角点：找到 4 个，总计 22 个

选择对象或 [拾取内部点 (K)/ 放弃 (U)/ 设置 (T)]：

// 填充垫块，图案 Gost_Ground，角度 210，比例 1 。

命令：_hatch

选择对象或 [拾取内部点 (K)/ 放弃 (U)/ 设置 (T)]：指定对角点：找到 1 个

选择对象或 [拾取内部点 (K)/ 放弃 (U)/ 设置 (T)]：指定对角点：找到 2 个，总计 3 个

选择对象或 [拾取内部点 (K)/ 放弃 (U)/ 设置 (T)]：指定对角点：找到 1 个，总计 4 个

选择对象或 [拾取内部点 (K)/ 放弃 (U)/ 设置 (T)]：

// 填充 15° 角垫板，图案 Brass，角度 90，比例 3 。

命令：_hatch

选择对象或 [拾取内部点 (K)/ 放弃 (U)/ 设置 (T)]：找到 1 个

选择对象或 [拾取内部点 (K)/ 放弃 (U)/ 设置 (T)]：

命令：'_-hatchedit

找到 1 个

输入图案填充选项 [解除关联 (DI)/ 样式 (S)/ 特性 (P)/ 绘图次序 (DR)/ 添加边界 (AD)/ 删除边界 (R)/ 重新创建边界 (B)/ 关联 (AS)/ 独立的图案填充 (H)/ 原点 (O)/ 注释性 (AN)/ 图案填充颜色 (CO)/ 图层 (LA)/ 透明度 (T)] < 特性 >：_p

输入图案名称或 [?/ 实体 (S)/ 用户定义 (U)/ 渐变色 (G)] <BRASS>：

指定图案缩放比例 <1.0000>：

指定图案角度 <0>：210

// 填充护坡桩，图案 AR-CONC，比例 1 。

命令：_hatch

选择对象或 [拾取内部点 (K)/ 放弃 (U)/ 设置 (T)]：指定对角点：找到 1 个

选择对象或 [拾取内部点 (K)/ 放弃 (U)/ 设置 (T)]：指定对角点：找到 2 个，总计 3 个

选择对象或 [拾取内部点 (K)/ 放弃 (U)/ 设置 (T)]：指定对角点：找到 1 个，总计 4 个

选择对象或 [拾取内部点 (K)/ 放弃 (U)/ 设置 (T)]：

// 填充锚索，图案 ANSI31，角度 305，左上部分比例分别为 3，右下部分比例为 5。

命令：_hatch

选择对象或 [拾取内部点 (K)/ 放弃 (U)/ 设置 (T)]：k

拾取内部点或 [选择对象 (S)/ 放弃 (U)/ 设置 (T)]：正在选择所有对象 …

正在选择所有可见对象 …

正在分析所选数据 …

拾取内部点或 [选择对象 (S)/ 放弃 (U)/ 设置 (T)]：正在选择所有对象 …

正在选择所有可见对象 …

正在分析所选数据 …

正在分析内部孤岛 …

拾取内部点或 [选择对象 (S)/ 放弃 (U)/ 设置 (T)]：正在选择所有对象 …

正在选择所有可见对象 …

正在分析所选数据 …

正在分析内部孤岛 …

拾取内部点或 [选择对象 (S)/ 放弃 (U)/ 设置 (T)]：正在选择所有对象 …

正在选择所有可见对象 …

正在分析所选数据 …

正在分析内部孤岛 …

拾取内部点或 [选择对象 (S)/ 放弃 (U)/ 设置 (T)]：正在选择所有对象 …

正在选择所有可见对象 …

正在分析所选数据 …

正在分析内部孤岛 …

拾取内部点或 [选择对象 (S)/ 放弃 (U)/ 设置 (T)]：

输入图案填充选项 [解除关联 (DI)/ 样式 (S)/ 特性 (P)/ 绘图次序 (DR)/ 添加边界 (AD)/ 删除边界 (R)/ 重新创建边界 (B)/ 关联 (AS)/ 独立的图案填充 (H)/ 原点 (O)/ 注释性 (AN)/ 图案填充颜色 (CO)/ 图层 (LA)/ 透明度 (T)] < 特性 >：_p

输入图案名称或 [?/ 实体 (S)/ 用户定义 (U)/ 渐变色 (G)] <ANSI31>：

指定图案缩放比例 <5.0000>：

指定图案角度 <0>：305

命令：_hatch

拾取内部点或 [选择对象 (S)/ 放弃 (U)/ 设置 (T)]：正在选择所有对象 …

正在选择所有可见对象 …

正在分析所选数据 …

正在分析内部孤岛 …

拾取内部点或 [选择对象 (S)/ 放弃 (U)/ 设置 (T)]：

正在分析内部孤岛 ...

拾取内部点或 [选择对象 (S)/ 放弃 (U)/ 设置 (T)]:

命令：

命令：* 取消 *

命令：指定对角点或 [栏选 (F)/ 圈围 (WP)/ 圈交 (CP)]:

命令：

命令：'_–hatchedit

找到 1 个

输入图案填充选项 [解除关联 (DI)/ 样式 (S)/ 特性 (P)/ 绘图次序 (DR)/ 添加边界 (AD)/ 删除边界 (R)/ 重新创建边界 (B)/ 关联 (AS)/ 独立的图案填充 (H)/ 原点 (O)/ 注释性 (AN)/ 图案填充颜色 (CO)/ 图层 (LA)/ 透明度 (T)] < 特性 >：_p

输入图案名称或 [?/ 实体 (S)/ 用户定义 (U)/ 渐变色 (G)] <ANSI31>：

指定图案缩放比例 <5.0000>：

指定图案角度 <0>：305

命令：* 取消 *

思考题

1. 怎样操作可使填充图案避开文字？

2. 对填充图案使用 EXPLODE 命令的结果是什么？

3. 说明 BHATCH 命令中关联 (Associative) 与不关联 (Nonassociative) 区别所在。

4. 什么是孤岛 (Island) ？

5. 应用线条填充一个封闭区域后，可能出现三种情况：正常显示；不显示填充图案；图案看起来像是实体 (Solid) 填充效果。试分析导致后两种现象发生的原因。

6. 如何创建面域与图案填充的边界？

7. 展开新的地质工作时往往需要查询已有的地质资料，比如地质图，然后对其进行编辑修改，以符合新的工作要求。有一项新的工作任务需要在澳门地区开展水文地质调查工作，经查询公开资料，有澳门地区地质简图（模糊）如图 6–17。由于时间变迁，澳门地区历经多次填海造地，地形地貌发生很大变化，地质资料上部分内容已经不符合现今实际情况。

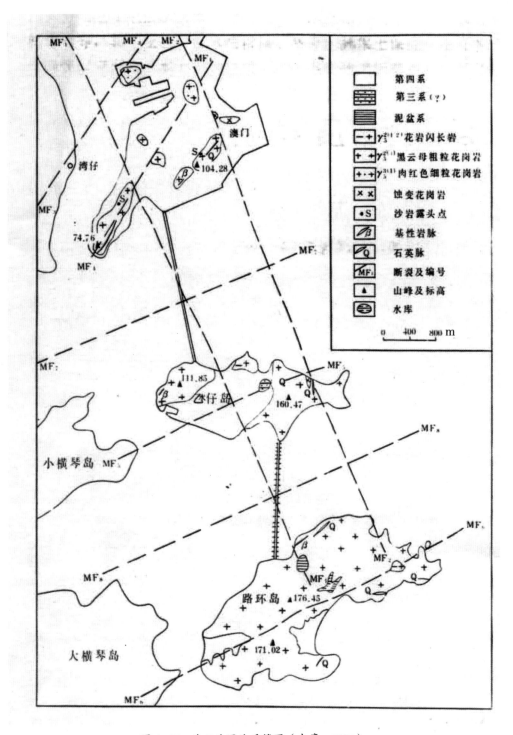

图 6-17 澳门地区地质简图（朱鹰，1997）

从网上查询澳门地区最新地图和卫星照片，根据最新地物地貌修改旧的地质图，生成新版的澳门地质简图 (The Latest version)，参见图 6-18。

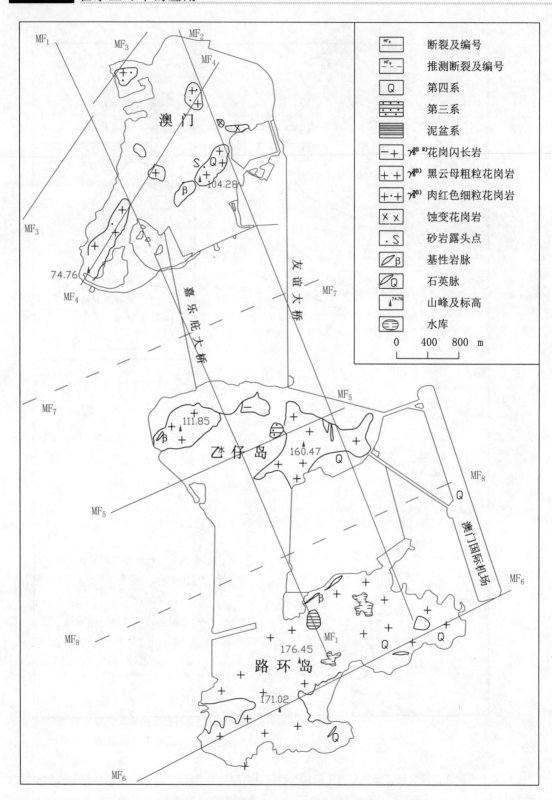

图例说明：

- 断裂及编号
- 推测断裂及编号
- Q 第四系
- 第三系
- 泥盆系
- $\gamma\delta^{(1\cdot2)}$ 花岗闪长岩
- $\gamma\delta^{(1)}$ 黑云母粗粒花岗岩
- $\gamma\delta^{(1)}$ 肉红色细粒花岗岩
- 蚀变花岗岩
- S 砂岩露头点
- β 基性岩脉
- Q 石英脉
- 74.76 山峰及标高
- 水库

0   400   800 m

图 6-18   澳门地区地质简图（2004）（据朱鹰，1997，有修改）

第 7 章
图形注释

图形通常由几何图形及其相应的文字说明组成。文字说明包括图形的尺寸标注和图形叙述。AutoCAD 提供了单行文本与多行文本两种文字标注方式。与单行文本一样，创建多行文本之前也必须建立文字样式。尺寸标注用来显示对象的测量值，同样也需要尺寸标注样式的支持。

7.1 创建多行文字

7.1.1 MTEXT 命令功能

MEXT 命令用于以段落方式"处理"文字。每段多行文字无论包含多少字符，都被认为是单个对象。段落的宽度是由指定的矩形框决定，文字边界也作为对象要素的一部分保存。

7.1.2 激活命令

◆ 命令行：MTEXT

◆ "绘图"菜单：文字→多行文字

◆ "常用"选项卡→"注释"面板→"多行文字"： **A**

当指定了矩形框的第一点后，拖动光标，屏幕上将显示一个含有箭头的矩形框，该矩形框为将要输入的文字段的宽度范围。指定矩形框的对角点后，AutoCAD 将显示多行文字编辑器，如图 7-1 所示。在多行文字编辑器中单击右键以显示快捷菜单，如图 7-2 所示。

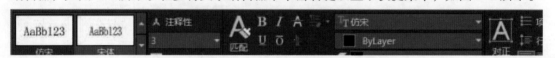

图 7-1　多行文字编辑器

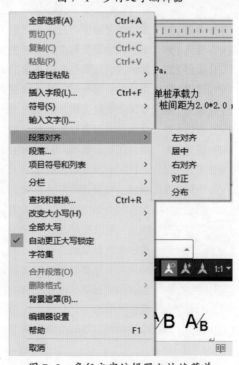

图 7-2　多行文字编辑器之快捷菜单

7.1.3 选项说明

"文字格式"工具栏中字体、文字高度、粗体、斜体、下划线、放弃、重做、文字颜色这些项目的使用与常用字处理软件没有多少差别，此处不再叙述。

样式。向多行文字对象应用文字样式。当前样式保存在 TEXTSTYLE 系统变量中。如果将新样式应用到现有的多行文字对象中，用于字体、高度和粗体或斜体属性的字符格式将被替代。堆叠、下划线和颜色属性将保留在应用了新样式的字符中。

堆叠。如果选定文字中包含堆叠字符，则创建堆叠文字 (例如分数)。如果选定堆叠文字，则取消堆叠。使用插入符 (^)、正向斜杠 (/) 和磅符号 (#) 时，堆叠字符左侧的文字将堆叠在字符之上，右侧的文字将堆叠在字符之下。如果选定文字中包含多个堆叠字符，则只有第一个堆叠字符有效。各种堆叠与非堆叠效果见图 7-3。

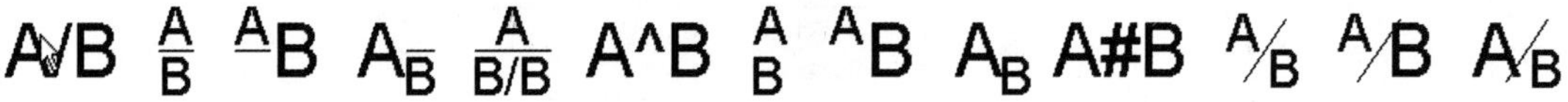

$$A/B \quad \frac{A}{B} \quad ^A B \quad A_B \quad \frac{A}{B/B} \quad A^B \quad \frac{A}{B} \quad ^A B \quad A_B \quad A\#B \quad ^A\!\diagup_B \quad ^A\!\diagup B \quad A\!\diagup_B$$

图 7-3 文字堆叠与非堆叠效果

7.2 特殊的文本字符与符号

特殊的文本符号除了可以通过"多行文字编辑器"对话框输入外，单行文本可以通过控制代码方式和 Unicode 字符输入，如表 7-1 所示。

表 7-1 特殊的文本字符和符号的控制符示例

项目	控制代码	Unicode字符	例子	
			文本字符串	结果
度数符号（°）	%%d	\U+00B0	104.5%%d, 104.5\U+00B0	104.5°
公差符号（±）	%%p	\U+00B1	100%%p0.01, 100\U+00B11	100±0.01
直径符号（Ø）	%%c	\U+2205	%%c80, \U+220580	Ø80
控制是否加下划线	%%u		%%uHello!%%uHello!	Hello!Hello!

7.3 编辑文本

双击文本或通过快捷菜单可以编辑文本，DDEDIT 命令可以编辑单行文字、标注文字、属性定义和功能控制边框。

激活 DDEDIT 命令，如果选择了单行文本，AutoCAD 激活单行文本编辑。此时可以对文字进行必要的修改。如果选择了多行文本，AutoCAD 激活"文字编辑器"功能选项卡。修改完文字内容后，可关闭文字编辑器。

7.4 控制文字的显示

QTEXT 命令用于减少图形重画或重生成的时间。对包含很多文字和很多属性信息的图形来说，重生成的时间是影响绘图速度的重要因素。使用 QTEXT 命令，文字将被矩形框代替，重生成这些矩形框比重生成原有文字要节省很多时间。当然在绘图输出之前或检查文字的拼写时，需将 QTEXT 设置为关闭状态，此时将自动执行重生成命令。

7.5 创建尺寸标注

7.5.1 概述

AutoCAD 提供了三种基本的标注类型：线性、半径和角度。标注可以是水平、垂直、对齐、旋转、坐标、基线或连续。图 7-4 中列出了几种简单的示例。

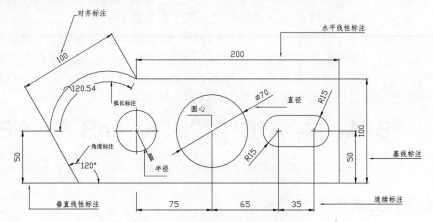

图 7-4 几种标注类型的简单示例

AutoCAD 提供许多标注对象以及设置标注格式的方法。可以在各个方向上为各类对象创建标注。也可以创建标注样式，以快速地设置标注格式。

如图 7-5 所示，常用的尺寸标注的组成元素包括以下几个方面：

（1）尺寸线。从被测对象上偏移得到的线为尺寸线，表示标注的范围。角度标注的尺寸线是一段圆弧。尺寸线的末端通常带有标记，如箭头或者小斜线。

（2）箭头。箭头显示在尺寸线的末端，用于确定测量开始和结束位置。AutoCAD 还提供了多种符号可供选择，包括建筑标记、小斜线箭头、点和斜杠，也可以创建自定义符号。

（3）尺寸界线。

（4）标注文字。标注文字由用于表示测量值和标注类型的数字、词汇、参数和特殊符号组成。

（5）引线。引线通常用于注释，标注直径或半径。

（6）圆心标记。标记出圆或圆弧的圆心。

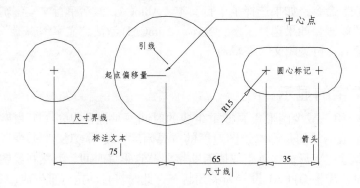

图 7-5 尺寸标注中的不同组成元素

7.5.2 创建尺寸标注命令

7.5.2.1 线性标注

1. 激活命令

◆ 命令行：DIMLINEAR

◆ "标注"菜单：线性

◆ "注释"选项卡→"标注"面板→"标注"：

2. 命令说明

DIMLINEAR 标注给定的尺寸界线原点或者由选择对象自动确定尺寸界线的原点之间的距离。线性标注有三种类型：①水平。平行于 X 轴两个点之间的距离；②垂直。平行于 Y 轴两个点之间的距离；③旋转。旋转角度方向上的两个点之间的距离。

（1）尺寸线位置。AutoCAD 使用指定点来定位尺寸线并且确定绘制尺寸界线的方向。

（2）多行文字。显示多行文字编辑器，可用它来编辑标注文字。

AutoCAD 用尖括号 (< >) 表示生成的测量值。可以在尖括号前后输入前缀或后缀。用控制代码和 Unicode 字符串来输入特殊字符或符号。编辑或替换生成的测量值，必须删除尖括号然后输入新的标注文字。

（3）文字。在命令行自定义标注文字。

（4）角度。修改标注文字的角度。

7.5.2.2 对齐标注

对齐标注也称为实际长度标注，其尺寸线平行于尺寸界线原点连成的直线。

可以通过以下几种方式激活对齐标注命令。

◆ 命令行：DIMALIGNED

◆ "标注"菜单：对齐

◆ "注释"选项卡→"标注"面板→"对齐标注"：

7.5.2.3 坐标标注

坐标标注测量基于当前 UCS 的绝对坐标原点 (称为基准) 到标注点的垂直距离。如果指定一个点，AutoCAD 将自动确定它是 X 基准坐标标注还是 Y 基准坐标标注。这称为自动坐标标注。如果 Y 值距离较大，那么标注测量 X 值。否则，测量 Y 值。

1. 激活命令

◆ 命令行：DIMORDINATE

◆ "标注"菜单：坐标

◆ "注释"选项卡→"标注"面板→"坐标标注"：

2. 命令说明

坐标标注由 X 或 Y 值和引线组成。可以指定点坐标，或者捕捉对象上的几何特征点，如端点、交点来进行标注。

引线端点。如果 Y 坐标的坐标差较大，标注就测量 X 坐标。否则就测量 Y 坐标。

X 基准：测量 X 坐标并确定引线和标注文字的方向。

Y 基准：测量 Y 坐标并确定引线和标注文字的方向。

如果关闭正交模式，标注引线将由三部分组成，其中有两条正交的线，中间用一条对角线连接。如需要将标注文字偏移一段距离，以避免和其他图形对象相交，则关闭正交模式将是非常有用的。

7.5.2.4 半径标注

半径标注命令用于标注圆或圆弧的半径。半径标注使用可选的中心线或中心标记测量圆弧和圆的半径和直径。可以通过以下几种方式激活半径标注命令。

◆ 命令行：DIMRADIUS

◆ "标注"菜单：半径

◆ "注释"选项卡→"标注"面板→"半径标注"：

7.5.2.5 直径标注

直径标注命令用于标注圆或圆弧的直径。可以通过以下几种方式激活半径标注命令。

◆ 命令行：DIMDIAMETER

◆ "标注"菜单：直径

◆ "注释"选项卡→"标注"面板→"直径标注"：

7.5.2.6 角度标注

角度标注的对象可以是两条不平行的直线或者圆弧（圆弧的两个端点及圆弧的圆心作为顶点）、圆（圆上任意两点及圆的圆心作为顶点）。角度标注命令还允许用三个点（顶点、指定点、指定点）绘制角度尺寸标注。可以通过以下几种方式激活半径标注命令。

◆ 命令行：DIMANGULAR

◆ "标注"菜单：直径

◆ "注释"选项卡→"标注"面板→"角度标注"：

7.5.2.7 基线标注和连续标注

基线标注也称平行尺寸标注，是自同一基线处测量的多个标注。连续标注是首尾相连的多个标注。在创建基线或连续标注之前，必须创建线性、对齐或角度标注。基线标注和连续标注都是从上一个尺寸界线处测量的，除非指定另一点作为原点。可以通过以下几种方式激活基线标注命令。

◆ 命令行：DIMBASELINE

◆ "标注"菜单基线：基线

◆ "注释"选项卡→"标注"面板→"基线标注"：

可以通过以下几种方式激活连续标注命令。

◆ 命令行：DIMCONTINUE

◆ "标注"菜单：连续

◆ "注释"选项卡→"标注"面板→"连续标注"：

7.5.2.8 圆心标记和中心线

DIMCENTER / centermark 命令用来创建圆和圆弧的圆心标记或中心线，如图 7-6 所示。系统变量 DIMCEN 控制由 DIMCENTER、DIMDIAMETER 和 DIMRADIUS 命令绘制的圆或圆弧的圆心标记和中心线图形。对于 DIMDIAMETER 和 DIMRADIUS，仅当尺寸线放到圆或圆弧之外时，才绘制圆心标记。

DIMCEN=0：不绘制圆心标记和中心线；

DIMCEN<0：绘制中心线；

DIMCEN>0：绘制圆心标记。

可以通过以下几种方式激活 DIMCENTER 命令。

◆ 命令行：DIMCENTER / centermark

◆ "标注"菜单：圆心标记

◆ "注释"选项卡→"中心线"面板→"圆心标注"：

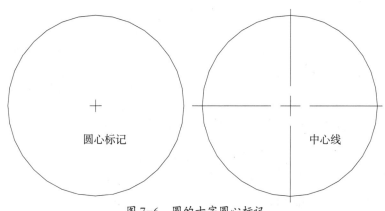

图 7-6　圆的十字圆心标记

7.5.3　快速标注

QDIM 命令用于快速创建或编辑一系列标注。特别是在创建一系列基线或连续标注，或者为一系列圆或圆弧创建标注时，此命令非常方便。

1. 激活命令

◆ 命令行：QDIM

◆ "标注"菜单：快速标注

◆ "注释"选项卡→"标注"面板"→快速标注"：

2. 命令说明

连续 (C)、基线 (B)、坐标 (O)、半径 (R)、直径 (D)：分别创建一系列连续 (C)、基线 (B)、坐标 (O)、半径 (R)、直径 (D) 标注。

并列 (S)：又称阶梯标注、交错标注，如图 7-7 底部标注所示。

基准点 (P)：为基线和坐标标注设置新的基准点。

编辑 (E)：在生成标注之前，删除出于各种考虑而选定的点位置。

设置 (T)：为指定尺寸界线原点（交点或端点）设置对象捕捉优先级。图 7-7 所示标注均用快速标注命令创建。

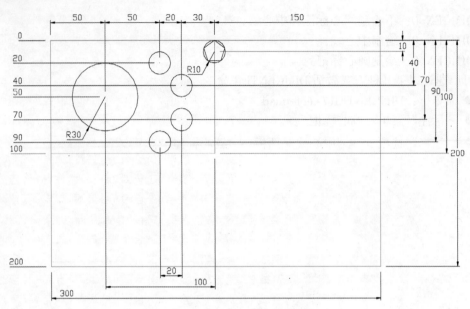

图 7-7　应用 QDIM 命令创建的标注

7.6　多重引线与快速引线

7.6.1　多重引线（MLEADER）命令

1. 激活命令

◆ 命令行：MLEADER

◆ "标注"菜单：多重引线

◆ "注释"选项卡→"引线"面板→"多重引线"：

2. 命令说明

多重引线对象通常包含箭头、水平基线、引线或曲线和多行文字对象或块。

（1）引线箭头位置 / 第一个：指定多重引线对象箭头的位置。

（2）引线基线位置 / 第一个：指定多重引线对象的基线的位置。

（3）内容优先：指定与多重引线对象相关联的文字或块的位置。

（4）点选择：将与多重引线对象相关联的文字标签的位置设定为文本框。完成文字输入后，按 Esc 键或在文本框外单击。

（5）选项：指定用于放置多重引线对象的选项。

（6）引线类型：指定如何处理引线。直线 创建直线多重引线。样条曲线 创建样条曲线多重引线。

（7）无：创建无引线的多重引线。

（8）引线基线：指定是否添加水平基线。如果输入"是"，将提示您设置基线长度。

（9）内容类型：指定要用于多重引线的内容类型。块：指定图形中的块，以与新的多重引线相关联。多行文字 指定多行文字包含在多重引线中。无：指定没有内容显示在引线的末端。

（10）最大节点数：指定新引线的最大点数或线段数。

（11）第一个角度：约束新引线中的第一个点的角度。

（12）第二个角度：约束新引线中的第二个角度。

（13）退出选项：退出 MLEADER 命令的"选项"分支。

7.6.2 快速引线（QLEADER）命令

1. 激活命令

◆ 命令行：QLEADER

2. 命令说明

可以使用"引线设置"对话框对 QLEADER 命令进行设置。"引线设置"对话框有 3 个选项卡。

（1）"注释"选项卡，如图 7-8 所示。

（2）"引线和箭头"选项卡，如图 7-9 所示。

点数。设置引线点的数目，在指定最后一个点时，QLEADER 命令自动提示指定注释。如果设置为"无限制"，则 QLEADER 命令一直提示指定引线点，直到用户按 ENTER 键。

（3）"附着"选项卡，如图 7-10 所示。只有在"注释"选项卡上选定"多行文字"时，此选项卡才可用。用来设置多行文字注释和引线的位置关系。

图 7-8 "引线设置"对话框－"注释"选项卡

图 7-9 "引线设置"对话框－"引线和箭头"选项卡

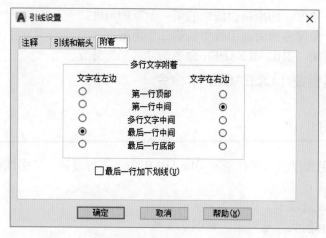

图 7-10 "引线设置"对话框 - "附着"选项卡

7.7 编辑标注

AutoCAD 提供了多种方法修改编辑标注。

7.7.1 DIMEDIT 命令

DIMEDIT 命令用于将标注文字替换成新的文字、旋转一个已经存在的文字、移动文字到一个新的位置,还可以根据将标注文字移回到原始位置。另外,通过这些选项还可以修改(用"倾斜"选项)尺寸界线相对于尺寸线的角度(通常尺寸界线垂直于尺寸线)。

1. 激活命令

◆ 命令行:DIMEDIT

◆ "标注"菜单:倾斜

◆ "注释"选项卡→"标注"面板→"倾斜": ↙↦↗

2. 命令选项说明

"默认(H)":将移动或旋转的标注文字返回到原来的默认位置。

"新建(N)":应用"多行文字编辑器"修改标注文字值。

"旋转(R)":将标注文字旋转指定的角度。

"倾斜(O)":将线性尺寸的尺寸界线倾斜一定的角度。

7.7.2 DIMTEDIT 命令

DIMTEDIT 命令用于沿尺寸线修改标注文字的位置和角度。

1. 激活命令

◆ 命令行:DIMTEDIT

◆ "标注"菜单:对齐文字

◆ "注释"选项卡→"标注"面板→"倾斜": ↖ᵡ↘

2. 各选项含义

"左(L)":将标注文字移动到靠近左边的尺寸界线处。

"右(R)":将标注文字移动到靠近右边的尺寸界线处。

"默认（H）"：将标注文字移回到原来的位置。

"角度（A）"：改变标注文字的角度。

"中 (C)"：将标注文字放在尺寸线的中间。

"标注文字的新位置"：拖曳时动态更新标注文字的位置。

7.7.3　用夹点编辑尺寸标注

如果启用了夹点，用鼠标选择对象时，AutoCAD 将在选定对象的控制点上显示夹点标记。夹点将位于尺寸界线的端点、尺寸线与尺寸界线的交点和标注文字的插入点处。除了一般的夹点编辑功能，即将尺寸标注作为一个组编辑（如旋转、移动和复制等）外，还可以选择每一个夹点编辑尺寸对象，如移动尺寸界线端点处的夹点到另一指定点，可以修改标注文字的值等。如果拖动对齐尺寸的尺寸界线的夹点，将旋转尺寸线。水平和垂直的尺寸仍保持水平和垂直状态。移动尺寸线与尺寸界线交点处的夹点将使尺寸线靠近或远离要标注的对象。移动标注文字插入点处的夹点与移动交点处的夹点相同，并且允许沿尺寸线前后移动标注文字。

此外，还可以通过"特性"选项板编辑标注，应用 TRIM、STRETCH、EXTEND 等编辑命令编辑标注。

7.8　创建和修改标注样式

1. 激活命令

◆　命令行：DIMSTYLE

◆　"标注"菜单：标注样式

◆　"格式"菜单：标注样式

◆　"默认"选项卡→"注释"面板→"标注样式"：

AutoCAD 显示"标注样式管理器"对话框，如图 7–11 所示。

2. 命令选项说明

（1）"当前标注样式"。显示了后面绘制的尺寸标注所使用的标注样式的名称。当前标注样式的名称作为一个值记录在标注系统变量 DIMSTYLE 中。

（2）"样式"。显示当前的标注样式名和在"列出"框中包含的可用的标注样式。选择其中的任一个样式，就可以对该样式进行操作。在"预览"窗口中可看到该标注样式的预览图像。

（3）"列出"。显示在"列出"框中的选项包括了所有可用的样式和正在使用的样式。

（4）"预览"。"预览"下的窗口中可以预览用当前样式绘制的尺寸标注。

（5）"说明"。显示了在"样式"中选择的标注样式与当前的标注样式之间的区别。

（6）"置为当前"。选择"置为当前"按钮，将使"样式"选项中选中的样式成为当前的标注样式。

（7）"新建"。选择"新建"按钮，将显示"创建新标注样式"对话框，如图 7–12 所示。

"新建标注样式"对话框允许创建并命名一个新建的标注样式。"新样式名"文本框用于输入要创建的新的标注样式名称。"基础样式"列表框用于在创建一个新的样式时，选择一个已存在的样式作为新样式的基础样式。"用于"列表框用于选择新创建的标注样式作用的尺寸类型。

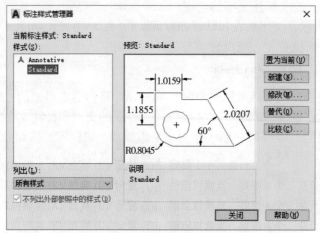

图 7-11 "标注样式管理器"对话框

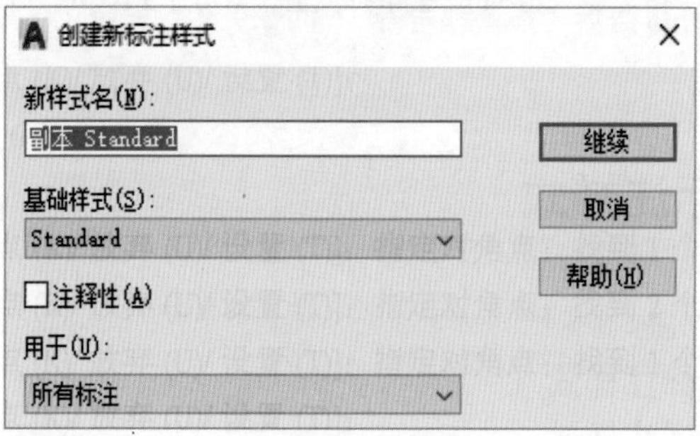

图 7-12 "创建新标注样式"对话框

（8）"修改"。选择"修改"按钮，将显示"修改标注样式"对话框。共有 7 个选项卡，分别为：线、符号和箭头、文字、调整、主单位、换算单位和公差选项卡。

"修改标注样式"对话框各选项卡含义如下。

① "线"选项卡，如图 7-13 所示。

用于修改构成尺寸标注的几何元素，如尺寸线、尺寸界线。

"颜色"列表框用于确定尺寸线和尺寸界线的颜色。"随层"将使尺寸线和尺寸界线的颜色与它们所在的图层的颜色一致。如果尺寸线和尺寸界线是块参照中的一部分，那么"随块"将使尺寸线和尺寸界线的颜色与它们所在的块参照的颜色一致。另外，还可以选择标准颜色或者其他的颜色。

"线宽"列表框用于确定尺寸线和尺寸界线的宽度。"随层"将使尺寸线和尺寸界线的线宽与它们所在的图层的线宽一致。如果尺寸线和尺寸界线是块参照中的一部分，那么"随块"将使尺寸线和尺寸界线的线宽与它们所在的块参照的线宽一致。另外，还可以选择任一个标准的线宽或者输入一个线宽值。

◆ "尺寸线"区：

"超出标记"文本框用于指定当箭头使用建筑标记（小斜线）时尺寸线超出尺寸界线的距离。

"基线间距"文本框用于设置在用"基线标注"命令绘制的基线标注的尺寸线间的距离。

"隐藏"复选框用于确定在绘制尺寸时是否隐藏一条或两条尺寸线或尺寸界线。

◆ "尺寸界线"区：

"超出尺寸线"文本框用于指定尺寸界线在尺寸线上方伸出的距离。

"起点偏移量"文本框用于指定尺寸界线到定义该标注的原点的偏移距离。

"隐藏"复选框用于确定在绘制尺寸时是否隐藏一条或两条尺寸线或尺寸界线。

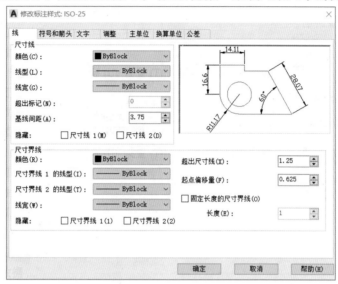

图 7-13 "修改标注样式"对话框——"线"选项卡

② "符号和箭头"选项卡，如图 7-14 所示。

◆ 箭头：

第一个设定第一条尺寸线的箭头。当改变第一个箭头的类型时，第二个箭头将自动改变以同第一个箭头相匹配。第二个设定第二条尺寸线的箭头。

引线。设定引线箭头。

箭头大小。显示和设定箭头的大小。

③圆心标记。

控制直径标注和半径标注的圆心标记和中心线的外观。类型设置要使用的圆心标记或直线的类型。无 不创建圆心标记或中心线，该值在 DIMCEN 系统变量中存储为 0（零）。标记。创建圆心标记，在 DIMCEN 系统变量中，圆心标记的大小存储为正值。直线。创建中心线。中心线的大小在 DIMCEN 系统变量中存储为负值。大小。显示和设定圆心标记或中心线的大小。

◆ 折断标注：

控制折断标注的间隙宽度。折断大小：显示和设定用于折断标注的间隙大小。

◆ 弧长符号：

控制弧长标注中圆弧符号的显示。半径折弯标注 控制折弯（Z 字型）半径标注的显示。

◆ 线性折弯标注：

控制线性标注折弯的显示。当标注不能精确表示实际尺寸时，通常将折弯线添加到线性标注中。通常，实际尺寸比所需值小。

预览：显示样例标注图像，它可显示对标注样式设置所做更改的效果。

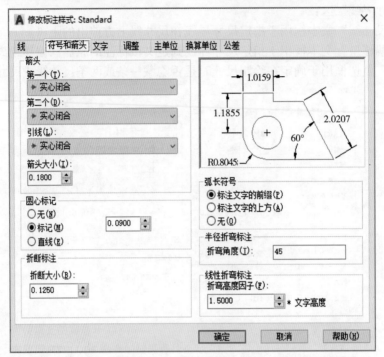

图 7-14 "修改标注样式"对话框——"符号和箭头"选项卡

④ "文字"选项卡。

用于修改标注文字的外观、位置和在绘制尺寸时应包含的对齐文字，如图 7-15 所示。

◆ "文字外观"区：

"文字样式"列表框用于选择标注文字的样式。"颜色"列表框用于确定标注文字的颜色。"文字高度"文本框用于确定标注文字的高度。"分数高度比例"文本框中的比例值用于在绘制尺寸时，控制作为标注文字一部分的分数文字的高度。该比例值是普通文字高度与分数文字高度的比值。"绘制文字边框"复选框 AutoCAD 将文字绘制在一个矩形边框中。

◆ "文字位置"区：

"垂直"列表框用于选择相对于尺寸线如何绘制标注文字，其中的选项包括：置中、上方、外部和 JIS。"水平"列表框用于选择相对于尺寸界线如何绘制标注文字，其中的选项包括：置中、第一条尺寸界线、第二条尺寸界线、第一条尺寸界线上方和第二条尺寸界线上方。"从尺寸线偏移"文本框用于显示和设置标注文字到尺寸线之间的距离值。

◆ "文字对齐"区：

用于控制标注文字是保持水平还是与尺寸线平行，其中的选项包括：水平、与尺寸线对齐和 ISO 标准。

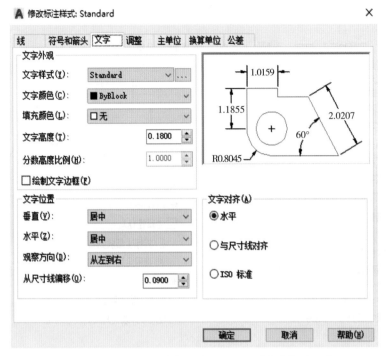

图 7-15 "修改标注样式"对话框——"文字"选项卡

⑤ "调整"选项卡。

用于控制各尺寸标注元素的放置位置，如图 7-16 所示。

◆ "调整选项"区：

用于控制标注文字与箭头中哪一项绘制在尺寸界线中。

选择"文字或箭头，取最佳效果"按钮，AutoCAD 将按照下列方式放置文字和箭头：当尺寸界线间的距离足够大时，把文字和箭头都放在尺寸界线内。否则，AutoCAD 按最佳布局放置文字或箭头。当尺寸界线间的距离仅够容纳文字时，文字放在尺寸界线内而箭头放在尺寸界线外。当尺寸界线间的距离仅够容纳箭头时，箭头放在尺寸界线内而文字放在尺寸界线外。当尺寸界线间的距离既不够放文字也不够放箭头时，文字和箭头都放在尺寸界线外。

选择"箭头"按钮，AutoCAD 将按照下列方式放置文字和箭头：当尺寸界线间距离仅够放下箭头时，箭头放在尺寸界线内而文字放在尺寸界线外。

选择"文字"按钮，AutoCAD 将按照下列方式放置文字和箭头：当尺寸界线间距离仅够放下文字时，文字放在尺寸界线内而箭头放在尺寸界线外。

选择"文字和箭头"按钮，如果尺寸线强制绘制在尺寸界线外时，AutoCAD 将文字和箭头都放在尺寸界线外。当尺寸界线间的距离足够放下文字和箭头时，AutoCAD 将文字和箭头都放在尺寸界线内。

图 7-16 "修改标注样式"对话框——"调整"选项卡

选择"文字始终保持在尺寸界线之间"按钮，AutoCAD 将总是在尺寸界线之间放置文字。

选择"若不能放在尺寸界线内，则隐藏箭头"复选框，若尺寸界线内没有足够的空间，则隐藏箭头。

◆ "文字位置"区：

用于当标注文字不在默认位置（由标注样式定义的位置）时，如何放置标注文字。这些选项包括："尺寸线旁边""尺寸线上方，加引线"和"尺寸线上方，不加引线"。

◆ "标注特征比例"区：

"使用全局比例" 为所有标注样式设置设定一个比例，这些设置指定了大小、距离或间距，包括文字和箭头大小。该缩放比例并不更改标注的测量值。

"按布局（图纸空间）缩放标注"是根据当前模型空间视口和图纸空间之间的比例确定比例因子。

◆ "调整"区：

"标注时手动放置文字"复选框，用于在绘制尺寸标注时，动态地确定标注文字的位置。

"始终在尺寸界线之间绘制尺寸线"复选框，AutoCAD 总是在两条尺寸界线之间绘制尺寸线，而不考虑两条尺寸界线之间的距离。

⑥ "主单位"选项卡。

用于在绘制尺寸标注时，确定距离值和角度值的外观和格式，如图 7-17 所示。

◆ "线性标注"区：

"单位格式"列表框，用于确定在绘制尺寸标注中的标注文字时 AutoCAD 使用的单位格式。

"精度"列表框，用于确定 AutoCAD 在使用科学记数制、十进制和 Windows 桌面单位时，标注文字中小数部分的位数。如果 AutoCAD 使用工程制单位，它可以确定英寸的精度。如果 AutoCAD 使用建筑制或分数单位时，它可以确定最小分数值，并在"分数格式"选项中设置分数的格式是水平、对角还是非堆叠形式。

"小数分隔符"列表框，用于确定 AutoCAD 在使用科学记数制、十进制或者 Windows 桌面单位制时整数位与小数位的分隔符，可选择的分隔符有：句点、逗点和空格。

"舍入"文本框，用于设置除角度外的所有标注类型的标注测量值的四舍五入规则。设置时在文本框里输入相应的数值。

"前缀"文本框，用于指定标注文字中包含的前缀，输入的前缀将覆盖所有在直径和半径等标注中使用的默认前缀。可以输入文字或用控制代码显示特殊符号。

"后缀"文本框，用于指定标注文字中包含的后缀，输入的后缀将覆盖所有在直径和半径等标注中使用的默认后缀。可以输入文字或用控制代码显示特殊符号。如果指定了公差，AutoCAD 也给公差添加后缀。

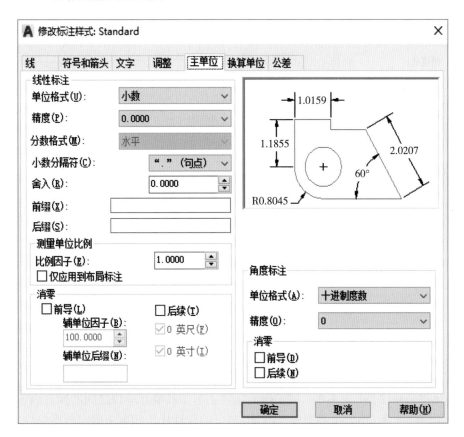

图 7-17 "修改标注样式"对话框——"主单位"选项卡

◆ "测量单位比例"区：

"比例因子"文本框，用于确定实际尺寸距离与绘制尺寸距离的比值，或者控制线性尺寸标注中的比例因子，而不影响标注元素、角度或公差值。如果选择"仅应用到布局标注"复选框，AutoCAD 仅对在布局里创建的标注应用线性比例值。在"消零"区中，可以控制是否输出前导零、后续零以及英尺和英寸中的零。选择"前导"复选框，不输出十进制尺寸的前导零。

◆ "角度标注"区：

"单位格式"文本框，用于设置角度单位格式。可选择的选项包括十进制度数、度 / 分 / 秒、百分度和弧度。

在"消零"选项中，"前导"和"后续"复选框可以控制不输出前导零和后续零。

⑦ "换算单位"选项卡。

指定标注测量值中换算单位的显示并设置其格式和精度，如图 7-18 所示。

图 7-18 "修改标注样式"对话框——"换算单位"选项卡

"换算单位乘法器"文本框，用于指定作为主单位和换算单位之间的换算因子的乘数。AutoCAD 用线性距离(用大小和坐标来测量)与当前线性比例相乘来确定转换单位的数值。

在"位置"区中，两个按钮用于控制如何放置换算单位。选择"主值后"按钮将换算单位放在主单位之后，选择"主值下"按钮将换算单位放在主单位下面。

⑧"公差"选项卡。

用于设置标注文字中公差的格式及外观显示，如图7-19所示。

控制标注文字中公差的显示与格式。"公差格式"控制公差格式。

"方式"。设置计算公差的方法。无：不添加公差。对称：添加公差的正负表达式。极限偏差：添加正负公差表达式。AutoCAD将不同的正负变量值应用到标注测量值。极限尺寸：创建极限标注，AutoCAD显示一个最大值和一个最小值，一个在上，另一个在下。基本尺寸：创建基本标注，在这种标注中AutoCAD在整个标注范围周围绘制一个框。

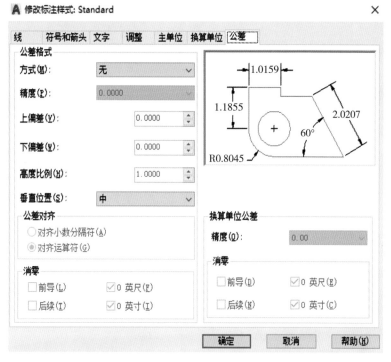

图7-19　"修改标注样式"对话框——"公差"选项卡

7.9　替代尺寸特性

DIMOVERRIDE命令用于不需要修改尺寸标注样式而修改尺寸标注中的一个特性创或建一个新的尺寸标注样式。可以通过以下几种方式激活命令。

◆ 命令行：DIMOVERRIDE

◆ "标注"菜单：替代

◆ "注释"选项卡"标注"面板"替代"：

使用标注样式替代，无需更改当前标注样式便可临时更改标注系统变量。标注样式替代是对当前标注样式中的指定设置所做的更改。它与在不更改当前标注样式的情况下更改尺寸标注系统变量等效。

思考题

1. 解释旋转角度与倾斜角度之间的不同。

2. 文字样式与字体之间有什么不同？

3. 怎样输入角度符号？

4. 设置文字样式高度对以后输入的文字有什么影响？

5. 用什么命令建立标注样式？

6. 列出两个能够用于叙述圆形对象的标注元素。

7. 创建标注样式时可以以哪种样式为基础？

第 8 章

AutoCAD 进阶

8.1 AutoCAD 设计中心

8.1.1 概述

通过设计中心，用户可以方便地管理图形：

（1）浏览用户计算机、网络驱动器和 Web 页上的图形内容（例如图形或符号库）；

（2）查看任意图形文件中块和图层的定义表，然后将定义插入、附着、复制和粘贴到当前图形中；

（3）更新（重定义）块定义；

（4）创建指向常用图形、文件夹和 Internet 网址的快捷方式；

（5）向图形中添加内容（例如外部参照、块和图案填充）；

（6）在新窗口中打开图形文件；

（7）将图形、块和图案填充拖动到工具选项板上以便于访问；

（8）可以在打开的图形之间复制和粘贴内容（如图层定义、布局和文字样式）。

启动设计中心有以下 3 种方式。

◆ 命令行：adcenter

◆ "工具"菜单→"选项板"：设计中心

◆ "视图"选项卡→"选项板"面板→"设计中心"：

设计中心如图 8-1 所示。

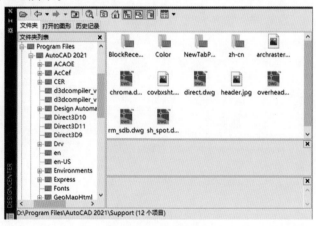

图 8-1 设计中心

8.1.2 设计中心的基本组成与功能

设计中心由 3 个主要部分组成：工具栏、内容窗口、树状视图窗口。

1. 工具栏

显示"加载"对话框（标准文件选择对话框）。使用"加载"浏览本地和网络驱动器或 Web 上的文件，然后选择内容加载到内容区域。

返回到历史记录列表中最近一次的位置。

返回到历史记录列表中下一次的位置。

显示当前容器的上一级容器的内容。

显示"搜索"对话框，从中可以指定搜索条件以便在图形中查找图形、图块和非图形对象。

在内容区域中显示"收藏夹"文件夹的内容。

将设计中心返回到默认文件夹。安装时，默认文件夹被设定为...SampleDesign Center。可以使用树状图中的快捷菜单更改默认文件夹。

显示和隐藏树状视图。如果绘图区域需要更多的空间，请隐藏树状图。树状图隐藏后，可以使用内容区域浏览容器并加载内容。

显示和隐藏内容区域窗格中选定项目的预览。如果选定项目没有保存的预览图像，"预览"区域将为空。

显示和隐藏内容区域窗格中选定项目的文字说明。如果同时显示预览图像，文字说明将位于预览图像下面。如果选定项目没有保存的说明，"说明"区域将为空。

为加载到内容区域中的内容提供不同的显示格式。

2. 内容窗口

控制板窗口是设计中心显示对象的名称及图标的基本区域。

在控制板窗口中通过拖动、双击或单击右键并选择"插入块""附着外部参照"或"复制"，可以在图形中插入块、填充图案或附着外部参照。可以通过拖动或单击右键向图形中添加其他内容（例如图层、标注样式和布局）。可以从设计中心将块和填充图案拖动到工具选项板中。

3. 树状视图窗口

树状视图或浏览窗是位于设计中心窗口左边的，显示诸如图形、图像及其文件路径的可选区域。树状视图可以像 Windows 资源管理器一样进行多级显示。使用工具栏中的"切换树状图"按钮 来打开或关闭树状图。

"文件夹"选项卡。显示计算机或网络驱动器（包括"我的电脑"和"网上邻居"）中文件和文件夹的层次结构。

"打开的图形"选项卡。显示当前工作任务中打开的所有图形，包括最小化的图形。

"历史记录"选项卡。显示最近在设计中心打开的文件的列表。显示历史记录后，在一个文件上单击鼠标右键显示此文件信息或从"历史记录"列表中删除此文件。

8.1.3 利用设计中心处理图形

设计中心对图形的处理工作包括以下几个方面。

1. 向图形添加内容

可以采用以下方法：

①将某个项目拖动到某个图形的图形区，按照默认设置（如果存在）将其插入；

②在内容区中的某个项目上单击鼠标右键，将显示包含若干选项的快捷菜单；

③双击块以显示"插入"对话框；

④双击图案填充以显示"边界图案填充"对话框。

可以预览图形内容（例如内容区中的图形、外部参照或块），还可以显示文字说明（如果存在）。

2. 更新块定义

当更改块定义的源文件时，包含此块的图形的块定义并不会自动更新。通过设计中心，可以决定是否更新当前图形中的块定义。块定义的源文件可以是图形文件或符号库图形文件中的嵌套块。

3. 打开图形

可以采用以下方法。

① 使用快捷菜单，在文件图标上单击右键，单击快捷菜单中的"在应用程序窗口中打开"；

② 按下 Ctrl 键同时拖动图形到设计中心区外的任何地方；

③ 将图形图标拖动到绘图区域的图形区外的任何地方。

4. 给工具选项板添加项目

图形、块和图案填充都可以通过设计中心添加到工具选项板。可以采用以下方法：

① 将项目直接从内容区域拖动到工具选项板中，可以从内容区中选择多个块或图案填充并将它们添加到工具选项板中；

② 在树状视图中单击右键并从快捷菜单中选择"创建工具选项板"，创建文件夹、图形文件或块参照的新工具选项板。

向工具选项板中添加图形时，如果将它们拖动到当前图形中，那么被拖动的图形将作为块被插入。

8.2 Express Tools

Express Tools 作为 AutoCAD 的附加工具，目前仍只有英文版本，主要用来提高绘图效率和增强管理能力。Express Tools 以调用外部函数的形式提供了一系列的绘图、修改工具。用户可以在产品初次安装时安装 Express Tools，也可以使用"控制面板"上的"添加或删除程序"添加。

2021 版本的 Express Tools 功能扩展涵盖了块、文本、布局工具、尺寸标注、选择工具、修改、绘图、文件工具、web 工具以及工具共十个方面。

项目练习 8-1：制作自己的专属徽标

通过快捷工具可以对文本进行一些特殊操作，比如将单行或多行文本炸成几何图形，以便赋予厚度、标高特性；也可以沿一段圆弧放置单行文本对象。

制作过程如下。

（1）绘制基础图形，如图 8-2（a）。

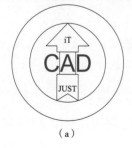 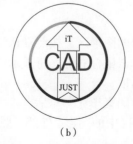 

（a） （b） （c）

图 8-2　LOGO 制作过程

（a）基础图形；（b）添加弧线段；（c）添加弧形文本

（2）在适当部位添加弧线段，参见图 8-2（b）彩色弧线段。

（3）沿特定弧线段添加文本，参见图 8-2（c）。

激活弧形文本工具

Express → Text → ArcAligned Text

分别选定 3 段彩弧，对应添加文字，注意文本大小以及其与圆弧、圆心的关系，如有不合适随时可调整。参见图 8-3。

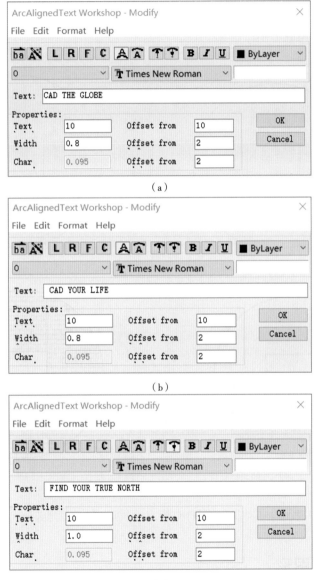

（a）

（b）

（c）

图 8-3 弧形文本设置

项目练习 8-2：填充灰岩图例

超级填充工具可以将块、图像、外部参照、擦除作为填充图案进行填充。

主要步骤如下，

（1）创建块：命名 HY。

块用于创建 Superhatch 图案。

（2）绘制边界。

（3）激活超级填充工具。

Express → Draw → Superhatch

过程参见图 8-4。

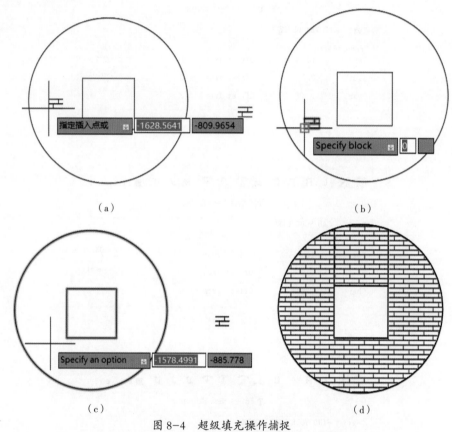

（a）　　　　　　　　　　　　　　　（b）

（c）　　　　　　　　　　　　　　　（d）

图 8-4　超级填充操作捕捉

（a）插入块；（b）指定环绕块的边框；（c）指定边界；（d）完成 Superhatch

8.3　创建三维图形

　　AutoCAD 的三维建模包括三维实体、曲面、网格和线框对象四个方面，提供了多种三维建模类型，每种三维建模技术都具有不同的功能集。同二维绘图相比，三维空间建模要求创作者具备更好的立体空间概念，同时，三维空间建模又立足于二维空间，依赖于二维空间的绘图技巧。AutoCAD 具备强大的绘图功能，可以通过简单的操作将二维对象转换为三维对象，还可以通过布尔运算，将简单的几何对象改造成复杂的几何对象。

8.3.1 简单实体

AutoCAD 有 CYLINDER、PYRAMID 和 BOX 等命令来创建简单三维实体。POLYSOLID 命令可以将二维对象（例如直线、多段线、圆弧和圆）转换为三维实体，可以为生成的三维实体指定默认高度、宽度和对正方式。

项目练习 8-3：带圆角的立方体

应用矩形命令，通过赋予矩形一定的高度，生成一个简单的三维实体（图 8-5）。

// 绘制具有一定高度的矩形。

命令：REC

RECTANG

指定第一个角点或 [倒角 (C)/ 标高 (E)/ 圆角 (F)/ 厚度 (T)/ 宽度 (W)]：t

指定矩形的厚度 <0.0000>：100

指定第一个角点或 [倒角 (C)/ 标高 (E)/ 圆角 (F)/ 厚度 (T)/ 宽度 (W)]：f

指定矩形的圆角半径 <0.0000>：10

指定第一个角点或 [倒角 (C)/ 标高 (E)/ 圆角 (F)/ 厚度 (T)/ 宽度 (W)]：

指定另一个角点或 [面积 (A)/ 尺寸 (D)/ 旋转 (R)]：@100,100

// 视图→三维视图→西南等轴测。

命令：_-view 输入选项 [?/ 删除 (D)/ 正交 (O)/ 恢复 (R)/ 保存 (S)/ 设置 (E)/ 窗口 (W)]：_swiso 正在重生成模型

// "视图"菜单→视觉样式→真实。

命令：_vscurrent

输入选项 [二维线框（2）/ 线框 (W)/ 隐藏 (H)/ 真实 (R)/ 概念 (C)/ 着色 (S)/ 带边缘着色 (E)/ 灰度 (G)/ 勾画 (SK)/X 射线 (X)/ 其他 (O)] < 概念 >：_R

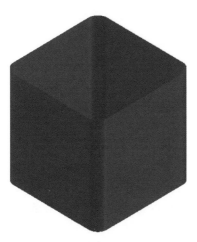

图 8-5　带圆角的立方体

8.3.2 复杂实体

复杂三维实体对象可以通过拉伸、扫掠、旋转或放样轮廓开始，也可以应用布尔运算进行加减组合。

项目练习 8-4：金樽

通过旋转（非 ROTATE 命令）操作，可以通过二维对象创建三维图形。

// *绘制对称轴。*

命令：_line

// *绘制轮廓线。*

命令：_pline

// *圆滑处理轮廓线外观。*

命令：_fillet

当前设置：模式 = 修剪，半径 = 0.0000

选择第一个对象或 [放弃 (U)/ 多段线 (P)/ 半径 (R)/ 修剪 (T)/ 多个 (M)]：r

指定圆角半径 <0.0000>：2

选择第一个对象或 [放弃 (U)/ 多段线 (P)/ 半径 (R)/ 修剪 (T)/ 多个 (M)]：p

选择二维多段线或 [半径 (R)]：

40 条直线已被圆角

3 条平行

// *处理半个截面，剪掉对称轴另外一侧的线头。*

命令：_trim

// *连接杯底到杯脚的缺口。*

命令：_line

// *合并多段线。*

命令：PEDIT

选择多段线或 [多条 (M)]：m

选择对象：指定对角点：找到 1 个

选择对象：指定对角点：找到 1 个，总计 2 个

选择对象：

是否将直线、圆弧和样条曲线转换为多段线？ [是 (Y)/ 否 (N)]? <Y> y

输入选项 [闭合 (C)/ 打开 (O)/ 合并 (J)/ 宽度 (W)/ 拟合 (F)/ 样条曲线 (S)/ 非曲线化 (D)/ 线型生成 (L)/ 反转 (R)/ 放弃 (U)]：j

合并类型 = 延伸

输入模糊距离或 [合并类型 (J)] <0.0000>：

多段线已增加 1 条线段

输入选项 [闭合 (C)/ 打开 (O)/ 合并 (J)/ 宽度 (W)/ 拟合 (F)/ 样条曲线 (S)/ 非曲线化 (D)/ 线型生成 (L)/ 反转 (R)/ 放弃 (U)]：

// 通过绕轴扫掠对象创建三维实体或曲面。

命令：_revolve

当前线框密度：ISOLINES=8，闭合轮廓创建模式 = 实体

选择要旋转的对象或 [模式 (MO)]：找到 1 个

选择要旋转的对象或 [模式 (MO)]：

指定轴起点或根据以下选项之一定义轴 [对象 (O)/X/Y/Z] < 对象 >：o

选择对象：

指定旋转角度或 [起点角度 (ST)/ 反转 (R)/ 表达式 (EX)] <360>：

// 以上绘图过程见图 8-6。

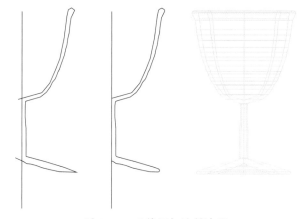

图 8-6　三维酒杯绘制过程

// 视图→动态观察→连续动态观察。

命令：_vscurrent

输入选项 [二维线框（2）/ 线框 (W)/ 隐藏 (H)/ 真实 (R)/ 概念 (C)/ 着色 (S)/ 带边缘着色 (E)/ 灰度 (G)/ 勾画 (SK)/X 射线 (X)/ 其他 (O)] < 二维线框 >：_C

命令：

增强型三维性能对于当前视觉样式不可用。

'_3DFOrbit 按 ESC 或 ENTER 键退出，或者单击鼠标右键显示快捷菜单。

命令：

// 修改酒杯对象颜色为黄色，

// 视图→视觉样式 →着色

命令：_vscurrent

输入选项 [二维线框（2）/ 线框 (W)/ 隐藏 (H)/ 真实 (R)/ 概念 (C)/ 着色 (S)/ 带边缘着色 (E)/ 灰度 (G)/ 勾画 (SK)/X 射线 (X)/ 其他 (O)] < 概念 >：_S

// *视觉效果见图 8-7。*

图 8-7　视觉着色效果的三维酒杯

项目练习 8-5：钢绞线

// *绘制横截面。*
命令：CIRCLE
指定圆的圆心或 [三点 (3P)/ 两点 (2P)/ 切点、切点、半径 (T)]：＜正交 开＞
指定圆的半径或 [直径 (D)] <12.0000>：4
命令：
命令：
** 拉伸 **
指定拉伸点或 [基点 (B)/ 复制 (C)/ 放弃 (U)/ 退出 (X)]：
** MOVE **
指定移动点 或 [基点 (B)/ 复制 (C)/ 放弃 (U)/ 退出 (X)]：c
** MOVE (多个) **
指定移动点 或 [基点 (B)/ 复制 (C)/ 放弃 (U)/ 退出 (X)]：8
** MOVE (多个) **
指定移动点 或 [基点 (B)/ 复制 (C)/ 放弃 (U)/ 退出 (X)]：* 取消 *
命令：_arraypolar 找到 1 个
类型 = 极轴　关联 = 否
指定阵列的中心点或 [基点 (B)/ 旋转轴 (A)]：
选择夹点以编辑阵列或 [关联 (AS)/ 基点 (B)/ 项目 (I)/ 项目间角度 (A)/ 填充角度 (F)/ 行 (ROW)/ 层 (L)/ 旋转项目 (ROT)/ 退出 (X)]＜退出＞：
// *横截面绘制完成后见图 8-8。*

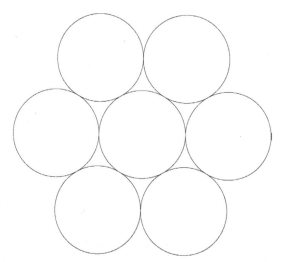

图 8-8　钢绞线横截面图

// 绘制路径，路径垂直于 XY 平面。

命令：L

LINE

指定第一个点：

指定下一点或 [放弃 (U)]：@0,0,100

指定下一点或 [放弃 (U)]：

// 沿路径扫掠对象创建实体。

命令：_sweep

当前线框密度：ISOLINES=8，闭合轮廓创建模式 = 实体

选择要扫掠的对象或 [模式 (MO)]：指定对角点：找到 3 个

选择要扫掠的对象或 [模式 (MO)]：指定对角点：找到 3 个 (1 个重复)，总计 5 个

选择要扫掠的对象或 [模式 (MO)]：指定对角点：找到 2 个，总计 7 个

选择要扫掠的对象或 [模式 (MO)]：指定对角点：找到 0 个

选择要扫掠的对象或 [模式 (MO)]：

选择扫掠路径或 [对齐 (A)/ 基点 (B)/ 比例 (S)/ 扭曲 (T)]：t

输入扭曲角度或允许非平面扫掠路径倾斜 [倾斜 (B)/ 表达式 (EX)]<0.0000>：360

选择扫掠路径或 [对齐 (A)/ 基点 (B)/ 比例 (S)/ 扭曲 (T)]：

// 完成后见图 8-9。

图 8-9　钢绞线立体图

项目练习 8-6：水槽

绘制一个具有进水口和出水口的简单水槽。绘制这类图形过程中借助多视口，部分三维的旋转移动等可以通过二维操作来实现，过程要简单许多。

// 建立 4 个视口，右上角俯视，左下角前视，右下角西南等轴测。

命令：_–vports

输入选项 [保存 (S)/ 恢复 (R)/ 删除 (D)/ 合并 (J)/ 单一 (SI)/?/2/3/4/ 切换 (T)/ 模式 (MO)] <3>：_4 正在重生成模型。

命令：

命令：_–view 输入选项 [?/ 删除 (D)/ 正交 (O)/ 恢复 (R)/ 保存 (S)/ 设置 (E)/ 窗口 (W)]：_top 正在重生成模型。

命令：

命令：_–view 输入选项 [?/ 删除 (D)/ 正交 (O)/ 恢复 (R)/ 保存 (S)/ 设置 (E)/ 窗口 (W)]：_front 正在重生成模型。

命令：

命令：_–view 输入选项 [?/ 删除 (D)/ 正交 (O)/ 恢复 (R)/ 保存 (S)/ 设置 (E)/ 窗口 (W)]：_swiso 正在重生成模型。

// 在左上视口开始绘制图形。

// 绘制水箱箱体。

命令：_box

指定第一个角点或 [中心 (C)]：from

基点：< 偏移 >：@20,20

指定其他角点或 [立方体 (C)/ 长度 (L)]：@60,60

指定高度或 [两点 (2P)] <100.0000>：80

// 绘制水箱底部出水口。

命令：_cylinder

指定底面的中心点或 [三点 (3P)/ 两点 (2P)/ 切点、切点、半径 (T)/ 椭圆 (E)]：from

基点：< 偏移 >：@50,50

指定底面半径或 [直径 (D)] <10.0000>：7.5

指定高度或 [两点 (2P)/ 轴端点 (A)] <80.0000>：40

// 调整圆柱体的位置上，需要切换到合适的视图才能方便操作。

命令：

** 拉伸 **

指定拉伸点或 [基点 (B)/ 复制 (C)/ 放弃 (U)/ 退出 (X)]：

** MOVE **

指定移动点 或 [基点 (B)/ 复制 (C)/ 放弃 (U)/ 退出 (X)]：@0,30

命令：_cylinder

指定底面的中心点或 [三点 (3P)/ 两点 (2P)/ 切点、切点、半径 (T)/ 椭圆 (E)]：

指定底面半径或 [直径 (D)] <7.5000>：5.

指定高度或 [两点 (2P)/ 轴端点 (A)] <40.0000>：50

// 调整圆柱体的位置上，需要切换到合适的视图才能方便操作。

命令：

** 拉伸 **

指定拉伸点或 [基点 (B)/ 复制 (C)/ 放弃 (U)/ 退出 (X)]：

** MOVE **

指定移动点 或 [基点 (B)/ 复制 (C)/ 放弃 (U)/ 退出 (X)]：

命令：* 取消 *

// 复制进水口。

命令：_copy 找到 2 个

当前设置：复制模式 = 多个

指定基点或 [位移 (D)/ 模式 (O)] < 位移 >：

指定第二个点或 [阵列 (A)] < 使用第一个点作为位移 >：@130,0

指定第二个点或 [阵列 (A)/ 退出 (E)/ 放弃 (U)] < 退出 >：* 取消 *

命令：* 取消 *

命令：指定对角点或 [栏选 (F)/ 圈围 (WP)/ 圈交 (CP)]：

// 调整圆柱体的方向，需要切换到合适的视图才能方便操作。

命令：

命令：_3drotate

UCS 当前的正角方向：ANGDIR= 逆时针 ANGBASE=0

找到 2 个

指定基点：

指定旋转角度，或 [复制 (C)/ 参照 (R)] <0>：−90

// 调整圆柱体对齐水箱侧壁，需要切换到合适的视图才能方便操作。

命令：_3dalign

选择对象：指定对角点：找到 2 个

选择对象：

 指定源平面和方向 ...

指定基点或 [复制 (C)]：

指定第二个点或 [继续 (C)] <C>：

 指定目标平面和方向 ...

指定第一个目标点：

指定第二个目标点或 [退出 (X)] <X>：

** 拉伸 **

指定拉伸点或 [基点 (B)/ 复制 (C)/ 放弃 (U)/ 退出 (X)]:

** MOVE **

指定移动点 或 [基点 (B)/ 复制 (C)/ 放弃 (U)/ 退出 (X)]: @0,0,-50

** MOVE **

指定移动点 或 [基点 (B)/ 复制 (C)/ 放弃 (U)/ 退出 (X)]: @-20,0,0

命令: * 取消 *

以上步骤执行完毕, 结果见图 8-10。接下来的工作需要借助布尔运算来完成。

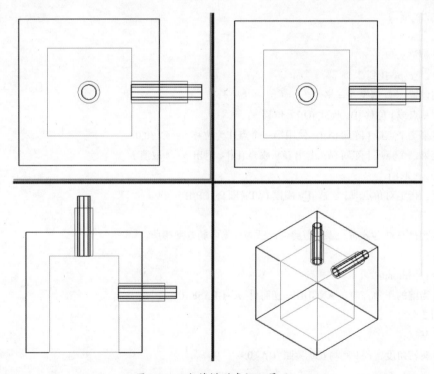

图 8-10　水箱模型多视口展示

// 第一步, 立方体减去长方体即可得到水箱箱体, 差集运算。

命令: _subtract 选择要从中减去的实体、曲面和面域 ...

选择对象: 找到 1 个

选择对象: 选择要减去的实体、曲面和面域 ...

选择对象: 找到 1 个

选择对象:

命令:

// 第二步, 水箱箱体和大圆柱体并集运算。

命令: _union

选择对象：找到 1 个

选择对象：找到 1 个，总计 2 个

选择对象：找到 1 个，总计 3 个

选择对象：

// 第三步，从并集中减去小圆柱体，差集运算。

命令：_subtract 选择要从中减去的实体、曲面和面域 ...

选择对象：找到 1 个

选择对象：选择要减去的实体、曲面和面域 ...

选择对象：找到 1 个

选择对象：找到 1 个，总计 2 个

选择对象：

绘图完毕，可以通过多视口不同角度观察图形（图 8-11）。

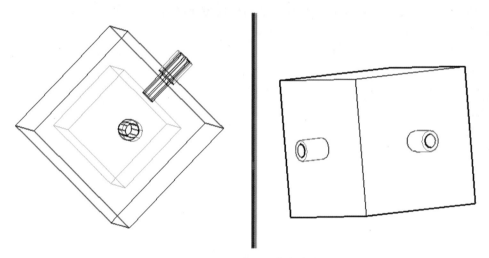

图 8-11 水箱模型多角度展示

项目练习 8-7："V"字形法则三维图解

地表倾斜岩层穿越山脊和沟谷时，地质界面与地表面的交线成 "V"字形弯曲，在地形地质图上成规律性产出，这种规律称为 "V"字形法则。①岩层倾向与地面坡向相反时，地质界线的出路与等高线的弯曲方向一致，但其弯曲弧度小于等高线，此为相反相同；②岩层倾向与地面坡向相同，且岩层倾角大于地形坡度时，地质界线的出路与等高线的弯曲方向相反，此为相同相反；③岩层倾向与地面坡向相同，且岩层倾角小于地面坡度时，地质界线的出路与等高线的弯曲方向一致，其弯曲弧度大于等高线，此为相同小相同。

// 打造一座山及倾斜岩层，山脚范围大致 100 × 100，高 30。

// 绘制山脚等高线，图例中等高线为四叶草形状

命令：_SPLINE

当前设置：方式 = 拟合 节点 = 弦

指定第一个点或 [方式 (M)/ 节点 (K)/ 对象 (O)]：_M

输入样条曲线创建方式 [拟合 (F)/ 控制点 (CV)] < 拟合 >：_FIT

当前设置：方式 = 拟合 节点 = 弦

指定第一个点或 [方式 (M)/ 节点 (K)/ 对象 (O)]：< 对象捕捉 关 >

输入下一个点或 [起点切向 (T)/ 公差 (L)]：

输入下一个点或 [端点相切 (T)/ 公差 (L)/ 放弃 (U)]：

....

....

....

输入下一个点或 [端点相切 (T)/ 公差 (L)/ 放弃 (U)/ 闭合 (C)]：c

// 绘制水平岩层层面。

命令：_rectang

指定第一个角点或 [倒角 (C)/ 标高 (E)/ 圆角 (F)/ 厚度 (T)/ 宽度 (W)]：

指定另一个角点或 [面积 (A)/ 尺寸 (D)/ 旋转 (R)]：

// 绘制垂直山脚等高线绘制轴线。

命令：L

LINE

指定第一个点：

指定下一点或 [放弃 (U)]：@0,0,30

指定下一点或 [放弃 (U)]：

// 将二维封闭线条转换为面域。

命令：_region

选择对象：指定对角点：找到 2 个

选择对象：

已提取 2 个环。

已创建 2 个面域。

// 通过沿轴线扫掠等高线创建山体。

命令：

命令：_sweep

当前线框密度：ISOLINES=8，闭合轮廓创建模式 = 实体

选择要扫掠的对象或 [模式 (MO)]：mo

闭合轮廓创建模式 [实体 (SO)/ 曲面 (SU)] < 实体 >：

选择要扫掠的对象或 [模式 (MO)]：找到 1 个

选择要扫掠的对象或 [模式 (MO)]：

选择扫掠路径或 [对齐 (A)/ 基点 (B)/ 比例 (S)/ 扭曲 (T)]：s

输入比例因子或 [参照 (R)/ 表达式 (E)]<1.0000>：0.01

选择扫掠路径或 [对齐 (A)/ 基点 (B)/ 比例 (S)/ 扭曲 (T)]:

// 通过沿高度拉伸创建具有一定厚度的岩层。

命令:

命令: _extrude

当前线框密度: ISOLINES=8，闭合轮廓创建模式 = 实体

找到 1 个

指定拉伸的高度或 [方向 (D)/ 路径 (P)/ 倾斜角 (T)/ 表达式 (E)] <20.0000>: 3

// 多视口协同，方便三维观察与绘图。

命令: _-vports

输入选项 [保存 (S)/ 恢复 (R)/ 删除 (D)/ 合并 (J)/ 单一 (SI)/?/2/3/4/ 切换 (T)/ 模式 (MO)] <3>: _3

输入配置选项 [水平 (H)/ 垂直 (V)/ 上 (A)/ 下 (B)/ 左 (L)/ 右 (R)] < 右 >: L

正在重生成模型。

命令:

命令: _-view 输入选项 [?/ 删除 (D)/ 正交 (O)/ 恢复 (R)/ 保存 (S)/ 设置 (E)/ 窗口 (W)]: _front 正在重生成模型。

命令:

命令: _-view 输入选项 [?/ 删除 (D)/ 正交 (O)/ 恢复 (R)/ 保存 (S)/ 设置 (E)/ 窗口 (W)]: _swiso 正在重生成模型。

// 左侧视口操作。

// 复制另外 2 组岩层与山体

命令: _copy 找到 2 个

当前设置: 复制模式 = 多个

指定基点或 [位移 (D)/ 模式 (O)] < 位移 >:

指定第二个点或 [阵列 (A)] < 使用第一个点作为位移 >: @160,0

指定第二个点或 [阵列 (A)/ 退出 (E)/ 放弃 (U)] < 退出 >: @320,0

指定第二个点或 [阵列 (A)/ 退出 (E)/ 放弃 (U)] < 退出 >: * 取消 *

命令: 正在重生成模型。

正在重生成模型。

// 在右侧前视视口操作。

// 通过旋转让岩层倾斜不同的角度。

命令: _3drotate

UCS 当前的正角方向: ANGDIR= 逆时针 ANGBASE=0

选择对象: 找到 1 个

选择对象:

指定基点: < 打开对象捕捉 >

指定旋转角度，或 [复制 (C)/ 参照 (R)] <0>: 20

命令：_3drotate

UCS 当前的正角方向：ANGDIR= 逆时针 ANGBASE=0

找到 1 个

指定基点：

指定旋转角度，或 [复制 (C)/ 参照 (R)] <20>：50

命令：_3drotate

UCS 当前的正角方向：ANGDIR= 逆时针 ANGBASE=0

选择对象：指定对角点：找到 1 个

选择对象：

指定基点：

指定旋转角度，或 [复制 (C)/ 参照 (R)] <50>：90

// 在恰当的视口移动岩层与山体相交于合适的部位。

命令：_move 找到 1 个

指定基点或 [位移 (D)] < 位移 >：

指定第二个点或 < 使用第一个点作为位移 >：< 正交 关 > < 对象捕捉 关 >

命令：指定对角点或 [栏选 (F)/ 圈围 (WP)/ 圈交 (CP)]：

命令：

** 拉伸 **

指定拉伸点或 [基点 (B)/ 复制 (C)/ 放弃 (U)/ 退出 (X)]：

** MOVE **

指定移动点 或 [基点 (B)/ 复制 (C)/ 放弃 (U)/ 退出 (X)]：

命令：* 取消 *

命令：指定对角点或 [栏选 (F)/ 圈围 (WP)/ 圈交 (CP)]：

命令：

** 拉伸 **

指定拉伸点或 [基点 (B)/ 复制 (C)/ 放弃 (U)/ 退出 (X)]：

** MOVE **

指定移动点 或 [基点 (B)/ 复制 (C)/ 放弃 (U)/ 退出 (X)]：

命令：* 取消 *

以上步骤操作完成后，图形前视图二维线框模式效果见图 8–12。

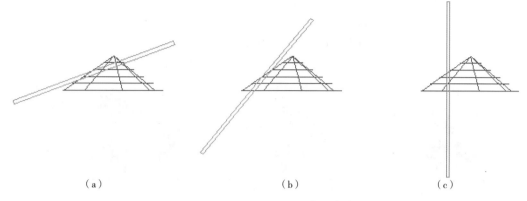

（a）   （b）   （c）

图 8-12　岩层与山体的空间关系

（a）山体左侧岩层与地形倾向相同，倾角小于地形坡角，右侧岩层与地形倾向相反；

（b）岩层与地形倾向相同，倾角大于地形坡角；（c）岩层直立

// 通过布尔运算得到岩层与地面的相交线。

命令：_subtract 选择要从中减去的实体、曲面和面域 ...

选择对象：找到 1 个

选择对象：

选择要减去的实体、曲面和面域 ...

选择对象：找到 1 个

选择对象：

命令：

SUBTRACT

选择要从中减去的实体、曲面和面域 ...

选择对象：找到 1 个

选择对象：

选择要减去的实体、曲面和面域 ...

选择对象：找到 1 个

选择对象：

命令：

SUBTRACT

选择要从中减去的实体、曲面和面域 ...

选择对象：找到 1 个

选择对象：

选择要减去的实体、曲面和面域 ...

选择对象：找到 1 个

选择对象：

三维模型创建完毕，在布局里面建立 3 个视口，第一个视口显示俯视图，视觉样式为真实；第二个视口显示前视图，视觉样式为真实；第三个视口显示俯视图，视觉样式为二维线框。参见图 8-13。从图 8-13 的真三维模型中可以精确且直观看出不同倾向和倾角情况下岩层界限与地图等高线在平面投影上的空间关系。

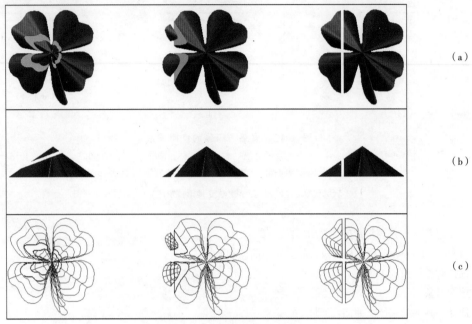

（a）

（b）

（c）

图 8-13 "V"字形法则三维图解

（a）俯视图；（b）前视图；（c）俯视线框图

8.4 图形输出

8.4.1 输出其他文件格式

1.EXPORT 命令

EXPORT 命令可以以其他文件格式保存对象，调用方法如下。

◆ 命令行：EXPORT

◆ "文件"菜单：输出

AutoCAD 输出的格式类型有 11 种，常用格式说明如下。

BMP：独立于设备的位图文件；

DWG：AutoCAD 块文件 (与调用 WBLOCK 命令相同)；

DXX：AutoCAD 属性提取 DXF 文件 (与调用 ATTEXT 命令相同)；

EPS：封装 PostScript 文件；

SAT：ACIS 实体对象文件；

STL：实体对象立体平版印刷文件；

WMF：Windows 图元文件。

2.OUT 命令系列

AutoCAD 提供了多种 OUT 命令，用于输出其他文件格式，列举如下。

ACISOUT：将三维实体、面域或实体对象输出到 ACIS 文件中；

BMPOUT：按与设备无关的位图格式将选定对象保存到文件中；

JPGOUT：保存选定的对象到一个 JPEG 格式的文件；

PNGOUT：保存选定的对象到 PNG（便携式网络图形）格式的文件；

STLOUT：用于立体平板印刷设备的格式存储三维实体和无间隙网格；

TIFOUT：保存选定的对象到一个 TIFF 格式的文件；

WBLOCK：将对象或块写入新图形文件；

WMFOUT：将对象保存到 Windows 图元文件。

3.WMFBKGND 系统变量

WMFBKGND 系统变量用来控制 AutoCAD 对象在其他应用程序中的背景显示是否透明，这些对象包括三个方面：

（1）使用 WMFOUT 命令作为 Windows 图元文件输出。

（2）复制到 AutoCAD 剪贴板并作为 Windows 图元文件粘贴。

（3）从 AutoCAD 中作为 Windows 图元文件拖放（按下 Alt 键同时拖动对象）。

AutoCAD 定义的值有：

关（值为 0 或 off），背景色透明。

开（值为 1 或 on），背景色与 AutoCAD 的当前背景色相同。

从 AUTOCAD 复制图形到第三方软件，显示通常不会出现问题，某些情况下，打印可能会出现全黑背景，无法准确打印图形，此时就需要特别关注这个系统变量的值是否合适。

4.Windows 图元文件应用

AutoCAD 创建的 WMF 文件为矢量格式，与其他格式相比，能实现更快的平移和缩放，缩放时可以保证图形不会变形。特别值得一提的是，WMF 文件可以在较小的文件空间下达到很高的分辨率。在其他 Windows 应用程序中，比如 Word、Excel 程序，可以非常方便引用 wmf 文件。在应用程序"插入"菜单下单击"图片"，选择"来自文件"，然后在文件对话框中选择所需要的 wmf 文件即可。如果插入后发现图片有太多的空白边界，只要双击图片，在弹出的"设置图片格式"对话框之"图片"选项卡中，适当剪切图片的上、下、左、右边界即可。

8.4.2 模型空间与图纸空间

AutoCAD 中一个非常重要的特性是可以在两种不同的模式下工作，即模型空间和图纸空间。

在 AutoCAD 中，可以非常方便地创建和管理一个或多个图纸空间（布局），每一个布局表示一张输出图形用的图纸。默认状态下，AutoCAD 创建两个"布局"选项卡，分别为"布局 1"和"布局 2"。图纸空间是一个二维环境，用于布置在模型空间绘制的图形的不同视图（浮动视口）。可以为每个浮动视口指定不同的比例，并控制其中图层的可见性。布置好视图并进行缩放后，就可以从图纸空间输出图纸。

通过选择图形窗口底部的选项卡可以在模型空间与图纸空间之间进行切换。选择"模型"选项卡可进入到模型空间，选择任一个可用的"布局"选项卡可进入到图纸空间。

另外，通过修改系统变量 TILEMODE 的值也可以在模型空间与图纸空间之间进行切换。当 TILEMODE 的值设为 1 时，将工作在模型空间；当该值设为 0 时，将工作在图纸空间。

在图纸空间工作时，双击任一个浮动视口的内部区域，可以访问模型空间。双击浮动视口外的任何位置，将切换回图纸空间。在图纸空间中至少应有一个浮动视口用于观察模型。

打开"模型"选项卡时，则一直在模型空间中工作，可以查看并编辑模型空间对象，十字光标在整个图形区域都处于激活状态。

在布局视口中，可以查看并编辑模型空间对象。要从布局访问模型空间，请在布局视口中双击。十字光标和亮显标识出当前的布局视口。

通常的做法是在模型空间中设计图形，在图纸空间中进行打印。但是如果图形不需要打印多个视口，或者根本不需要在 AutoCAD 中打印图形，则不需要进行布局设置。

8.4.3　打印样式表

打印样式表被用来控制图形输出。修改对象的打印样式，就能替代对象原有的颜色、线型和线宽，可以指定端点、连接和填充样式，也可以指定抖动、灰度、笔指定和淡显等输出效果。默认情况下，每一个对象和图层都具有打印样式特性。

AutoCAD 提供了两种打印样式：颜色相关类型和命名类型。

"颜色相关"打印样式以对象的颜色为基础，共有 255 种颜色相关的打印样式。不能添加、删除或重命名颜色相关的打印样式。在颜色相关打印样式模式下，通过调整与对象颜色对应的打印样式可以控制所有具有同种颜色的对象的打印方式，也可以通过改变对象的颜色来改变用于该对象的打印样式。颜色相关打印样式保存在扩展名为 .CTB 的文件中。

命名打印样式独立于对象的颜色使用。可以给对象指定任意一种打印样式，而不管对象的颜色是什么。命名的打印样式表保存在扩展名为 .STB 的文件中。

默认的打印样式在"选项"对话框中的"打印"选项卡（"新图形的缺省打印样式"区）中设置。每次在 AutoCAD 中开始一个新图形时，都会把在"选项"对话框中设置的打印样式应用到图形中。修改默认打印样式将影响新建的图形或在 AutoCAD 中打开但还没有保存的图形，但是不会影响当前图形的打印样式。

AutoCAD 提供了"添加打印样式表"和"添加颜色相关打印样式表"两种向导，利用向导可以从头创建打印样式、修改已存在的打印样式表、使用 r14 打印机配置，或者从 CFG、PCP 或 PC2 文件输入打印样式特性。

提示：用黑白打印机打印彩色图形时，monochrome.ctb 打印样式表将是首选。否则的话，图形中的彩色部分打印效果会发虚。

8.4.4　配置打印机

AutoCAD 的打印机管理器用于配置本地的或网络的非系统打印机。另外，还可以配置系统打印机。

打开打印机管理器的方法：

◆ 命令行：PLOTTERMANAGER

◆ "文件"菜单：绘图仪管理器

◆ 布局选项卡→打印功能区→绘图仪管理器

AutoCAD 将显示"打印"浏览器窗口，列出了所有配置的打印机，如图 8-14 所示。

如果需要，可以使用"打印机配置编辑器"编辑打印机配置 PC3 文件。"打印机配置编辑器"提供的选项可用来更改打印机的端口连接和输出设置，包括介质、图形、物理笔配置、自定义特性、初始化字符串、校准和用户定义的图纸尺寸。此外，还可以在 PC3 文件之间拖动这些选项。

打开"打印机配置编辑器"方法如下。

◆ Windows 资源管理器或文件资源管理器中双击 PC3 文件，或者在 PC3 文件上单击鼠标右键，然后单击"打开"

◆ "添加绘图仪"向导中选择"编辑绘图仪配置"

◆ "页面设置"对话框中选择"特性"

◆ "打印"对话框中选择"特性"

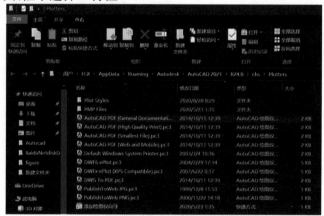

图 8-14 "打印机"浏览器窗口

"绘图仪配置编辑器"对话框如图 8-15 所示。

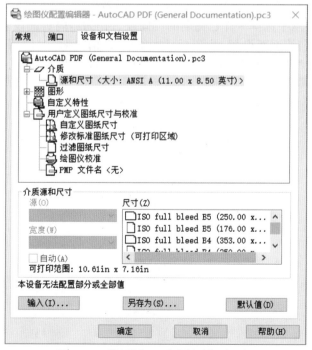

图 8-15 "绘图仪配置编辑器"对话框

8.4.5 布局设置

布局好比图纸，用于布置输出的图形。在布局中可以包含标题栏、一个或多个视口以及注释。选择图形区底部的"布局"选项卡，通过快捷菜单激活显示"页面设置"对话框，如图 8-16 所示。

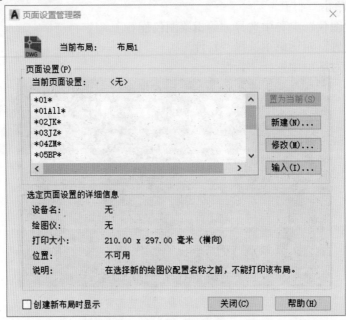

图 8-16 "页面设置管理器"对话框

对话框中的"布局名"文本栏中显示当前布局的名称。"页面设置名"区中列表显示已保存的页面设置。可从中选择一个已命名的页面设置作为当前页面设置的基础，或者将当前的设置保存为命名的页面设置，供以后从图纸空间输出图形时使用。可以创建、删除或重命名页面设置。选择"新建"按钮，AutoCAD 将显示"页面设置"对话框，如图 8-17 所示。

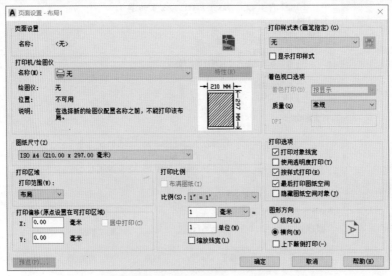

图 8-17 "页面设置"对话框

（1）页面设置。

名称：显示当前页面设置的名称。

图标：从布局中打开"页面设置"对话框后，将显示 DWG 图标；从图纸集管理器中打开"页面设置"对话框后，将显示图纸集图标。

（2）打印机/绘图仪。指定打印或发布布局或图纸时使用的已配置的打印设备。

名称：列出可用的 PC3 文件或系统打印机，可以从中进行选择，以打印或发布当前布局或图纸。设备名称前面的图标识别其为 PC3 文件还是系统打印机。

特性：显示绘图仪配置编辑器（PC3 编辑器），从中可以查看或修改当前绘图仪的配置、端口、设备和介质设置。如果使用绘图仪配置编辑器更改 PC3 文件，将显示"修改打印机配置文件"对话框。

绘图仪：显示当前所选页面设置中指定的打印设备。

位置：显示当前所选页面设置中指定的输出设备的物理位置。

说明：显示当前所选页面设置中指定的输出设备的说明文字。可以在绘图仪配置编辑器中编辑此文字。

局部预览：精确显示相对于图纸尺寸和可打印区域的有效打印区域。工具提示显示图纸尺寸和可打印区域。

（3）图纸尺寸。显示所选打印设备可用的标准图纸尺寸。如果所选绘图仪不支持布局中选定的图纸尺寸，将显示警告，用户可以选择绘图仪的默认图纸尺寸或自定义图纸尺寸。使用"添加绘图仪"向导创建 PC3 文件时，将为打印设备设置默认的图纸尺寸。页面的实际可打印区域（取决于所选打印设备和图纸尺寸）在布局中由虚线表示。

（4）打印区域。指定要打印的图形区域。

布局/图形界限 打印布局时，将打印指定图纸尺寸的可打印区域内的所有内容，其原点从布局中的 0,0 点计算得出。从"模型"布局打印时，将打印栅格界限定义的整个绘图区域。如果当前视口不显示平面视图，该选项与"范围"选项效果相同。

范围：打印包含对象的图形的部分当前空间。当前布局中的所有几何图形都将被打印。打印之前，可能会重新生成图形以重新计算范围。

显示：打印当前布局中当前视口中的视图。

视图：打印以前使用 VIEW 命令保存的视图。

窗口：打印指定的图形部分。指定要打印区域的两个角点时，"窗口"按钮才可用。单击"窗口"按钮以使用定点设备指定要打印区域的两个角点，或输入坐标值。

（5）打印偏移。根据"指定打印偏移时相对于"选项（"选项"对话框，"打印和发布"选项卡）中的设置，指定打印区域相对于可打印区域左下角或图纸边界的偏移。"页面设置"对话框的"打印偏移"区域在括号中显示指定的打印偏移选项。

居中打印：自动计算 X 偏移和 Y 偏移值，在图纸上居中打印。

（6）打印比例。控制图形单位与打印单位之间的相对尺寸。

布满图纸：缩放打印图形以布满所选图纸尺寸，并在"比例""英寸 ="和"单位"框中显示自定义的缩放比例因子。

比例：定义输出的精确比例。还可以控制图纸空间中布局上的坐标和距离值。

"自定义"：可定义用户定义的比例。可以通过输入与图形单位数等价的英寸（或毫米）数来创建自定义比例。

（7）打印样式表。设定、编辑打印样式表，或者创建新的打印样式表。

着色视口选项：指定着色或渲染视口的打印方式，并确定它们的分辨率级别和每英寸点数 (DPI)。着色打印指定视图的打印方式。要为布局选项卡上的视口指定此设置，请选择该视口，然后在"工具"菜单中单击"特性"。

（8）打印选项。指定线宽、透明度、打印样式、着色打印和对象的打印次序等选项。

（9）图形方向。AUTOCAD 支持纵向或横向的绘图仪指定图形在图纸上的打印方向，也支持上下颠倒打印。

8.4.6 布局操作

布局操作包括创建新布局、复制已有的布局、重命名布局、删除布局等。激活方法如下。

◆ LAYOUT 命令

◆ 快捷菜单

◆ 布局选项卡

布局选项卡中的布局功能区如图 8-18 所示，通过布局工具栏可以创建新布局或从样板图形输入布局。

图 8-18 局选项卡

8.4.7 浮动视口

图纸空间中创建的视口叫做浮动视口。在图纸空间中，可创建多个重叠的、连接的或单独的非平铺的视口。在默认情况下，AutoCAD 为每一个布局设置一个浮动视口。视口也是图形对象，通过它可以观察模型空间，另外还可以移动视口或改变视口的大小。

只有在图纸空间下才能创建和操作浮动视口，但是在浮动视口下不能编辑模型。要想编辑模型，可以使用以下任一种方法切换到模型空间：

◆ 选择"模型"选项卡

◆ 双击浮动视口内部，状态栏中"图纸"变为"模型"

◆ 单击状态栏上的"图纸"

在布局中工作时，可在模型空间与图纸空间之间来回进行切换。在当前的布局中创建一个浮动视口后，就可以在浮动视口对模型空间的图形进行操作。在模型空间对图形作的任何修改都会反映到所有的图纸空间的视口以及平铺的视口中。在浮动视口外双击，AutoCAD 将切换到图纸空间。在图纸空间中，可以添加注释和其他图形对象，如标题栏。添加到图纸空间的对象不会被添加到模型空间或其他的布局中。

8.4.8 打印

PLOT 命令用于输出 / 打印当前的图形。调用方法如下。

◆ 命令行：PLOT

◆ "文件"菜单：打印

◆ "快速访问"工具栏：

◆ 在"模型"选项卡或布局选项卡上单击右键，然后选择"打印"

AutoCAD 将显示"打印"对话框，如图 8-19 所示。

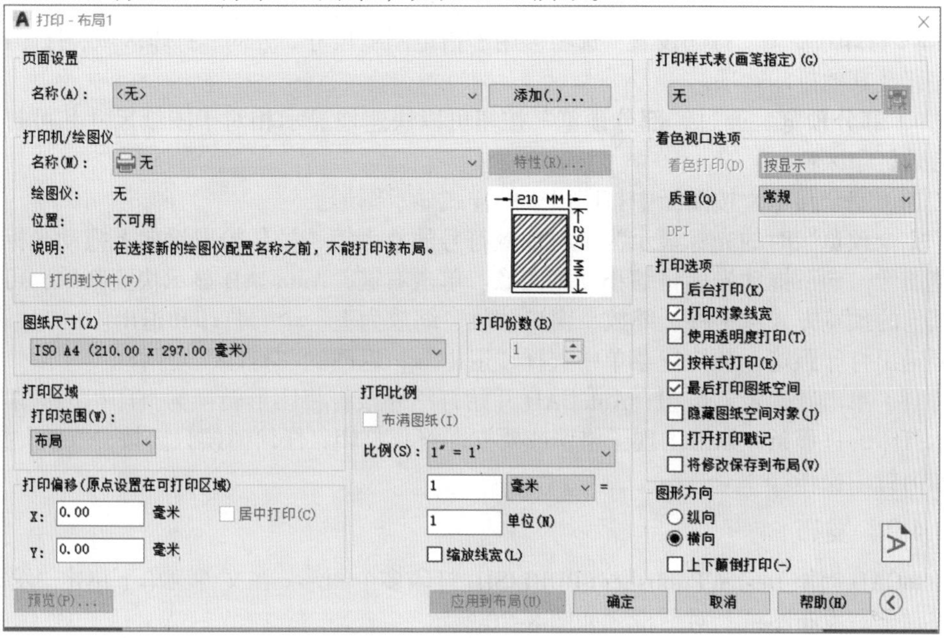

图 8-19 "打印"对话框

（1）布局名。AutoCAD 显示当前的布局名称或模型。如果选定了多个选项卡将显示"选定的布局"。打开"将修改保存到布局"选项将把在"打印"对话框中所做的修改保存到布局中。

（2）页面设置名。列表框列表显示所有已保存的页面设置，可从中选择一个页面设置并恢复其中保存的打印设置，或者保存当前的设置作为以后从模型空间打印图形的基础。

可以创建、删除或重新命名页面设置。要保存当前的设置，在"新页面设置名"栏中指定一个名称，单击"确定"按钮；要删除当前选定的用户定义的页面设置，单击"删除"按钮；要重命名当前选定的用户定义的页面设置，单击"重命名"按钮并修改名称。单击"输入"按钮将从其他图形中输入一个用户定义的页面设置。

（3）"打印设备"选项卡显示可供使用的打印机或绘图仪、打印样式表、打印内容和打印到文件等信息。应用虚拟打印机可以输出图形为其他图形格式，比如 dwf，jpg，pdf 文件。

（4）打印样式表。"打印样式表"区设置、编辑打印样式表或者创建新的打印样式表。

（5）打印区域。"打印区域"区定义打印对象为选定的"模型"选项卡还是"布局"选项卡。"当前表"选项卡打印当前的"模型"或"布局"选项卡。"选定的表"用于打印多个预先选定的选项卡。要选择多个选项卡，在选择选项卡的同时按下 Ctrl 键。"所有布局选项卡"用于打印所有布局选项卡，而不管选项卡是否选定。

"打印份数"文本区指定打印副本的份数。

（6）打印到文件。"打印到文件"区控制将图形打印输出到文件。AutoCAD 创建的

打印文件以 .PLT 为扩展名。

（7）打印戳记。打印戳记将一行文字添加到打印边界。打印戳记信息包括图形名称、布局名称、日期和时间等。可以选择将打印戳记信息记录到日志文件中而不打印它，或既记录又打印。

（8）打印设置。"打印设置"选项卡用于指定图纸尺寸、方向、打印区域、打印比例、打印偏移及其他打印选项。

（9）部分预览。通过"部分预览"按钮可以快速地显示相对于图纸尺寸和可打印区域的有效打印区域。

（10）完全预览。按图纸中打印出来的样式显示图形。

"完全预览"时的光标显示为带有加减符号的放大镜，按住拾取键向上拖动光标将放大预览图像，向下拖动光标将缩小预览图像。单击右键，AutoCAD 显示快捷菜单，可从中选择其他的预览方式：平移、缩放、窗口缩放、缩放为上一个、打印和退出。

要退出打印预览，从快捷菜单中选择"退出"，返回到"打印"对话框。

（11）单击"确定"按钮，AutoCAD 开始打印并报告将图形转换为打印机图形语言以及显示打印的进程条。如果出现了错误或要立即终止打印，任何时候只要按"取消"按钮，就可取消打印操作。

8.4.9 发布

AutoCAD 提供 Design Publisher（PUBLISH）打印多个图形。在文件菜单下单击"发布"，系统将弹出"发布图纸"对话框，如图 8-20 所示。

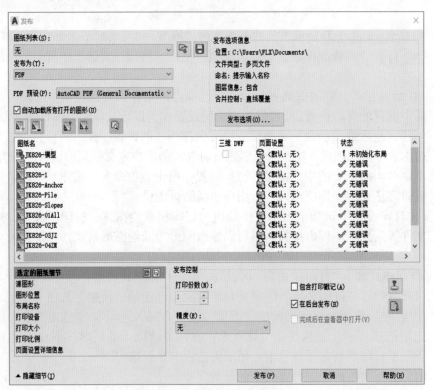

图 8-20 "发布图纸"对话框

发布命令将用于发布的图纸(可对其进行组合、重排序、重命名、复制和保存)指定为多页图形集。图形集可以发布到 DWF 文件,发送到打印机进行硬拷贝输出,或者作为打印文件保存。图纸列表可以作为 DSD(图形集说明)文件保存到磁盘文件中予以保留。保存的图形集可以替换或附加至当前的重新发布列表。

将鼠标指针移至图纸列表并单击右键,将弹出"发布图纸"快捷菜单,如图 8-21 所示。

图 8-21 "发布图纸"快捷菜单

(1)重命名图纸。使用户可以在位编辑选定的图纸名。

(2)修改页面设置。打开"更改页面设置"对话框,从中可以选择选定图形或其他图形样板中的页面设置。

(3)复制选定的图纸。使用户可以复制单页或多页图纸。新的图纸副本将添加到图纸列表的末尾并亮显。

(4)显示图形文件路径名。指定图纸列表中是包含完整的路径名还是只包含文件名。选中复选框将打开该选项。

(5)添加图纸时包含布局。指定添加图纸时是否包含所有布局。选中复选框将打开该选项。

(6)添加图纸时包含模型。指定添加图纸时是否包含模型。选中复选框将打开该选项。

思考题

1. 叙述设计中心的功能和使用方法。

2. 一个文件夹或文件名旁边显示的"+""-"符号表示什么?

3. 叙述一下如何用拖放的方法在图文件之间复制对象。

4. 叙述一下创建视图区的命令及操作过程。

5. 图纸空间与模型空间有何不同?

6. 初学者打印图形时,线条有时会模糊。有人据此得出一个结论:AutoCAD 图的打印效果不好,产生这种错觉的原因可能是什么?

7. 叙述一下利用 Design Center 插入块的过程。

8. 如何改变视图区中的显示比例？

9. 在一个视图区中以适当比例显示一个图形，但仍看不到图形全貌，如何解决这一问题？

10. 叙述一下如何创建一个不规则形视图区。

第 9 章
综合练习

9.1 绘制国旗

依照中华人民共和国国旗制法（参见第一章思考题9），绘制尺寸为2880×1920的国旗图案。

国旗细节尺寸可参照图9-1。

绘图步骤如下。

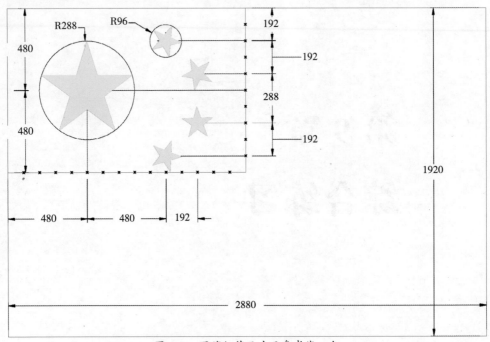

图9-1 国旗细节尺寸及参考线、点

（1）新建图形。

选择公制

（2）重新设置模型空间界限。

命令：limits

左下角点或：<0.0000,0.0000>

右上角点：3000,2000

命令：ZOOM all

（3）设定单位与精度。

命令：units

单位设为mm，精度设为0.0。

（4）设定图层及其线型、颜色。

命令：_layer

名称　　　颜色

qimian　　　红

waikuang　　　红

wujiaoxing　　　　黄

cankao　　　　bylayer

（5）绘制国旗外框线（国旗长高比为 3 ∶ 2）（设定 waikuang 为当前图层）。

命令：rectang

指定第一个角点或：0,0

指定另一个角点或：2880,1920

（6）绘制参考线、点（设定 cankao 为当前图层）。

① 设置并启用中点对象捕捉模式；

② 启用 Line 命令，捕捉矩形边的中点，绘制正交的两条直线，将矩形分为四个区块；

③ 启用 Trim 命令，修剪上述两条直线，保留交点的左、上部分；

④ 启用 Pdsize 命令，设置点大小为 10，启用 Pdmode 命令，设置点样式为 35；

⑤ 启用 Divide 命令，十等分铅直线段，十五等分水平线段；

⑥ 启用节点对象捕捉模式，依照国旗法第二条规定，用直线标出全部五角星的中心点位置。参考线、点完成以后如图 9-2 所示。

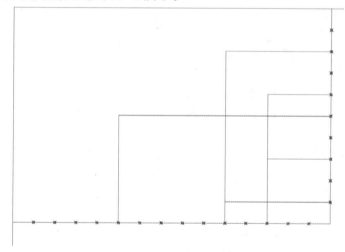

图 9-2　绘制国旗五角星的参考线、点

（7）绘制五角星。

① 绘制圆：

命令：c

捕捉一铅直等分点为圆心，以一等分为半径作圆。

② 绘制正五变形：

命令：_polygon

输入边的数目 <4>：5

指定正多边形的中心点或 [边 (E)]：　//以圆心为中心点

输入选项 [内接于圆 (I)/ 外切于圆 (C)] <I>：//接受默认值

指定圆的半径：//以一等分为半径

③ 连接五边形所有顶点：

命令：line

④ 形成空五角星：

命令：trim

选择对象全部五条线作为修剪边，减去内部线段。

以上步骤可以参照图 9-3。

图 9-3　绘制五角星的步骤

⑤ 创建五角星图块：

命令：block

以圆心为插入基点，选择空五角星。创建名为 pentangon 的图块。

（8）插入五角星。

① 插入大五角星：

在大五角星的中心点插入图块 pentangon，X、Y 比例设为 3，Z 比例为 1。

② 插入小五角星：

在小五角星的中心点插入图块 pentangon，X、Y、Z 比例为 1。

③ 对齐小五角星（设定端点对象捕捉模式）：

命令：Rotate

选择对象：// 选择一个小五角星

指定基点：// 指定其中心点为基点

指定旋转角度或 [参照 (R)]：// 输入 R

指定参照角度：// 指定五角星中心点

指定第二点：// 指定五角星的任一顶点

指定新角度：// 指定大五角星的中心点

重复以上步骤，对齐全部小五角星。

（9）填充五角星（设定 wujiaoxing 为当前图层）。

删除所有其他图形对象，仅保留图框与五角星。然后填充全部五角星。

命令：_bhatch

图案名称：SOLID，颜色：Bylayer。

（10）填充国旗（设定 qimian 为当前图层）。

命令：_bhatch

图案名称：SOLID，颜色：Bylayer。

（11）清理图形。

① 将 0 层设为当前图层，冻结 qimian 以及 wujiaoxing 图层。删除所有图形对象。

② 解冻 qimian 以及 wujiaoxing 图层。

③ 应用绘图实用程序全面清理图形。

完成后的国旗图案如图 9-4 所示。

国旗制法规定国旗之通用尺寸定为如下五种：甲、长 288cm，高 192cm；乙、长 240cm，高 160cm；丙、长 192cm，高 128cm；丁、长 144cm，高 96cm；戊、长 96cm，高 64cm。可以考虑优先绘制尺寸 300×200 的国旗，小五角星外接圆半径 10，大五角星外接圆半径 30，位置坐标也都是 10 的整数倍，处理起来更容易。然后通过比例缩放可以得到任意规格的国旗图案。

图 9-4 标准国旗图案样式

9.2 基坑施工平面图及大样图的绘制

某建筑物地下结构外墙线轮廓图参见图 1-25，建筑基坑距外墙线 1100mm，基坑支护由桩锚体系、人工边坡构成，隔水系统由帷幕桩组成，参见图 9-5。地基处理采用 CFG 桩复合地基，桩间距 2000×2000。现绘制该项目基坑支护各项图件，并进行布局设置。

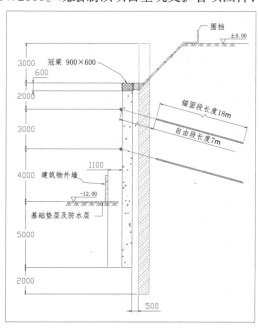

图 9-5 某建筑物基坑边坡支护及隔水系统

操作步骤如下。

（1）基坑平面图。

①新建图形：

选择公制

②设置图形界限：

200000 × 200000（单位：mm）

设置完成后应用 Zoom all 命令全部缩放整个图形范围。

// 新建图层，名称：Frame。

// 绘制矩形。

命令：_rectang

指定第一个角点或 [倒角 (C)/ 标高 (E)/ 圆角 (F)/ 厚度 (T)/ 宽度 (W)]：0,0

指定另一个角点或 [面积 (A)/ 尺寸 (D)/ 旋转 (R)]：@160000,80000

命令：

// 选中矩形，将其置于 Frame 图层。

// 绘制外墙线。

// 新建图层，名称：Boundary，置为当前图层。

PLINE

指定起点：8000,8000

当前线宽为 0.0000

指定下一个点或 [圆弧 (A)/ 半宽 (H)/ 长度 (L)/ 放弃 (U)/ 宽度 (W)]：@20000,0

指定下一点或 [圆弧 (A)/ 闭合 (C)/ 半宽 (H)/ 长度 (L)/ 放弃 (U)/ 宽度 (W)]：

>> 输入 ORTHOMODE 的新值 <0>：

正在恢复执行 PLINE 命令。

指定下一点或 [圆弧 (A)/ 闭合 (C)/ 半宽 (H)/ 长度 (L)/ 放弃 (U)/ 宽度 (W)]：@10000<90

指定下一点或 [圆弧 (A)/ 闭合 (C)/ 半宽 (H)/ 长度 (L)/ 放弃 (U)/ 宽度 (W)]：@50000,0

指定下一点或 [圆弧 (A)/ 闭合 (C)/ 半宽 (H)/ 长度 (L)/ 放弃 (U)/ 宽度 (W)]：@10000<–90

指定下一点或 [圆弧 (A)/ 闭合 (C)/ 半宽 (H)/ 长度 (L)/ 放弃 (U)/ 宽度 (W)]：@20000,0

指定下一点或 [圆弧 (A)/ 闭合 (C)/ 半宽 (H)/ 长度 (L)/ 放弃 (U)/ 宽度 (W)]：@60000<90

指定下一点或 [圆弧 (A)/ 闭合 (C)/ 半宽 (H)/ 长度 (L)/ 放弃 (U)/ 宽度 (W)]：@20000<180

指定下一点或 [圆弧 (A)/ 闭合 (C)/ 半宽 (H)/ 长度 (L)/ 放弃 (U)/ 宽度 (W)]：@10000<–90

指定下一点或 [圆弧 (A)/ 闭合 (C)/ 半宽 (H)/ 长度 (L)/ 放弃 (U)/ 宽度 (W)]：@50000<180

指定下一点或 [圆弧 (A)/ 闭合 (C)/ 半宽 (H)/ 长度 (L)/ 放弃 (U)/ 宽度 (W)]：@10000<90

指定下一点或 [圆弧 (A)/ 闭合 (C)/ 半宽 (H)/ 长度 (L)/ 放弃 (U)/ 宽度 (W)]：@20000<180

指定下一点或 [圆弧 (A)/ 闭合 (C)/ 半宽 (H)/ 长度 (L)/ 放弃 (U)/ 宽度 (W)]：c

// 绘制护坡桩内边线。

命令：_offset

当前设置：删除源 = 否 图层 = 源 OFFSETGAPTYPE=0

指定偏移距离或 [通过 (T)/ 删除 (E)/ 图层 (L)] <1100.0000>： 1100

选择要偏移的对象，或 [退出 (E)/ 放弃 (U)] < 退出 >：

指定要偏移的那一侧上的点，或 [退出 (E)/ 多个 (M)/ 放弃 (U)] < 退出 >：

选择要偏移的对象，或 [退出 (E)/ 放弃 (U)] < 退出 >：

// 对基坑边线内部拐弯进行 45° 倒角处理。

命令：_chamfer

（ "修剪" 模式) 当前倒角距离 1 = 0.0000，距离 2 = 0.0000

选择第一条直线或 [放弃 (U)/ 多段线 (P)/ 距离 (D)/ 角度 (A)/ 修剪 (T)/ 方式 (E)/ 多个 (M)]: a

指定第一条直线的倒角长度 <100.0000>： 10000

指定第一条直线的倒角角度 <75>： 45

选择第一条直线或 [放弃 (U)/ 多段线 (P)/ 距离 (D)/ 角度 (A)/ 修剪 (T)/ 方式 (E)/ 多个 (M)]:

选择第二条直线，或按住 Shift 键选择直线以应用角点或 [距离 (D)/ 角度 (A)/ 方法 (M)]:

命令： CHAMFER

（ "修剪" 模式) 当前倒角长度 = 10000.0000，角度 = 45

选择第一条直线或 [放弃 (U)/ 多段线 (P)/ 距离 (D)/ 角度 (A)/ 修剪 (T)/ 方式 (E)/ 多个 (M)]:

选择第二条直线，或按住 Shift 键选择直线以应用角点或 [距离 (D)/ 角度 (A)/ 方法 (M)]:

命令： CHAMFER

（ "修剪" 模式) 当前倒角长度 = 10000.0000，角度 = 45

选择第一条直线或 [放弃 (U)/ 多段线 (P)/ 距离 (D)/ 角度 (A)/ 修剪 (T)/ 方式 (E)/ 多个 (M)]:

选择第二条直线，或按住 Shift 键选择直线以应用角点或 [距离 (D)/ 角度 (A)/ 方法 (M)]:

命令： CHAMFER

（ "修剪" 模式) 当前倒角长度 = 10000.0000，角度 = 45

选择第一条直线或 [放弃 (U)/ 多段线 (P)/ 距离 (D)/ 角度 (A)/ 修剪 (T)/ 方式 (E)/ 多个 (M)]:

选择第二条直线，或按住 Shift 键选择直线以应用角点或 [距离 (D)/ 角度 (A)/ 方法 (M)]:

// 绘制帷幕桩边线 距护坡桩内边线 1300。

命令：_offset

当前设置：删除源 = 否 图层 = 源 OFFSETGAPTYPE=0

指定偏移距离或 [通过 (T)/ 删除 (E)/ 图层 (L)] <1100.0000>： 1300

选择要偏移的对象，或 [退出 (E)/ 放弃 (U)] < 退出 >：

指定要偏移的那一侧上的点，或 [退出 (E)/ 多个 (M)/ 放弃 (U)] < 退出 >：

选择要偏移的对象，或 [退出 (E)/ 放弃 (U)] < 退出 >：

命令：

// 绘制基坑上口边线 距帷幕桩内边线 3500。

OFFSET

当前设置：删除源 = 否 图层 = 源 OFFSETGAPTYPE=0

指定偏移距离或 [通过 (T)/ 删除 (E)/ 图层 (L)] <1300.0000>：3500

选择要偏移的对象，或 [退出 (E)/ 放弃 (U)] < 退出 >：

指定要偏移的那一侧上的点，或 [退出 (E)/ 多个 (M)/ 放弃 (U)] < 退出 >：

选择要偏移的对象，或 [退出 (E)/ 放弃 (U)] < 退出 >：

// 绘制护坡桩轴线、外边线，桩直径 800。

命令：_offset

当前设置：删除源 = 否 图层 = 源 OFFSETGAPTYPE=0

指定偏移距离或 [通过 (T)/ 删除 (E)/ 图层 (L)] <3500.0000>：400

选择要偏移的对象，或 [退出 (E)/ 放弃 (U)] < 退出 >：

指定要偏移的那一侧上的点，或 [退出 (E)/ 多个 (M)/ 放弃 (U)] < 退出 >：

选择要偏移的对象，或 [退出 (E)/ 放弃 (U)] < 退出 >：

指定要偏移的那一侧上的点，或 [退出 (E)/ 多个 (M)/ 放弃 (U)] < 退出 >：

选择要偏移的对象，或 [退出 (E)/ 放弃 (U)] < 退出 >：

// 绘制帷幕桩轴线、外边线，桩直径 850。

命令：_offset

当前设置：删除源 = 否 图层 = 源 OFFSETGAPTYPE=0

指定偏移距离或 [通过 (T)/ 删除 (E)/ 图层 (L)] <400.0000>：425

选择要偏移的对象，或 [退出 (E)/ 放弃 (U)] < 退出 >：

指定要偏移的那一侧上的点，或 [退出 (E)/ 多个 (M)/ 放弃 (U)] < 退出 >：

选择要偏移的对象，或 [退出 (E)/ 放弃 (U)] < 退出 >：

指定要偏移的那一侧上的点，或 [退出 (E)/ 多个 (M)/ 放弃 (U)] < 退出 >：

选择要偏移的对象，或 [退出 (E)/ 放弃 (U)] < 退出 >：

// 绘制护坡桩。

命令：DONUT

指定圆环的内径 <0.5000>：0

指定圆环的外径 <1.0000>：800

指定圆环的中心点或 < 退出 >：

指定圆环的中心点或 < 退出 >：

// 创建护坡桩块，命名为 pile1。

命令：_block

选择对象：指定对角点：找到 1 个 *// 选中实心圆环。*

选择对象： 指定插入基点：cen

// 指定圆心为基点。

// 定距等分护坡桩轴线。

命令：_measure

选择要定距等分的对象：
指定线段长度或 [块 (B)]：b
输入要插入的块名：pile1
是否对齐块和对象？ [是 (Y)/ 否 (N)] <Y>：
指定线段长度：1500

// *绘制帷幕桩。*

命令：_circle
指定圆的圆心或 [三点 (3P)/ 两点 (2P)/ 切点、切点、半径 (T)]：
指定圆的半径或 [直径 (D)]：425

// *创建护帷幕桩块，命名为 pile2*
命令：BLOCK
指定插入基点： // *指定圆心为基点*
选择对象：指定对角点：找到 1 个 // *选中圆*
选择对象：

// *定距等分帷幕桩轴线。*
命令：_measure
选择要定距等分的对象：
指定线段长度或 [块 (B)]：b
输入要插入的块名：pile2
是否对齐块和对象？ [是 (Y)/ 否 (N)] <Y>：
指定线段长度：600

以上步骤执行完毕，基坑平面图效果见图 9-6（暂且忽略颜色等）。

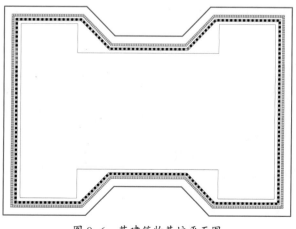

图 9-6　某建筑物基坑平面图

（2）边坡横截面图。

// 分割绘图区域，在基坑平面图右侧分割 4 个绘图区域，宽度 50000，自下而上高度分别为 30000、20000、15000、15000，分别绘制锚杆横截面大样图、护坡桩横截面图、锚杆纵剖面图、边坡横截面图。参见附图 1。

命令：L
LINE
指定第一个点：110000,0
指定下一点或 [放弃 (U)]：@80000<90
指定下一点或 [放弃 (U)]：

命令：L
LINE
指定第一个点：from // 捕捉上一段直线下部端点
基点：< 偏移 >：@30000<90

指定下一点或 [放弃 (U)]：@50000,0

指定下一点或 [放弃 (U)]：

命令：
OFFSET

当前设置：删除源 = 否 图层 = 源 OFFSETGAPTYPE=0
指定偏移距离或 [通过 (T)/ 删除 (E)/ 图层 (L)] <425.0000>：20000

选择要偏移的对象，或 [退出 (E)/ 放弃 (U)] < 退出 >：
指定要偏移的那一侧上的点，或 [退出 (E)/ 多个 (M)/ 放弃 (U)] < 退出 >：
选择要偏移的对象，或 [退出 (E)/ 放弃 (U)] < 退出 >：
命令：OFFSET

当前设置：删除源 = 否 图层 = 源 OFFSETGAPTYPE=0
指定偏移距离或 [通过 (T)/ 删除 (E)/ 图层 (L)] <20000.0000>：15000

选择要偏移的对象，或 [退出 (E)/ 放弃 (U)] < 退出 >：
指定要偏移的那一侧上的点，或 [退出 (E)/ 多个 (M)/ 放弃 (U)] < 退出 >：
选择要偏移的对象，或 [退出 (E)/ 放弃 (U)] < 退出 >：

// 创建块，名称：Square。

命令：_rectang

指定第一个角点或 [倒角 (C)/ 标高 (E)/ 圆角 (F)/ 厚度 (T)/ 宽度 (W)]：

指定另一个角点或 [面积 (A)/ 尺寸 (D)/ 旋转 (R)]：@100,100

命令：BLOCK

指定插入基点：// 指定矩形左下角点为插入点

选择对象：指定对角点：找到 1 个

选择对象：

// 指定所在区域矩形左下角点为新坐标原点。

命令：UCS

当前 UCS 名称：* 世界 *

指定 UCS 的原点或 [面 (F)/ 命名 (NA)/ 对象 (OB)/ 上一个 (P)/ 视图 (V)/ 世界 (W)/X/Y/Z/ Z 轴 (ZA)] < 世界 >：n

指定新 UCS 的原点或 [Z 轴 (ZA)/ 三点（3）/ 对象 (OB)/ 面 (F)/ 视图 (V)/X/Y/Z] <0,0,0>：

// 绘制帷幕桩。

命令：_insert // 插入块 square，X 比例 8.5，Y 比例 190，插入点坐标：25000,4000

// 绘制护坡桩。

命令：_insert // 插入块 square，X 比例 8，Y 比例 140，插入点坐标：23700,6000

// 绘制建筑外墙。

命令：_insert // 插入块 square，X 比例 8，Y 比例 140，插入点坐标：23700,6000

// 绘制筏板基础。

命令：–INSERT

输入块名或 [?] <A$C468446a0>：square

单位：毫米 转换： 1.0000

指定插入点或 [基点 (B)/ 比例 (S)/X/Y/Z/ 旋转 (R)/ 分解 (E)/ 重复 (RE)]：from

// 捕捉外墙左下角点。

基点：< 偏移 >：@–3000,–100

输入 X 比例因子，指定对角点，或 [角点 (C)/xyz(XYZ)] <1>：40

输入 Y 比例因子或 < 使用 X 比例因子 >：1

指定旋转角度 <0>：指定旋转角度 <0>：

// 绘制冠梁。

命令：_–INSERT 输入块名或 [?] <square>：square

单位：毫米 转换： 1.0000

指定插入点或 [基点 (B)/ 比例 (S)/X/Y/Z/ 旋转 (R)/ 分解 (E)/ 重复 (RE)]：_Scale 指定 XYZ 轴的比例因子 <1>：1 指定插入点或 [基点 (B)/ 比例 (S)/X/Y/Z/ 旋转 (R)/ 分解 (E)/ 重复 (RE)]：_Rotate

指定旋转角度 <0>：0

指定插入点或 [基点 (B)/ 比例 (S)/X/Y/Z/ 旋转 (R)/ 分解 (E)/ 重复 (RE)]：x

指定 X 比例因子 <1>：9

指定插入点或 [基点 (B)/ 比例 (S)/X/Y/Z/ 旋转 (R)/ 分解 (E)/ 重复 (RE)]：y

指定 Y 比例因子 <1>：6

指定插入点或 [基点 (B)/ 比例 (S)/X/Y/Z/ 旋转 (R)/ 分解 (E)/ 重复 (RE)]：from

// 捕捉护坡桩左上角点。

基点：< 偏移 >：@–50,–600

// 绘制基坑上沿，1：1 放坡。

命令：PL

PLINE

指定起点：from *// 捕捉帷幕桩左上角点*

基点：< 偏移 >：@0,–3500

当前线宽为 0.0000

指定下一个点或 [圆弧 (A)/ 半宽 (H)/ 长度 (L)/ 放弃 (U)/ 宽度 (W)]：@3500,3500

指定下一点或 [圆弧 (A)/ 闭合 (C)/ 半宽 (H)/ 长度 (L)/ 放弃 (U)/ 宽度 (W)]：@5000,0

指定下一点或 [圆弧 (A)/ 闭合 (C)/ 半宽 (H)/ 长度 (L)/ 放弃 (U)/ 宽度 (W)]：

// 绘制工地围挡。

命令：–INSERT

输入块名或 [?] <square>：

单位：毫米 转换：1.0000

指定插入点或 [基点 (B)/ 比例 (S)/X/Y/Z/ 旋转 (R)/ 分解 (E)/ 重复 (RE)]：from

// 捕捉基坑上沿角点。

基点：< 偏移 >：@1000,0

输入 X 比例因子，指定对角点，或 [角点 (C)/xyz(XYZ)] <1>：

输入 Y 比例因子或 < 使用 X 比例因子 >：10

指定旋转角度 <0>：

// 绘制边坡保护层。

命令：_offset

当前设置：删除源 = 否 图层 = 源 OFFSETGAPTYPE=0

指定偏移距离或 [通过 (T)/ 删除 (E)/ 图层 (L)] < 通过 >：100

选择要偏移的对象，或 [退出 (E)/ 放弃 (U)] < 退出 >：

指定要偏移的那一侧上的点，或 [退出 (E)/ 多个 (M)/ 放弃 (U)] < 退出 >：
选择要偏移的对象，或 [退出 (E)/ 放弃 (U)] < 退出 >：

命令：_explode 找到 1 个 // *分解围挡。*
命令：
命令：
命令：_trim // *修剪保护层在围挡之外的部分。*
当前设置：投影 =UCS, 边 = 无 , 模式 = 快速
选择要修剪的对象，或按住 Shift 键选择要延伸的对象或 [剪切边 (T)/ 窗交 (C)/ 模式 (O)/ 投影 (P)/ 删除 (R)]：
选择要修剪的对象，或按住 Shift 键选择要延伸的对象或 [剪切边 (T)/ 窗交 (C)/ 模式 (O)/ 投影 (P)/ 删除 (R)/ 放弃 (U)]：
选择要修剪的对象，或按住 Shift 键选择要延伸的对象或 [剪切边 (T)/ 窗交 (C)/ 模式 (O)/ 投影 (P)/ 删除 (R)/ 放弃 (U)]：

命令：L // *自 1 ∶ 1 边坡坡脚向左画水平线止于冠梁。*
LINE
指定第一个点：
指定下一点或 [放弃 (U)]：
指定下一点或 [放弃 (U)]：
命令：
命令：
命令：_extend // *延伸 1 ∶ 1 边坡保护层至水平线。*
当前设置：投影 =UCS, 边 = 无 , 模式 = 快速
选择要延伸的对象，或按住 Shift 键选择要修剪的对象或 [边界边 (B)/ 窗交 (C)/ 模式 (O)/ 投影 (P)]：
路径不与边界边相交。
选择要延伸的对象，或按住 Shift 键选择要修剪的对象或 [边界边 (B)/ 窗交 (C)/ 模式 (O)/ 投影 (P)/ 放弃 (U)]：
选择要延伸的对象，或按住 Shift 键选择要修剪的对象或 [边界边 (B)/ 窗交 (C)/ 模式 (O)/ 投影 (P)/ 放弃 (U)]：

// *绘制灰土回填区域，2 ∶ 8 灰土回填边坡与冠梁之间区域。*
命令：PL
PLINE
指定起点： // *捕捉冠梁右上角点为起点。*
当前线宽为 0.0000
指定下一个点或 [圆弧 (A)/ 半宽 (H)/ 长度 (L)/ 放弃 (U)/ 宽度 (W)]：
// *向右水平方向捕捉追踪线与边坡交点。*

指定下一点或 [圆弧 (A)/ 闭合 (C)/ 半宽 (H)/ 长度 (L)/ 放弃 (U)/ 宽度 (W)]:

// 捕捉斜坡左下角点。

指定下一点或 [圆弧 (A)/ 闭合 (C)/ 半宽 (H)/ 长度 (L)/ 放弃 (U)/ 宽度 (W)]:

// 向左水平方向捕捉追踪线与冠梁交点。

指定下一点或 [圆弧 (A)/ 闭合 (C)/ 半宽 (H)/ 长度 (L)/ 放弃 (U)/ 宽度 (W)]: c

// 绘制标高标记符号。

命令: PLINE

指定起点:

当前线宽为 0.0000

指定下一个点或 [圆弧 (A)/ 半宽 (H)/ 长度 (L)/ 放弃 (U)/ 宽度 (W)]: @2000<180

指定下一点或 [圆弧 (A)/ 闭合 (C)/ 半宽 (H)/ 长度 (L)/ 放弃 (U)/ 宽度 (W)]: @400<-60

指定下一点或 [圆弧 (A)/ 闭合 (C)/ 半宽 (H)/ 长度 (L)/ 放弃 (U)/ 宽度 (W)]: @400<60

指定下一点或 [圆弧 (A)/ 闭合 (C)/ 半宽 (H)/ 长度 (L)/ 放弃 (U)/ 宽度 (W)]:

命令: _attdef   // 详细设置参见图 9-7。

指定起点:

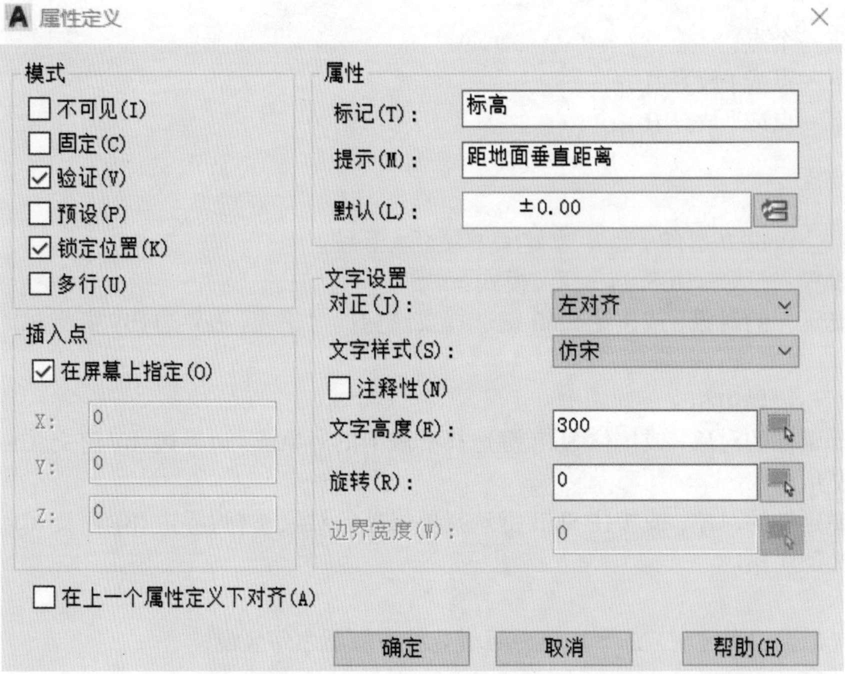

图 9-7 定义标高属性

命令: _block   // 具体设置参见图 9-8。

选择对象: 指定对角点: 找到 2 个

选择对象: 指定插入基点:

图 9-8　定义标高标记块

// *夹点编辑移动块 lable 到地表，坐标：最右侧直线端点往左 2000。*
** 拉伸 **
指定拉伸点或 [基点 (B)/ 复制 (C)/ 放弃 (U)/ 退出 (X)]：
** MOVE **
指定移动点 或 [基点 (B)/ 复制 (C)/ 放弃 (U)/ 退出 (X)]：2000

// *插入块 lable，坐标：筏板基础左端点往右 500，修改属性值为 –12.00。*
命令：_–INSERT 输入块名或 [?] <Lable>：Lable
单位：毫米
指定插入点或 [基点 (B)/ 比例 (S)/ 旋转 (R)/ 分解 (E)/ 重复 (RE)]：_Scale 指定 XYZ 轴的比例因子 <1>：1 指定插入点或 [基点 (B)/ 比例 (S)/ 旋转 (R)/ 分解 (E)/ 重复 (RE)]：_Rotate
指定旋转角度 <0>：0
指定插入点或 [基点 (B)/ 比例 (S)/ 旋转 (R)/ 分解 (E)/ 重复 (RE)]：500

// *绘制土壤标记。*
命令：L
LINE
指定第一个点：from // *捕捉筏板基础左下角端点。*
基点：< 偏移 >：@100,0
指定下一点或 [放弃 (U)]：@300<–135
指定下一点或 [放弃 (U)]：

命令：_offset // *向右偏移最新绘制的直线，距离 100*
当前设置：删除源 = 否 图层 = 源 OFFSETGAPTYPE=0

指定偏移距离或 [通过 (T)/ 删除 (E)/ 图层 (L)] < 通过 >： 100
选择要偏移的对象，或 [退出 (E)/ 放弃 (U)] < 退出 >：
指定要偏移的那一侧上的点，或 [退出 (E)/ 多个 (M)/ 放弃 (U)] < 退出 >：
选择要偏移的对象，或 [退出 (E)/ 放弃 (U)] < 退出 >：
命令：
** 拉伸 **　　// 拉伸直线延伸至筏板基础。
指定拉伸点或 [基点 (B)/ 复制 (C)/ 放弃 (U)/ 退出 (X)]：@100<45
命令：* 取消 *

命令：L
LINE
指定第一个点：from　// 基点捕捉第二根直线右上端点。
基点：< 偏移 >：@100<–135
指定下一点或 [放弃 (U)]：@300<–45
指定下一点或 [放弃 (U)]：

命令：_offset // 向下偏移最新绘制的直线，距离 100。
当前设置：删除源 = 否　图层 = 源　OFFSETGAPTYPE=0
指定偏移距离或 [通过 (T)/ 删除 (E)/ 图层 (L)] <100.0000>：
选择要偏移的对象，或 [退出 (E)/ 放弃 (U)] < 退出 >：
指定要偏移的那一侧上的点，或 [退出 (E)/ 多个 (M)/ 放弃 (U)] < 退出 >：
选择要偏移的对象，或 [退出 (E)/ 放弃 (U)] < 退出 >：

命令：L // 绘制一根临时直线。
LINE
指定第一个点：// 捕捉第一根土壤标记直线左下端点。
指定下一点或 [放弃 (U)]：　// 水平向右延伸超过最后一个土壤标记直线。
指定下一点或 [放弃 (U)]：
命令：
命令：
命令：_trim
当前设置：投影 =UCS，边 = 无
选择剪切边 ...
选择对象或 < 全部选择 >： 指定对角点：找到 1 个 // 选中临时直线为剪切边
选择对象：
选择要修剪的对象，或按住 Shift 键选择要延伸的对象，或
[栏选 (F)/ 窗交 (C)/ 投影 (P)/ 边 (E)/ 删除 (R)/ 放弃 (U)]：
选择要修剪的对象，或按住 Shift 键选择要延伸的对象，或
[栏选 (F)/ 窗交 (C)/ 投影 (P)/ 边 (E)/ 删除 (R)/ 放弃 (U)]：

选择要修剪的对象，或按住 Shift 键选择要延伸的对象，或

[栏选 (F)/ 窗交 (C)/ 投影 (P)/ 边 (E)/ 删除 (R)/ 放弃 (U)]:

选择要修剪的对象，或按住 Shift 键选择要延伸的对象，或

[栏选 (F)/ 窗交 (C)/ 投影 (P)/ 边 (E)/ 删除 (R)/ 放弃 (U)]:

命令:

命令: _.erase 找到 1 个 // 删除临时直线。

命令: _arrayrect

选择对象: 指定对角点: 找到 4 个

选择对象:

类型 = 矩形 关联 = 否 // 矩形阵列，7 列 1 行，列间距 600，关联。

选择夹点以编辑阵列或 [关联 (AS)/ 基点 (B)/ 计数 (COU)/ 间距 (S)/ 列数 (COL)/ 行数 (R)/ 层数 (L)/ 退出 (X)] < 退出 >:

选择夹点以编辑阵列或 [关联 (AS)/ 基点 (B)/ 计数 (COU)/ 间距 (S)/ 列数 (COL)/ 行数 (R)/ 层数 (L)/ 退出 (X)] < 退出 >:

选择夹点以编辑阵列或 [关联 (AS)/ 基点 (B)/ 计数 (COU)/ 间距 (S)/ 列数 (COL)/ 行数 (R)/ 层数 (L)/ 退出 (X)] < 退出 >:

选择夹点以编辑阵列或 [关联 (AS)/ 基点 (B)/ 计数 (COU)/ 间距 (S)/ 列数 (COL)/ 行数 (R)/ 层数 (L)/ 退出 (X)] < 退出 >:

选择夹点以编辑阵列或 [关联 (AS)/ 基点 (B)/ 计数 (COU)/ 间距 (S)/ 列数 (COL)/ 行数 (R)/ 层数 (L)/ 退出 (X)] < 退出 >:

选择夹点以编辑阵列或 [关联 (AS)/ 基点 (B)/ 计数 (COU)/ 间距 (S)/ 列数 (COL)/ 行数 (R)/ 层数 (L)/ 退出 (X)] < 退出 >:

选择夹点以编辑阵列或 [关联 (AS)/ 基点 (B)/ 计数 (COU)/ 间距 (S)/ 列数 (COL)/ 行数 (R)/ 层数 (L)/ 退出 (X)] < 退出 >: _Base

指定基点或 [关键点 (K)] < 质心 >: // 捕捉筏板基础左下角点为基点。

选择夹点以编辑阵列或 [关联 (AS)/ 基点 (B)/ 计数 (COU)/ 间距 (S)/ 列数 (COL)/ 行数 (R)/ 层数 (L)/ 退出 (X)] < 退出 >:

命令:

** 移动 ** // 激活阵列基点为热点，复制至基坑上沿地面正确位置。

指定目标点或 [基点 (B)/ 复制 (C)/ 放弃 (U)/ 退出 (X)]:

** MOVE **

指定移动点 或 [基点 (B)/ 复制 (C)/ 放弃 (U)/ 退出 (X)]: c

** MOVE (多个) **

指定移动点 或 [基点 (B)/ 复制 (C)/ 放弃 (U)/ 退出 (X)]:

** MOVE (多个) **

指定移动点 或 [基点 (B)/ 复制 (C)/ 放弃 (U)/ 退出 (X)]: * 取消 *

// 绘制填充图案。

// 填充护坡桩、筏板基础、外墙，图案 AR-CONC，比例分别为 5，2，2。

命令：_hatch

选择对象或 [拾取内部点 (K)/ 放弃 (U)/ 设置 (T)]：_S *// 选中护坡桩。*

选择对象或 [拾取内部点 (K)/ 放弃 (U)/ 设置 (T)]：找到 1 个

选择对象或 [拾取内部点 (K)/ 放弃 (U)/ 设置 (T)]：

命令：_hatch

选择对象或 [拾取内部点 (K)/ 放弃 (U)/ 设置 (T)]：找到 1 个 *// 选中筏板基础。*

选择对象或 [拾取内部点 (K)/ 放弃 (U)/ 设置 (T)]：

命令：

HATCH

选择对象或 [拾取内部点 (K)/ 放弃 (U)/ 设置 (T)]：找到 1 个 *// 选中外墙。*

选择对象或 [拾取内部点 (K)/ 放弃 (U)/ 设置 (T)]：

// 填充 1 ：1 边坡保护层，图案 AR-CONC，比例 2。

命令：–HATCH *// 创建无边界图案填充。*

当前填充图案：AR-CONC

指定内部点或 [特性 (P)/ 选择对象 (S)/ 绘图边界 (W)/ 删除边界 (B)/ 高级 (A)/ 绘图次序 (DR)/ 原点 (O)/ 注释性 (AN)/ 图案填充颜色 (CO)/ 图层 (LA)/ 透明度 (T)]：w *// 指定 "绘图边界"。*

是否保留多段线边界？ [是 (Y)/ 否 (N)] <N>：

指定起点： *// 捕捉保护层各顶点。*

指定下一个点或 [圆弧 (A)/ 长度 (L)/ 放弃 (U)]：

指定下一个点或 [圆弧 (A)/ 闭合 (C)/ 长度 (L)/ 放弃 (U)]：

指定下一个点或 [圆弧 (A)/ 闭合 (C)/ 长度 (L)/ 放弃 (U)]：

指定下一个点或 [圆弧 (A)/ 闭合 (C)/ 长度 (L)/ 放弃 (U)]：

指定下一个点或 [圆弧 (A)/ 闭合 (C)/ 长度 (L)/ 放弃 (U)]：

指定下一个点或 [圆弧 (A)/ 闭合 (C)/ 长度 (L)/ 放弃 (U)]：c

指定新边界的起点或 < 接受 >：

当前填充图案：AR-CONC

指定内部点或 [特性 (P)/ 选择对象 (S)/ 绘图边界 (W)/ 删除边界 (B)/ 高级 (A)/ 绘图次序 (DR)/ 原点 (O)/ 注释性 (AN)/ 图案填充颜色 (CO)/ 图层 (LA)/ 透明度 (T)]：

// 填充护 2 ：8 灰土，图案 ANSI36，比例分别为 30，角度 45

命令：_hatch

选择对象或 [拾取内部点 (K)/ 放弃 (U)/ 设置 (T)]：找到 1 个 *// 选中灰土边界。*

选择对象或 [拾取内部点 (K)/ 放弃 (U)/ 设置 (T)]：

// 填充冠梁，图案 ANSI37，比例分别为 100，角度 0。

命令：_hatch

选择对象或 [拾取内部点 (K)/ 放弃 (U)/ 设置 (T)]：找到 1 个

命令：'_–hatchedit

>> 输入图案填充选项 [解除关联 (DI)/ 样式 (S)/ 特性 (P)/ 绘图次序 (DR)/ 添加边界 (AD)/ 删除边界 (R)/ 重新创建边界 (B)/ 关联 (AS)/ 独立的图案填充 (H)/ 原点 (O)/ 注释性 (AN)/ 图案 填充颜色 (CO)/ 图层 (LA)/ 透明度 (T)] < 特性 >：_p

>> 输入图案名称或 [?/ 实体 (S)/ 用户定义 (U)/ 渐变色 (G)] <ANSI37>：

>> 指定图案缩放比例 <100.0000>：50

>> 指定图案角度 <45>：0

// 填充帷幕桩，ANSI33，比例分别为 50，角度 0。

命令：_hatch

选择对象或 [拾取内部点 (K)/ 放弃 (U)/ 设置 (T)]：k

拾取内部点或 [选择对象 (S)/ 放弃 (U)/ 设置 (T)]：正在选择所有对象 ...

正在选择所有可见对象 ...

正在分析所选数据 ...

正在分析内部孤岛 ...

拾取内部点或 [选择对象 (S)/ 放弃 (U)/ 设置 (T)]：'_–hatchedit_pANSI33

命令：'_–hatchedit

>> 输入图案填充选项 [解除关联 (DI)/ 样式 (S)/ 特性 (P)/ 绘图次序 (DR)/ 添加边界 (AD)/ 删除边界 (R)/ 重新创建边界 (B)/ 关联 (AS)/ 独立的图案填充 (H)/ 原点 (O)/ 注释性 (AN)/ 图案 填充颜色 (CO)/ 图层 (LA)/ 透明度 (T)] < 特性 >：_p

>> 输入图案名称或 [?/ 实体 (S)/ 用户定义 (U)/ 渐变色 (G)] <ANSI37>：ANSI33

>> 指定图案缩放比例 <50.0000>：

>> 指定图案角度 <0>：

// 绘制锚杆。

// 绘制锚索。

命令：_line

指定第一个点：

指定下一点或 [放弃 (U)]：@10000,0

指定下一点或 [放弃 (U)]：

// 绘制锚具、垫块、支架、腰梁工字钢、15° 角垫板，方法参见项目练习 6–2。

// 装配锚具、垫块、腰梁工字钢、15° 角垫板，方法参见项目练习 6–2。

// 绘制锚固段，图案 AR–CONC，比例 2。

命令：_rectang

指定第一个角点或 [倒角 (C)/ 标高 (E)/ 圆角 (F)/ 厚度 (T)/ 宽度 (W)]: from   // 捕捉锚索右端点

基点：< 偏移 >: @0,50

指定另一个角点或 [面积 (A)/ 尺寸 (D)/ 旋转 (R)]: @–7000,–100

// t 填充锚固段。

命令：_hatch

拾取内部点或 [选择对象 (S)/ 放弃 (U)/ 设置 (T)]: s

选择对象或 [拾取内部点 (K)/ 放弃 (U)/ 设置 (T)]: 找到 1 个

选择对象或 [拾取内部点 (K)/ 放弃 (U)/ 设置 (T)]:

命令：

命令：'_-hatchedit

找到 1 个

输入图案填充选项 [解除关联 (DI)/ 样式 (S)/ 特性 (P)/ 绘图次序 (DR)/ 添加边界 (AD)/ 删除边界 (R)/ 重新创建边界 (B)/ 关联 (AS)/ 独立的图案填充 (H)/ 原点 (O)/ 注释性 (AN)/ 图案填充颜色 (CO)/ 图层 (LA)/ 透明度 (T)] < 特性 >: _p

输入图案名称或 [?/ 实体 (S)/ 用户定义 (U)/ 渐变色 (G)] <ANSI33>: AR–CONC

指定图案缩放比例 <50.0000>: 2

指定图案角度 <0>:

// 创建块，名称：anchor，基点：15° 角垫板斜边与锚索交点。

命令：_block 指定插入基点：

选择对象：指定对角点：找到 11 个

选择对象：

命令：_–INSERT 输入块名或 [?]: anchor

单位：毫米 转换：   1.0000

指定插入点或 [基点 (B)/ 比例 (S)/X/Y/Z/ 旋转 (R)]: _Scale 指定 XYZ 轴的比例因子 <1>: 1 指定插入点或 [基点 (B)/ 比例 (S)/X/Y/Z/ 旋转 (R)]: _Rotate

指定旋转角度 <0>: 0

指定插入点或 [基点 (B)/ 比例 (S)/X/Y/Z/ 旋转 (R)]: from // 捕捉护坡桩左上角点。

基点：< 偏移 >: @0,–2000

** 拉伸 ** // 夹点编辑旋转块，角度 15°。

指定拉伸点或 [基点 (B)/ 复制 (C)/ 放弃 (U)/ 退出 (X)]:

** MOVE **

指定移动点 或 [基点 (B)/ 复制 (C)/ 放弃 (U)/ 退出 (X)]:

** 旋转 **

指定旋转角度或 [基点 (B)/ 复制 (C)/ 放弃 (U)/ 参照 (R)/ 退出 (X)]：–15

命令：

** 拉伸 ** 夹点编辑复制块，位置向下 3000

指定拉伸点或 [基点 (B)/ 复制 (C)/ 放弃 (U)/ 退出 (X)]：

** MOVE **

指定移动点 或 [基点 (B)/ 复制 (C)/ 放弃 (U)/ 退出 (X)]：c

** MOVE (多个) **

指定移动点 或 [基点 (B)/ 复制 (C)/ 放弃 (U)/ 退出 (X)]：@0,–3000

** MOVE (多个) **

指定移动点 或 [基点 (B)/ 复制 (C)/ 放弃 (U)/ 退出 (X)]：

以上步骤执行完毕，图形效果如图 9-9。

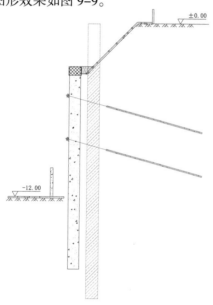

图 9-9　边坡横截面图

（3）锚杆纵剖面图。

方法参见项目练习 6-2。

图形放置在本区域中间，护坡桩底部中点对正本区域中心点。

（4）护坡桩横截面图。

参见项目练习 4-3~4-5。

图形放置在本区域中间，护坡桩中心点对正本区域中心点。

（5）锚杆横截面图。

参见附图 4 中 #04ZM-2 锚杆横截面图。

// 在本区域内绘制对角线，辅助定位中心点。

命令：L LINE

指定第一个点：

指定下一点或 [放弃 (U)]:

指定下一点或 [放弃 (U)]: // 直线置于 Frame 图层。

// 绘制 3 个同心圆。

命令: C

CIRCLE

指定圆的圆心或 [三点 (3P)/ 两点 (2P)/ 切点、切点、半径 (T)]: mid 于

// 捕捉直线中点。

指定圆的半径或 [直径 (D)]: 50

命令: CIRCLE

指定圆的圆心或 [三点 (3P)/ 两点 (2P)/ 切点、切点、半径 (T)]:

指定圆的半径或 [直径 (D)] <50.0000>: 45

命令: CIRCLE

指定圆的圆心或 [三点 (3P)/ 两点 (2P)/ 切点、切点、半径 (T)]:

指定圆的半径或 [直径 (D)] <45.0000>: 30

// 绘制注浆管。

命令: C

CIRCLE

指定圆的圆心或 [三点 (3P)/ 两点 (2P)/ 切点、切点、半径 (T)]: 2p

指定圆直径的第一个端点: // 捕捉锚杆中心点。

指定圆直径的第二个端点: @15<–90

命令: C

CIRCLE

指定圆的圆心或 [三点 (3P)/ 两点 (2P)/ 切点、切点、半径 (T)]:

指定圆的半径或 [直径 (D)] <7.5000>: 5

// 绘制钢绞线，圆心同锚杆中心点。

命令: C

CIRCLE

指定圆的圆心或 [三点 (3P)/ 两点 (2P)/ 切点、切点、半径 (T)]:

指定圆的半径或 [直径 (D)] <5.0000>: 12

命令: * 取消 *

命令: * 取消 *

命令: _–INSERT 输入块名或 [?]: pile1 // 钢绞线中心点插入块。

单位: 毫米 转换: 1.0000

指定插入点或 [基点 (B)/ 比例 (S)/ 旋转 (R)]: _Scale 指定 XYZ 轴的比例因子 <1>: 1 指定插入点或 [基点 (B)/ 比例 (S)/ 旋转 (R)]: _Rotate

指定旋转角度 <0>: 0

指定插入点或 [基点 (B)/ 比例 (S)/ 旋转 (R)]：s

指定 XYZ 轴的比例因子 <1>：0.01

指定插入点或 [基点 (B)/ 比例 (S)/ 旋转 (R)]：

// 复制一个与自己相切的块。

命令：

** 拉伸 **

指定拉伸点或 [基点 (B)/ 复制 (C)/ 放弃 (U)/ 退出 (X)]：

** MOVE **

指定移动点 或 [基点 (B)/ 复制 (C)/ 放弃 (U)/ 退出 (X)]：c

** MOVE (多个) **

指定移动点 或 [基点 (B)/ 复制 (C)/ 放弃 (U)/ 退出 (X)]：@8,0

** MOVE (多个) **

指定移动点 或 [基点 (B)/ 复制 (C)/ 放弃 (U)/ 退出 (X)]：* 取消 *

命令：_arraypolar

选择对象：找到 1 个

选择对象：

类型 = 极轴 关联 = 是

指定阵列的中心点或 [基点 (B)/ 旋转轴 (A)]：*// 以钢绞线圆心为阵列中心点。*

选择夹点以编辑阵列或 [关联 (AS)/ 基点 (B)/ 项目 (I)/ 项目间角度 (A)/ 填充角度 (F)/ 行 (ROW)/ 层 (L)/ 旋转项目 (ROT)/ 退出 (X)] < 退出 >：* 取消 * *// 项目数 6，填充角 360°。*

命令：

// 创建钢绞线块，命名：m，基点：钢绞线中心点。

命令：_block

选择对象：指定对角点：找到 3 个 *// 选择钢绞线外围，pile 块及其阵列。*

选择对象： 指定插入基点：*// 以钢绞线中心点为基点。*

命令：

** 拉伸 ** *// 启用夹点编辑，移动。*

指定拉伸点或 [基点 (B)/ 复制 (C)/ 放弃 (U)/ 退出 (X)]：

** MOVE **

指定移动点 或 [基点 (B)/ 复制 (C)/ 放弃 (U)/ 退出 (X)]：25 *// 自锚杆中心向上移动。*

命令：

命令：

命令：_arraypolar 找到 1 个

类型 = 极轴 关联 = 是

// 选择锚杆中心点为阵列中心点，项目数 3，填充角 360°。

指定阵列的中心点或 [基点 (B)/ 旋转轴 (A)]：

选择夹点以编辑阵列或 [关联 (AS)/ 基点 (B)/ 项目 (I)/ 项目间角度 (A)/ 填充角度 (F)/ 行 (ROW)/ 层 (L)/ 旋转项目 (ROT)/ 退出 (X)] < 退出 >：

选择夹点以编辑阵列或 [关联 (AS)/ 基点 (B)/ 项目 (I)/ 项目间角度 (A)/ 填充角度 (F)/ 行 (ROW)/ 层 (L)/ 旋转项目 (ROT)/ 退出 (X)] < 退出 >：

（6）CFG 桩复合地基设计图。

// 复制 160000×80000 矩形至其上部，新矩形底部和原来的矩形顶部对齐。

命令：

** 拉伸 **

指定拉伸点或 [基点 (B)/ 复制 (C)/ 放弃 (U)/ 退出 (X)]：

** MOVE **

指定移动点 或 [基点 (B)/ 复制 (C)/ 放弃 (U)/ 退出 (X)]：c

** MOVE (多个) **

指定移动点 或 [基点 (B)/ 复制 (C)/ 放弃 (U)/ 退出 (X)]：

** MOVE (多个) **

指定移动点 或 [基点 (B)/ 复制 (C)/ 放弃 (U)/ 退出 (X)]：* 取消 *

// 复制基坑外墙线至新矩形，其左下角点偏移自新矩形左下角点 15000×10000。

命令：

** 拉伸 **

指定拉伸点或 [基点 (B)/ 复制 (C)/ 放弃 (U)/ 退出 (X)]：

** MOVE **

指定移动点 或 [基点 (B)/ 复制 (C)/ 放弃 (U)/ 退出 (X)]：c

** MOVE (多个) **

指定移动点 或 [基点 (B)/ 复制 (C)/ 放弃 (U)/ 退出 (X)]：from

基点：< 偏移 >：@15000,10000

** MOVE (多个) **

指定移动点 或 [基点 (B)/ 复制 (C)/ 放弃 (U)/ 退出 (X)]：

// 创建 CFG 桩块，命名：pile3，基点：圆心。

命令：_circle

指定圆的圆心或 [三点 (3P)/ 两点 (2P)/ 切点、切点、半径 (T)]：

指定圆的半径或 [直径 (D)] <12.0000>：200

命令：_block 指定插入基点：

选择对象：指定对角点：找到 1 个

选择对象：

// 在基坑左下角插入块 pile3。

命令：_-INSERT 输入块名或 [?] <pile3>：pile3

单位：毫米 转换： 1.0000

指定插入点或 [基点 (B)/ 比例 (S)/ 旋转 (R)]：_Scale 指定 XYZ 轴的比例因子 <1>：1 指定插入点或 [基点 (B)/ 比例 (S)/ 旋转 (R)]：_Rotate

指定旋转角度 <0>：0

指定插入点或 [基点 (B)/ 比例 (S)/ 旋转 (R)]：from // *捕捉基坑左下角点。*

基点：< 偏移 >：@1100,1000

命令：_arrayrect // *矩形阵列 CFG 桩，30 行，45 列，行列间距均为 2000，不关联。*

选择对象：指定对角点：找到 1 个 // *选中块 pile3*

选择对象：

类型 = 矩形 关联 = 是

选择夹点以编辑阵列或 [关联 (AS)/ 基点 (B)/ 计数 (COU)/ 间距 (S)/ 列数 (COL)/ 行数 (R)/ 层数 (L)/ 退出 (X)] < 退出 >：

选择夹点以编辑阵列或 [关联 (AS)/ 基点 (B)/ 计数 (COU)/ 间距 (S)/ 列数 (COL)/ 行数 (R)/ 层数 (L)/ 退出 (X)] < 退出 >：

选择夹点以编辑阵列或 [关联 (AS)/ 基点 (B)/ 计数 (COU)/ 间距 (S)/ 列数 (COL)/ 行数 (R)/ 层数 (L)/ 退出 (X)] < 退出 >：

选择夹点以编辑阵列或 [关联 (AS)/ 基点 (B)/ 计数 (COU)/ 间距 (S)/ 列数 (COL)/ 行数 (R)/ 层数 (L)/ 退出 (X)] < 退出 >：

// *删除多余的 CFG 桩。*

命令：指定对角点或 [栏选 (F)/ 圈围 (WP)/ 圈交 (CP)]：

命令：_.erase 找到 125 个

命令：指定对角点或 [栏选 (F)/ 圈围 (WP)/ 圈交 (CP)]：

命令：_.erase 找到 125 个

// *绘制 CFG 桩剖面示意图。*

// *绘制混凝土垫层及筏板基础。*

命令：_-INSERT 输入块名或 [?] <square>：square

单位：毫米 转换： 1.0000

指定插入点或 [基点 (B)/ 比例 (S)/X/Y/Z/ 旋转 (R)]：_Scale 指定 XYZ 轴的比例因子 <1>：1 指定插入点或 [基点 (B)/ 比例 (S)/X/Y/Z/ 旋转 (R)]：_Rotate

指定旋转角度 <0>：0

指定插入点或 [基点 (B)/ 比例 (S)/X/Y/Z/ 旋转 (R)]：x

指定 X 比例因子 <1>：180

指定插入点或 [基点 (B)/ 比例 (S)/X/Y/Z/ 旋转 (R)]：y

指定 Y 比例因子 <1>：45

指定插入点或 [基点 (B)/ 比例 (S)/X/Y/Z/ 旋转 (R)]：from // *捕捉基坑外墙线左上角点*

基点：< 偏移 >：@10000,−10000

// 绘制褥垫层。
命令：_−INSERT 输入块名或 [?] <square>：square
单位：毫米 转换： 1.0000
指定插入点或 [基点 (B)/ 比例 (S)/X/Y/Z/ 旋转 (R)]：_Scale 指定 XYZ 轴的比例因子 <1>：1 指定插入点或 [基点 (B)/ 比例 (S)/X/Y/Z/ 旋转 (R)]：_Rotate
指定旋转角度 <0>：0
指定插入点或 [基点 (B)/ 比例 (S)/X/Y/Z/ 旋转 (R)]：x
指定 X 比例因子 <1>：180
指定插入点或 [基点 (B)/ 比例 (S)/X/Y/Z/ 旋转 (R)]：y
指定 Y 比例因子 <1>：25
指定插入点或 [基点 (B)/ 比例 (S)/X/Y/Z/ 旋转 (R)]：2500 // 极轴追踪模式，自基础左下角点向下。

// 绘制 CFG 桩。
命令： −INSERT
输入块名或 [?] <square>：
单位：毫米 转换： 1.0000
指定插入点或 [基点 (B)/ 比例 (S)/X/Y/Z/ 旋转 (R)]：x
指定 X 比例因子 <1>：15
指定插入点或 [基点 (B)/ 比例 (S)/X/Y/Z/ 旋转 (R)]：y
指定 Y 比例因子 <1>：300
指定插入点或 [基点 (B)/ 比例 (S)/X/Y/Z/ 旋转 (R)]：from // 捕捉褥垫层左下角点。
基点：< 偏移 >：@3000,−30000
指定旋转角度 <0>：
命令：
** 拉伸 **
指定拉伸点或 [基点 (B)/ 复制 (C)/ 放弃 (U)/ 退出 (X)]：
** MOVE **
指定移动点 或 [基点 (B)/ 复制 (C)/ 放弃 (U)/ 退出 (X)]：c
** MOVE (多个) **
指定移动点 或 [基点 (B)/ 复制 (C)/ 放弃 (U)/ 退出 (X)]：5250 // 极轴追踪模式，向右复制。
** MOVE (多个) **
指定移动点 或 [基点 (B)/ 复制 (C)/ 放弃 (U)/ 退出 (X)]：10500 // 极轴追踪模式，向右复制。
** MOVE (多个) **
指定移动点 或 [基点 (B)/ 复制 (C)/ 放弃 (U)/ 退出 (X)]：

// 给基础及混凝土垫层添加折弯。

命令：_explode 找到 1 个 // 分解基础及混凝土垫层。

命令： PLINE
指定起点： // 捕捉基础左上角点。
当前线宽为 0.0000
指定下一个点或 [圆弧 (A)/ 半宽 (H)/ 长度 (L)/ 放弃 (U)/ 宽度 (W)]：@1800<-90
指定下一点或 [圆弧 (A)/ 闭合 (C)/ 半宽 (H)/ 长度 (L)/ 放弃 (U)/ 宽度 (W)]：@450<-150
指定下一点或 [圆弧 (A)/ 闭合 (C)/ 半宽 (H)/ 长度 (L)/ 放弃 (U)/ 宽度 (W)]：@900<-60
指定下一点或 [圆弧 (A)/ 闭合 (C)/ 半宽 (H)/ 长度 (L)/ 放弃 (U)/ 宽度 (W)]：u
指定下一点或 [圆弧 (A)/ 闭合 (C)/ 半宽 (H)/ 长度 (L)/ 放弃 (U)/ 宽度 (W)]：@900<-30
指定下一点或 [圆弧 (A)/ 闭合 (C)/ 半宽 (H)/ 长度 (L)/ 放弃 (U)/ 宽度 (W)]：@450<210
指定下一点或 [圆弧 (A)/ 闭合 (C)/ 半宽 (H)/ 长度 (L)/ 放弃 (U)/ 宽度 (W)]：@1800<-90
指定下一点或 [圆弧 (A)/ 闭合 (C)/ 半宽 (H)/ 长度 (L)/ 放弃 (U)/ 宽度 (W)]：

// 夹点编辑复另外 2 段折弯，端点分别对正基础顶部中点及右端点。
命令：
** 拉伸 **
指定拉伸点或 [基点 (B)/ 复制 (C)/ 放弃 (U)/ 退出 (X)]：
** MOVE **
指定移动点 或 [基点 (B)/ 复制 (C)/ 放弃 (U)/ 退出 (X)]：c
** MOVE (多个) **
指定移动点 或 [基点 (B)/ 复制 (C)/ 放弃 (U)/ 退出 (X)]：
** MOVE (多个) **
指定移动点 或 [基点 (B)/ 复制 (C)/ 放弃 (U)/ 退出 (X)]：
** MOVE (多个) **
指定移动点 或 [基点 (B)/ 复制 (C)/ 放弃 (U)/ 退出 (X)]：* 取消 *

// 夹点编辑旋转中间的折弯，移动之，中点对正基础顶部中点。
** 拉伸 **
指定拉伸点：
** MOVE **
指定移动点 或 [基点 (B)/ 复制 (C)/ 放弃 (U)/ 退出 (X)]：
** 旋转 **
指定旋转角度或 [基点 (B)/ 复制 (C)/ 放弃 (U)/ 参照 (R)/ 退出 (X)]：90
命令：
** 拉伸 **
指定拉伸点：
** MOVE **
指定移动点 或 [基点 (B)/ 复制 (C)/ 放弃 (U)/ 退出 (X)]：

// 删除 3 段折弯对应直线。
命令：_.erase 找到 3 个

// 拉伸水平段折弯两端直线，分别与另外 2 段折弯相交。
** 拉伸 **
指定拉伸点或 [基点 (B)/ 复制 (C)/ 放弃 (U)/ 退出 (X)]：
命令：
** 拉伸 **
指定拉伸点或 [基点 (B)/ 复制 (C)/ 放弃 (U)/ 退出 (X)]：
命令：* 取消 *

// 填充图案。

// 填充筏板基础及混凝土垫层，图案 AR-CONC，比例 10。
命令：_hatch
拾取内部点或 [选择对象 (S)/ 放弃 (U)/ 设置 (T)]：_K
拾取内部点或 [选择对象 (S)/ 放弃 (U)/ 设置 (T)]：正在选择所有对象 ...
正在选择所有可见对象 ...
正在分析所选数据 ...
正在分析内部孤岛 ...
拾取内部点或 [选择对象 (S)/ 放弃 (U)/ 设置 (T)]：

// 填充 CFG 桩，图案 GRAVEL，比例 60。
命令：_hatch
拾取内部点或 [选择对象 (S)/ 放弃 (U)/ 设置 (T)]：_S
选择对象或 [拾取内部点 (K)/ 放弃 (U)/ 设置 (T)]：找到 1 个
选择对象或 [拾取内部点 (K)/ 放弃 (U)/ 设置 (T)]：指定对角点：找到 1 个，总计 2 个
选择对象或 [拾取内部点 (K)/ 放弃 (U)/ 设置 (T)]：找到 1 个，总计 3 个
选择对象或 [拾取内部点 (K)/ 放弃 (U)/ 设置 (T)]：

// 填充褥垫层，图案 AR-CONC，比例 60。
命令：_hatch
选择对象或 [拾取内部点 (K)/ 放弃 (U)/ 设置 (T)]：找到 1 个
选择对象或 [拾取内部点 (K)/ 放弃 (U)/ 设置 (T)]：
// 绘制褥垫层、桩顶标高标记。
命令：L
LINE
指定第一个点：

指定下一点或 [放弃 (U)]：4000

指定下一点或 [放弃 (U)]：

命令：

命令：

** 拉伸 **

指定拉伸点或 [基点 (B)/ 复制 (C)/ 放弃 (U)/ 退出 (X)]：

** MOVE **

指定移动点 或 [基点 (B)/ 复制 (C)/ 放弃 (U)/ 退出 (X)]：c

** MOVE (多个) **

指定移动点 或 [基点 (B)/ 复制 (C)/ 放弃 (U)/ 退出 (X)]：

** MOVE (多个) **

指定移动点 或 [基点 (B)/ 复制 (C)/ 放弃 (U)/ 退出 (X)]：* 取消 *

命令：_–INSERT 输入块名或 [?] <square>：Lable

单位：毫米

指定插入点或 [基点 (B)/ 比例 (S)/ 旋转 (R)]：_Scale 指定 XYZ 轴的比例因子 <1>：1 指定插入点或 [基点 (B)/ 比例 (S)/ 旋转 (R)]：_Rotate // 修改属性值 –12.70。

指定旋转角度 <0>：0

指定插入点或 [基点 (B)/ 比例 (S)/ 旋转 (R)]：

命令：* 取消 *

命令：* 取消 *

命令：_–INSERT 输入块名或 [?] <Lable>：Lable

单位：毫米

指定插入点或 [基点 (B)/ 比例 (S)/ 旋转 (R)]：_Scale 指定 XYZ 轴的比例因子 <1>：1 指定插入点或 [基点 (B)/ 比例 (S)/ 旋转 (R)]：_Rotate // 修改属性值 –12.50。

指定旋转角度 <0>：0

指定插入点或 [基点 (B)/ 比例 (S)/ 旋转 (R)]：

// 添加文字说明。 略

（7）图层管理。

打开图层管理器，新建若干图层，并设置图层特性，参照图 9–10。

选择各组对象，分别置入相应图层。其中，建筑物外墙线置于图层 jianzhuwu；护坡桩及其对应 3 条线置于图层 hupozhuang；帷幕桩及其相应对象置于图层 geshuiweimu；基坑最外侧边界置于图层 jikeng；CFG 桩相关对象置于图层 jizhuang；锚杆及相关图形置于图层 maogan；3 条斜向参考线置入图层 ref；其他对象暂放在图层 others。

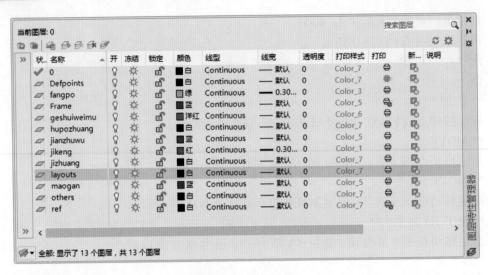

图 9-10　图层设置

（8）布局设置。

应用布局设置可以方便地调整图形输出比例，也可以方便地给图形输出添加注释说明。下面的布局设置包括 6 个页面，1 幅总图和 5 幅局部图形。在布局里面输入文字和进行标注的优势在于能够更好地在不修改模型的情况下可以更加容易地控制文字和标注的显示效果。

①布局 01All，参见附图 1。

命令：_layout

输入布局选项 [复制 (C)/ 删除 (D)/ 新建 (N)/ 样板 (T)/ 重命名 (R)/ 另存为 (SA)/ 设置 (S)/?]< 设置 >：_new

输入新布局名 < 布局 1>：

命令：_.erase 找到 1 个 // 删除默认视口。

命令：_+vports

选项卡索引 <0>：0

指定第一个角点或 [布满 (F)] < 布满 >：20,20

指定对角点：160,160

正在重生成布局。

正在重生成模型。

命令：VPORTS

指定第一个角点或 [布满 (F)] < 布满 >：190,20

指定对角点：@40,30

命令：

** 拉伸 ** // 往上复制另外 3 个视口

指定拉伸点或 [基点 (B)/ 复制 (C)/ 放弃 (U)/ 退出 (X)]：

** MOVE **

指定移动点 或 [基点 (B)/ 复制 (C)/ 放弃 (U)/ 退出 (X)]: c

** MOVE (多个) **

指定移动点 或 [基点 (B)/ 复制 (C)/ 放弃 (U)/ 退出 (X)]: 40

正在重生成模型。

** MOVE (多个) **

指定移动点 或 [基点 (B)/ 复制 (C)/ 放弃 (U)/ 退出 (X)]: 80

正在重生成模型。

** MOVE (多个) **

指定移动点 或 [基点 (B)/ 复制 (C)/ 放弃 (U)/ 退出 (X)]: 120

正在重生成模型。

** MOVE (多个) **

指定移动点 或 [基点 (B)/ 复制 (C)/ 放弃 (U)/ 退出 (X)]: * 取消 *

命令：_.MSPACE // 切换到布局的模型空间。

// 分别设置各个视口的显示对象及相应视图缩放比例。

// 0# 视口显示总图，比例 1 ： 1500。

命令：Z

ZOOM

指定窗口的角点，输入比例因子 (nX 或 nXP)，或者

[全部 (A)/ 中心 (C)/ 动态 (D)/ 范围 (E)/ 上一个 (P)/ 比例 (S)/ 窗口 (W)/ 对象 (O)] < 实时 >:

1/1500xp

// 1# 视口显示边坡横截面图，比例 1 ： 800。

命令：Z

ZOOM

指定窗口的角点，输入比例因子 (nX 或 nXP)，或者

[全部 (A)/ 中心 (C)/ 动态 (D)/ 范围 (E)/ 上一个 (P)/ 比例 (S)/ 窗口 (W)/ 对象 (O)] < 实时 >:

1/800xp

// 2# 视口显示锚杆纵剖面图，比例 1 ： 80。

命令：Z

ZOOM

指定窗口的角点，输入比例因子 (nX 或 nXP)，或者

[全部 (A)/ 中心 (C)/ 动态 (D)/ 范围 (E)/ 上一个 (P)/ 比例 (S)/ 窗口 (W)/ 对象 (O)] < 实时 >:

1/80xp

命令：

// 3# 视口显示护坡桩横截面图，比例 1 ：60。

命令：Z

ZOOM

指定窗口的角点，输入比例因子 (nX 或 nXP)，或者

[全部 (A)/ 中心 (C)/ 动态 (D)/ 范围 (E)/ 上一个 (P)/ 比例 (S)/ 窗口 (W)/ 对象 (O)] < 实时 >:

1/60xp

// 3# 视口显示锚杆横截面图，比例 1 ：4。

命令：Z

ZOOM

指定窗口的角点，输入比例因子 (nX 或 nXP)，或者

[全部 (A)/ 中心 (C)/ 动态 (D)/ 范围 (E)/ 上一个 (P)/ 比例 (S)/ 窗口 (W)/ 对象 (O)] < 实时 >:

1/4xp

// 添加文字。

// 冻结 Frame、ref 图层。

②布局 02JK，参见附图 2。

// 复制 01all 布局，移动到最后。

命令：< 移动或复制布局 >

命令：< 切换到：01All （2）>

// 布局重命名 02JK。

// 仅保留 0# 视口及文字，删除多余的视口及文字。

命令：指定对角点或 [栏选 (F)/ 圈围 (WP)/ 圈交 (CP)]:

命令：* 取消 *

命令：指定对角点或 [栏选 (F)/ 圈围 (WP)/ 圈交 (CP)]:

命令：_.erase 找到 12 个

命令：指定对角点或 [栏选 (F)/ 圈围 (WP)/ 圈交 (CP)]:

命令：_.erase 找到 1 个

// 拉伸视口，调整其大小，各边距可打印区域约 1cm。

** 拉伸 **

指定拉伸点或 [基点 (B)/ 复制 (C)/ 放弃 (U)/ 退出 (X)]:

命令：

** 拉伸 **
指定拉伸点或 [基点 (B)/ 复制 (C)/ 放弃 (U)/ 退出 (X)]:
命令:
命令: * 取消 *

// 切换到模型空间。
命令: _.MSPACE

// 窗口缩放基坑平面图至视口范围。
命令: Z
ZOOM
指定窗口的角点, 输入比例因子 (nX 或 nXP), 或者
[全部 (A)/ 中心 (C)/ 动态 (D)/ 范围 (E)/ 上一个 (P)/ 比例 (S)/ 窗口 (W)/ 对象 (O)] < 实时 >: w
指定第一个角点: 指定对角点:

命令: Z
ZOOM
指定窗口的角点, 输入比例因子 (nX 或 nXP), 或者
[全部 (A)/ 中心 (C)/ 动态 (D)/ 范围 (E)/ 上一个 (P)/ 比例 (S)/ 窗口 (W)/ 对象 (O)] < 实时 >:
1/500xp

命令: _.PSPACE
// 修改文字比例尺, 1 : 500。
命令: _textedit
当前设置: 编辑模式 = Multiple

选择注释对象或 [放弃 (U)/ 模式 (M)]:

③布局 03JZ, 参见附图 3。
// 复制 01all 布局, 移动到最后;
// 布局重命名 03JZ;
// 仅保留 0# 视口及文字, 删除多余的视口及文字;
// 拉伸视口, 调整其大小, 左右距可打印区域约 1cm;
// 窗口缩放 CFG 桩平面图至视口范围;
// 拉伸视口, 调整其大小, 上下距基桩平面图范围约 1cm;
// 视图缩放比例设为: 1 : 600;
// 视口移动到靠顶部位置。
// 绘制图框, 顶部和视口对齐, 底部距可打印区域 1cm 左右。
命令: _rectang

指定第一个角点或 [倒角 (C)/ 标高 (E)/ 圆角 (F)/ 厚度 (T)/ 宽度 (W)]：< 打开对象捕捉 >

指定另一个角点或 [面积 (A)/ 尺寸 (D)/ 旋转 (R)]：

// 绘制图签。

// 插入表格，顶部和视口底部对齐，底部距可打印区域 1cm 左右。

命令：_table

指定第一个角点：

指定第二角点：

// 参照附图 3，适当合并单元格，输入文字，插入公司徽标。

④布局 04ZM，参见附图 4。

// 复制 01all 布局，移动到最后。

// 布局重命名 04ZM；

// 保留 2#、3#、4# 视口，删除多余的视口及文字；

// 移动 3#、4# 视口至可打印区域之外，适当调整其大小，视图缩放比例分别设为，

1：15、1：2；

// 拉伸 2# 视口窗口，缩放锚杆纵剖面图至视口范围，视图缩放比例设为：1：10；

// 移动 3#、4# 视口至可打印区域之内适当位置；

// 设置标注样式，多重引线格式；

// 添加引线标注；

// 添加对齐标注，折弯线性标注；

// 添加图签、文字。

以上具体步骤略，内容参见附图 4。

⑤布局 05BP，参见附图 5。

// 复制 01all 布局，移动到最后；

// 布局重命名 05BP；

// 保留 1# 视口，删除多余的视口及文字；

// 移动视口，适当调整其大小；

// 缩放边坡横截面图至视口范围，视图缩放比例设为：1：100；

// 设置标注样式，多重引线格式；

// 添加引线标注；

// 添加对齐标注，折弯线性标注；

// 添加文字。

// 添加线段比例尺。

// 在布局右下角绘制矩形。

命令：_rectang

指定第一个角点或 [倒角 (C)/ 标高 (E)/ 圆角 (F)/ 厚度 (T)/ 宽度 (W)]:

指定另一个角点或 [面积 (A)/ 尺寸 (D)/ 旋转 (R)]: @40,1.5

命令:

命令:

** 拉伸 ** // 移动矩形至合适位置。

指定拉伸点或 [基点 (B)/ 复制 (C)/ 放弃 (U)/ 退出 (X)]:

** MOVE **

指定移动点 或 [基点 (B)/ 复制 (C)/ 放弃 (U)/ 退出 (X)]:

命令: * 取消 *

命令: PL

PLINE

指定起点: mid

于

当前线宽为 0.0000

指定下一个点或 [圆弧 (A)/ 半宽 (H)/ 长度 (L)/ 放弃 (U)/ 宽度 (W)]: h

指定起点半宽 <0.0000>: 0.75

指定端点半宽 <0.7500>:

指定下一个点或 [圆弧 (A)/ 半宽 (H)/ 长度 (L)/ 放弃 (U)/ 宽度 (W)]: @10,0

指定下一点或 [圆弧 (A)/ 闭合 (C)/ 半宽 (H)/ 长度 (L)/ 放弃 (U)/ 宽度 (W)]: h

指定起点半宽 <0.7500>: 0

指定端点半宽 <0.0000>:

指定下一点或 [圆弧 (A)/ 闭合 (C)/ 半宽 (H)/ 长度 (L)/ 放弃 (U)/ 宽度 (W)]: @10,0

指定下一点或 [圆弧 (A)/ 闭合 (C)/ 半宽 (H)/ 长度 (L)/ 放弃 (U)/ 宽度 (W)]: h

指定起点半宽 <0.0000>: 0.75

指定端点半宽 <0.7500>:

指定下一点或 [圆弧 (A)/ 闭合 (C)/ 半宽 (H)/ 长度 (L)/ 放弃 (U)/ 宽度 (W)]: @10,0

指定下一点或 [圆弧 (A)/ 闭合 (C)/ 半宽 (H)/ 长度 (L)/ 放弃 (U)/ 宽度 (W)]: h

指定起点半宽 <0.7500>: 0

指定端点半宽 <0.0000>: 0

指定下一点或 [圆弧 (A)/ 闭合 (C)/ 半宽 (H)/ 长度 (L)/ 放弃 (U)/ 宽度 (W)]:

指定下一点或 [圆弧 (A)/ 闭合 (C)/ 半宽 (H)/ 长度 (L)/ 放弃 (U)/ 宽度 (W)]:

// 添加文字。

以上具体步骤略，内容参见附图 5。

思考题

1. 国旗的尺寸还有如下 4 种：甲、长 240 cm，高 160 cm；乙、长 192 cm，高 128 cm；丙、长 144 cm，高 96 cm；丁、长 96 cm，高 84 cm。任选一种尺度绘制国旗图案。

2. 创建图 9-11 中的图块。

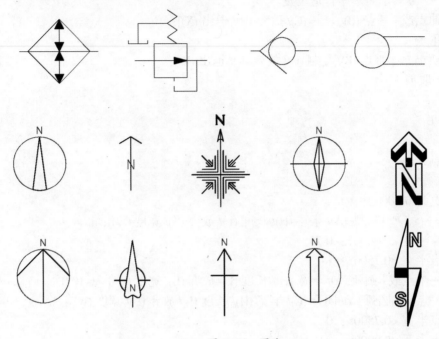

图 9-11　图块

3. 从网络或通过扫描获取中华人民共和国地图的位图，运用 AutoCAD 将其矢量化。

4. 绘制水泵及电机 (图 9-12)。

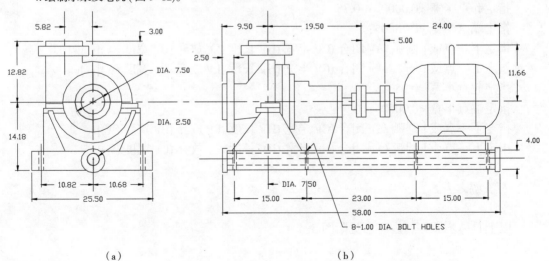

（a）　　　　　　　　　　　　　　（b）

图 9-12　水泵及电机

（a）水泵；（b）水泵与电机

5. 绘制图 9-13 所示阶梯式跌水井剖面图。

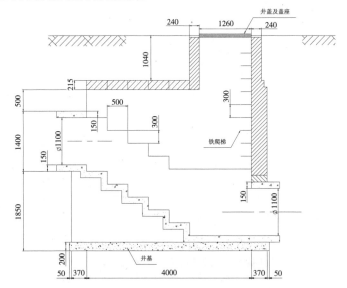

图 9-13 阶梯式跌水井剖面图

6. 完成图 4-23 水样离子成分百分比图。

7. 绘制图 9-14 所示钻孔剖面岩性与波速对比图。填充图案自上而下依次为：

名称	比例尺	角度(°)
TRANS	0.25	45
LINE	0.5	315
INSUL	0.25	45
AR-SAND	0.05	

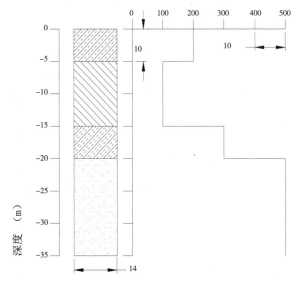

图 9-14 钻孔土层剖面岩性与波速对比图

8. 绘制图 9-15 所示低应变动力检测流程示意图。

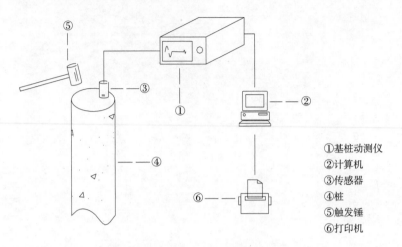

①基桩动测仪
②计算机
③传感器
④桩
⑤触发锤
⑥打印机

图 9-15 低应变动力检测流程示意图

9. 有地下水样主要离子含量如表 9-1，绘制图 9-16。

表 9-1　水样主要离子化学成分 (mg/L)

离子	He1	He2	H1	He5	He4	He3
K	12.1	10.2	11.2	41.4	60.1	21.1
Na	145	134.1	112.4	758.5	1517	293.3
Ca	89.8	71.7	64.9	231.4	292.6	561.1
Mg	93.3	80	59.8	309.5	802.1	276.4
Cl	132.6	103.5	91.5	696.3	990.6	240.4
SO_4	529.3	342	266.1	2113	4640	2474
HCO_3	222.1	362.4	329.5	389.9	1142	258.7

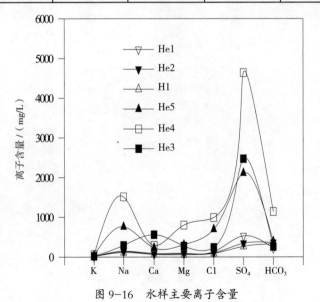

图 9-16　水样主要离子含量

附　图

附图 1：布局 Allin1

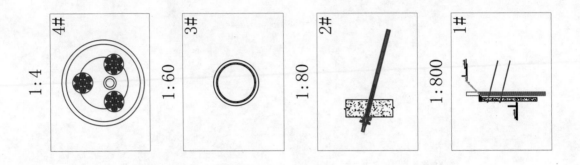

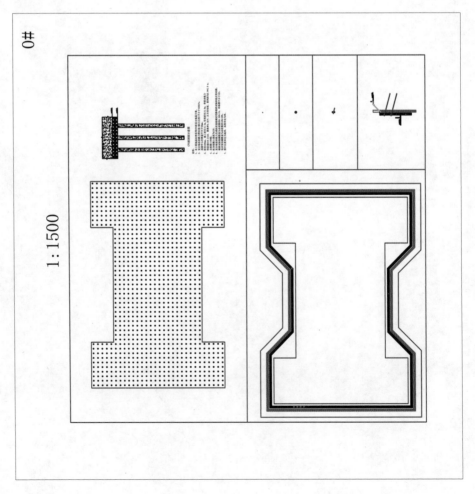

附图 2：布局 02JK

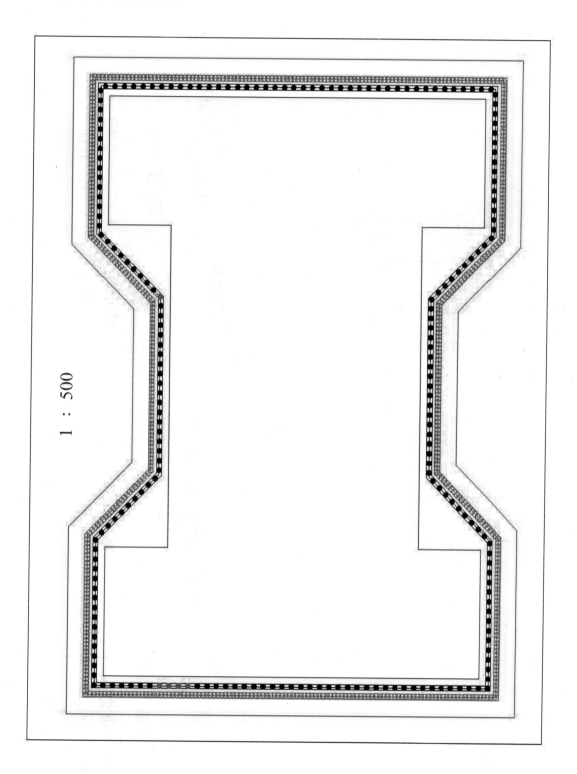

1 ： 500

附图 3：布局 03JZ

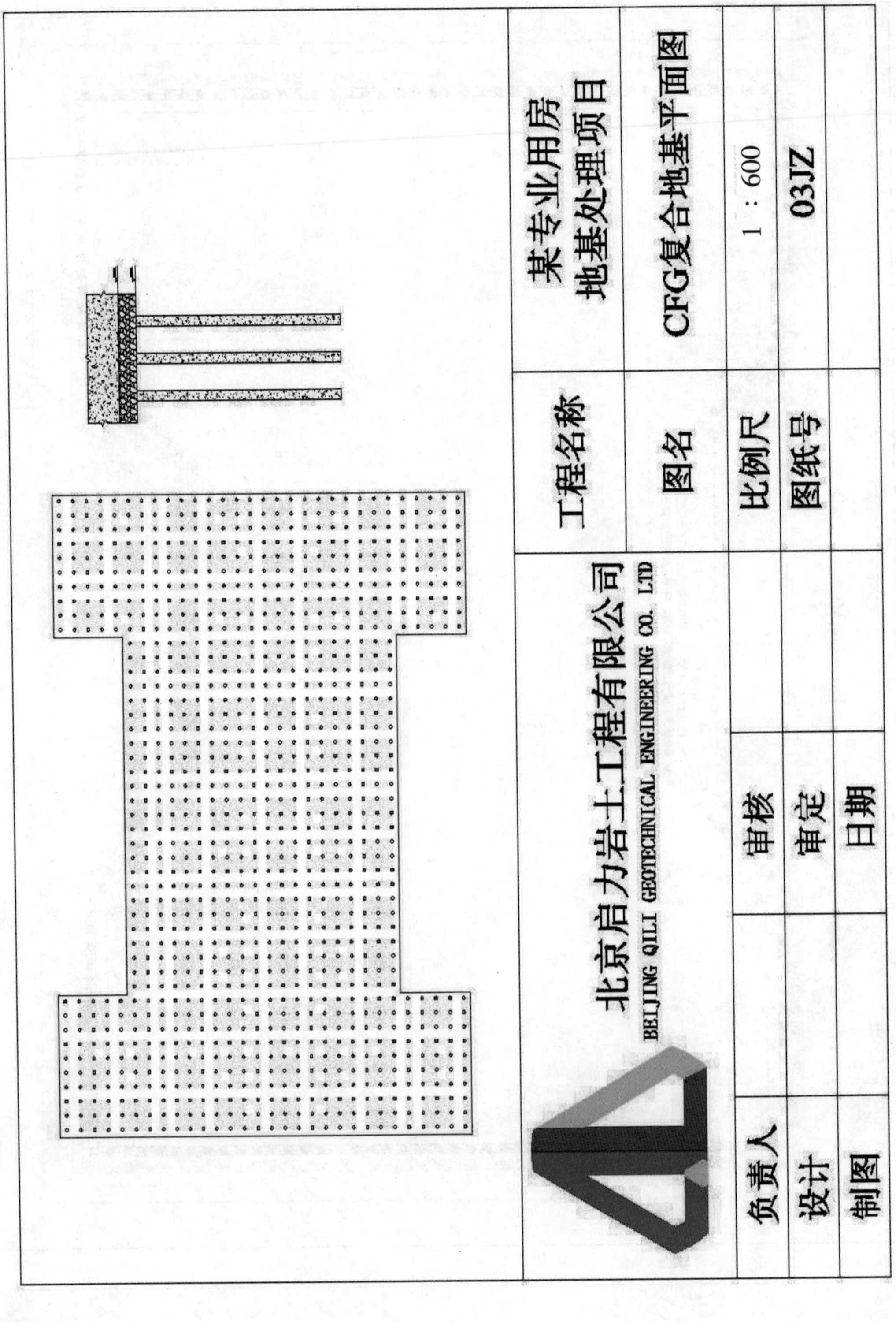

工程名称	某专业用房 地基处理项目						
图名	CFG复合地基平面图						
比例尺	1：600						
图纸号	03JZ						

北京启力岩土工程有限公司
BEIJING QILI GEOTECHNICAL ENGINEERING CO. LTD

审核		负责人	
审定		设计	
日期		制图	

附图4：布局04ZM

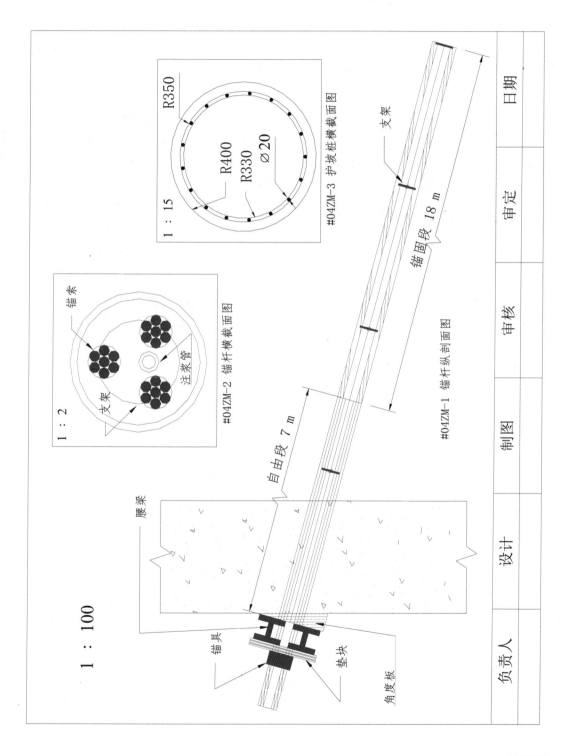

附图 5：布局 05BP

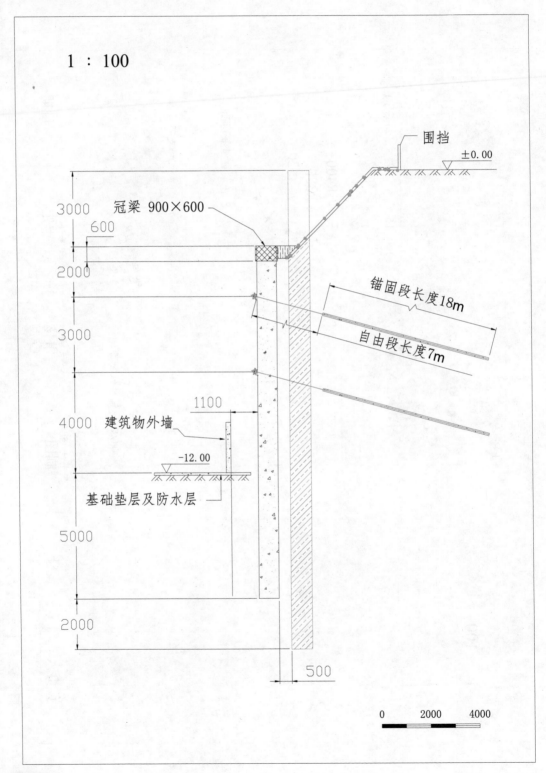

1 : 100

围挡

±0.00

3000

冠梁 900×600

600

2000

锚固段长度18m

3000

自由段长度7m

1100

4000 建筑物外墙

−12.00

基础垫层及防水层

5000

2000

500

0   2000   4000

参考文献

参考文献

北京启力岩土工程有限公司，2016，北工大图书馆改扩建基坑支护图。

北京启力岩土工程有限公司，2019，某专业用房地基处理图。

高庭耀，1988，水污染控制工程，北京：高等教育出版社。

石宇，2002，AutoCAD 2002 中文版管路设计，北京：北京大学出版社。

王根厚、王训练、余心起，2008，综合地质学，北京：地质出版社。

周训、方斌、曹文炳、万力、吴胜军、冯卫东，2004，西北地区额济纳绿洲非饱和带水分和盐分分布，地质论评，50（4）：384~390。

周训、金晓媚，2003，专业英语，北京：中国地质大学（北京）水资源与环境学院。

朱膺，1997，澳门地质概况，华北地质矿产，1997（2）：195~202。

Autodesk, inc. 2003. AutoCAD 2004 帮助. Autodesk, inc.

Autodesk, inc. 2017. AutoCAD 2018 帮助. Autodesk, inc.

Autodesk, inc. 2020. AutoCAD 2021 帮助. Autodesk, inc.

Jim Plume. 2000. Tutorial Introductions to CAD. http：//www.unsw.edu.au/. University of New South Wales Faculty of the Built Environment.

Zhou, X., L. Wan, B. Fang, W. B. Cao, S. J. Wu, F. S. Hu, W. D. Feng. 2004. Soil moisture potential and water content in the unsaturated zone within the arid Ejina Oasis in Northwest China. Environmental Geology. 46：831–839.